分布式柔性触觉传感阵列
——设计、建模与检测应用

汪延成　梅德庆　著

科学出版社

北京

内 容 简 介

本书系统总结了作者课题组在分布式柔性触觉传感阵列的结构设计、力学建模、微制造工艺、测试技术及应用等方面的研究成果。全书共 8 章，第 1 章介绍了柔性触觉传感技术领域的发展历程、研究现状与发展趋势，提出了柔性触觉传感技术方面存在的若干问题和挑战；第 2~4 章详细阐述了电容式柔性触觉传感阵列的结构设计与力学解析建模方法；第 5 章结合内嵌微四棱锥台介电层的电容式柔性触觉传感阵列结构，介绍了触觉传感阵列的微制造工艺、性能测试及机器人手装载的抓取操作应用；第 6 章提出了基于导电橡胶的柔性触滑觉复合传感阵列的结构设计，以用于物体抓取过程中的滑移与触觉力检测；第 7 章和第 8 章建立了柔性触滑觉传感阵列的束状微梁滑移力学模型，分析了初始滑移和整体滑动阶段传感阵列与物体接触区域的力学特性，并开展了滑移检测与物体表面识别的应用研究。

本书内容具有先进性、新颖性和实用性，对柔性触觉传感器设计与制造、传感检测技术等领域的科研和工程人员具有重要的参考价值，同时适合作为机械工程、电子信息、机器人、精密仪器等高等院校相关专业的研究生教材或参考书。

图书在版编目(CIP)数据

分布式柔性触觉传感阵列：设计、建模与检测应用/汪延成，梅德庆著.
—北京：科学出版社，2021.1
　ISBN 978-7-03-067118-9

Ⅰ.①分… Ⅱ.①汪…②梅… Ⅲ.①柔性机器人–触觉传感器 Ⅳ.①TP242.6

中国版本图书馆 CIP 数据核字(2020) 第 242009 号

责任编辑：赵敬伟　赵　颖／责任校对：彭珍珍
责任印制：吴兆东／封面设计：无极书装

科 学 出 版 社 出版
北京东黄城根北街 16 号
邮政编码：100717
http://www.sciencep.com

北京虎彩文化传播有限公司 印刷
科学出版社发行　各地新华书店经销
*
2021 年 1 月第 一 版　开本：720×1000 B5
2023 年 1 月第二次印刷　印张：18
字数：363 000
定价：148.00 元
(如有印装质量问题，我社负责调换)

前　言

触觉是人类获取外界信息的重要感觉,在生机电假肢与智能机器人中集成与人手皮肤触觉功能类似的感知系统,作为假肢和机器人的机电本体与外界信息交互的纽带,可为系统底层控制提供外界环境信息,进而增强其在非结构环境中精细复杂作业的能力。生机电假肢或机器人在运动过程中的触觉感知 (接触、滑移、压力、振动、温度、纹理等) 主要取决于仿生人手皮肤的触觉传感阵列的设计与制造,以及触觉感知反馈下的运动控制。在高性能触觉传感阵列设计的基础上,研究假肢与机器人运动过程中的多模态触觉感知机理及其反馈控制技术,则构成了生机电假肢和机器人智能感知及共融交互的理论基础。当前我国在高性能触觉传感器方面的研究基础较为薄弱,严重制约了假肢和机器人智能化水平的提高。因此,触觉传感器作为智能传感器件是《中国制造 2025》和《新一代人工智能发展规划》的重点支持方向,《科技日报》也把 "触觉传感器" 作为我国亟待攻克的 35 项"卡脖子"技术之一。

机器人触觉感知的发展已有 50 多年,其发展是以高灵敏、可拉伸电子皮肤的研究为标志。近年来,以柔性电子皮肤为代表的触觉感知研究也受到 *Science* 和 *Nature* 等国际著名期刊的持续关注和积极评价,成为当今国际学术研究的前沿热点。21 世纪以来,美欧发达国家启动了以 Revolutionizing Prosthetics 为代表的多个大型研究计划,均对人手触觉功能复制的感知系统给予了重点关注;国家自然科学基金委员会于 2016 年启动的 "共融机器人基础理论与关键技术研究" 重大研究计划也将人–机–环境多模态感知与自然交互列为研究重点。

生机电假肢或机器人的触觉传感阵列需要在大面积的柔性基底上设计并制造具有高灵敏触觉传感单元排布的分布式柔性触觉传感阵列,以满足假肢和机器人在不同形状物体和抓取操作下的分布式触觉力信号检测。这对柔性触觉传感阵列的设计原理、制造工艺与检测方法提出了新要求。针对以上特点,本书结合作者所在课题组的研究工作,从分布式柔性触觉传感阵列的结构设计、力学建模、微制造工艺、测试技术及应用等方面进行了系统论述。本书的章节安排如下:第 1 章介绍了柔性触觉传感技术领域的发展历程,阐述了智能假肢和机器人的触觉感知、触觉传感实现方式等方面的研究现状及发展趋势,提出了柔性触觉传感技术方面存在的问题和挑战;第 2~4 章分别从电容式柔性触觉传感阵列的法向力检测力学建模、三维力检测力学建模及结构优化、曲面装载力学解析建模等方面介绍了柔性触觉传感阵列的结构设计与力学解析建模方法;第 5 章结合内嵌微四棱锥台介电层的电容式柔性触觉传感阵列结构，介绍了触觉传感阵列的微制造工艺、性能测试，以及机器人手装载的抓取操作中三维触觉力检测的应用；第 6 章针对机器人物体抓取过程中的滑移检测，提出了基于导电橡胶的柔性触滑觉复合传感阵列的结构设计，并阐述了复合传感阵列的微制造工艺及其性能测试；第 7 章和第 8 章结合触滑觉传感阵列结构，建立了束状微梁滑移力学模型，分析了物体抓取过程中初始滑移和整体滑动阶段传感阵列与物体接触区域的力学特性，并开展了滑移检测与物体表面识别的应用研究。

考虑到柔性触觉传感技术本身的多学科交叉特点以及读者的不同学科背景，本书各章以作者所在课题组在分布式柔性触觉传感阵列设计、建模、制造及测试方法的工作进展为主，并尽可能介绍柔性触觉传感技术的学科前沿和发展趋势。本书对柔性触觉传感器设计与制造、传感检测技术等领域的科研和工程人员具有重要的参考价值，同时适合作为机械工程、电子信息、机器人、精密仪器等高等院校相关专业的研究生教材或参考书。

作者衷心感谢各位学术前辈、师长和同事们的支持和帮助，特别是陈子辰教授、杨华勇院士、傅建中教授、傅新教授、居冰峰教授、杨克己教授、何闻教授、杨将新教授、魏燕定教授等多年来的关心、鼓励和支持。本书在撰写过程中得到学生梁观浩、席凯伦、陈稼宁、武欣以及朱凌锋、丁文等的帮助，在此对他们表示感谢。感谢国家自然科学基金项目 (51105333、51575485)、国家 973 计划项目课题 (2011CB013303)、浙江省自然科学基金项目 (LY16E050002、LR19E050001) 等多年来对作者课题组相关研究工作的支持。

柔性触觉传感技术涉及机械、电子、材料、物理、信息、控制等多学科交叉，由于作者专业局限和水平限制，本书难免存在疏漏和欠妥之处，敬请相关领域专家和读者批评指正！

目　　录

第1章 柔性触觉传感技术概论

1.1 引 言

触觉是人类获取外界信息的重要感觉，为人类提供了诸如接触力大小、几何形貌、表面材质、粗糙度、硬度、温度等信息 [1-3]。在智能机器人中集成与人手皮肤触觉功能类似的感知系统，作为机器人的机电本体与外界信息交互的纽带，可以为系统底层控制提供外界环境信息，进而增强其在非结构环境中精细复杂作业的能力。

人类运动功能的实现主要依赖于运动神经控制系统、运动执行系统和感知反馈系统的协同作用。其中，运动神经控制系统的作用在于产生和传输运动控制生物信号；运动执行系统的主要组成部分为骨骼和骨骼肌，对接收到的运动控制生物信号做出反应，从而产生运动；感知反馈系统将运动中产生的触觉、痛觉、滑觉、温度等感知信息通过神经系统传输给人体大脑，并对人体运动进行反馈控制。可见，任何一个环节的损伤均可导致运动功能的障碍或丧失。其中，运动执行系统的先天性缺失或意外损伤等肢体残疾是导致运动功能丧失的主要原因。根据 2006 年中国第二次残疾人抽样调查，我国肢体残疾患者的数量高达 2412 万人，约占全国总人口数的 1.83%，其中截肢患者 226 万人。大量截肢患者丧失了生活和工作的能力，已成为不可回避的社会问题。而受限于医学的发展水平，尚无法实现残缺肢体的生物再生。采用工程科学的方法设计制造人工假肢，并与人体残端进行集成，可有望恢复截肢患者的运动功能。传统假肢通过人体其他部位肌肉的牵拉作用实现假肢的运动控制，其灵巧性较低。随着信息技术与智能化技术的发展，智能假肢逐渐成为研究的热点。相比较于传统假肢，智能假肢的"智能"主要体现在假肢运动功能的提升、灵巧性的提高、运动控制方式的改变和感知反馈的引入等方面 [4,5]。智能假肢利用生物电信号进行驱动控制，通过触觉、痛觉、滑觉、温度等信息的感知反馈，形成闭环的运动控制，有望显著提高假肢与外界环境的交互能力。

在智能假肢的诸多感知功能中，触觉感知是通过集成的触觉传感器来识别接触物体或对象的多种物理信息。对于智能假肢手，触觉感知功能的引入能有效提高假肢手抓取物体的稳定性 [6,7]。在美国国防部高级研究计划署的"革命性假肢"研究计划的资助下，美国约翰斯·霍普金斯大学应用物理实验室研发了模块化假肢手 (Modular Prosthetic Limb)[8]，在手掌和手指上装载了多个触觉传感单元，可实现假肢手运动过程中的触觉感知，如图 1.1 所示。该智能假肢手通过神经接口与截肢患者的残肢端相连，触觉信息经由神经接口传递到人体外周神经和中枢神经，在人体大脑中形成触觉，大脑对触觉信息做出响应，将生物电信号通过神经接口传递到假肢运动机构，实现对假肢的运动反馈控制，大大提高了假肢的运动灵巧性。

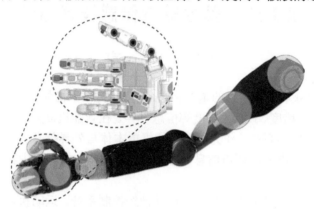

图 1.1　美国约翰斯·霍普金斯大学的模块化假肢手 [8]

在智能机器人领域，"柔性触觉电子皮肤" 也已成为研究热点 [9,10]。触觉传感器能对机器人运动过程中产生的分布式触觉力进行检测，并反馈给运动执行系统，进而对机器人机构运动的力和速度进行调节，可增强机器人在复杂环境下完成精细、复杂作业的能力，进而提高机器人的作业水平和智能化水平 [11,12]。此外，还可利用检测到的触觉力信号来防止物体抓取时滑移的发生 [13]，增强机器人抓握物体时的稳定性 [14,15]。图 1.2(a) 所示为装载了触觉传感器的机器人手 (HIRO 五指机械手)，能实现与人手的良好交互 [16]；图 1.2(b) 是 iCub 仿人形机器人 [17]，其机器人手具有触觉感知的功能，可检测操作过程中机器人与物体间接触力的大小和分布。触觉传感器在工业机器人、深海探测机器人、服务机器人、空间机器人、远程医疗以及危险环境下的精密操作微驱动机器人等领域均有着重要的应用 [4,18−20]，尤其在物体抓握时接触位置的测量、抓取力测量和抓握过程中滑移的检测等方面均有着积极的作用 [21−23]。

此外，在生物医疗领域，触觉感知也扮演着越来越重要的角色 [24−26]，尤其是在微创手术 [27,28] 和肿瘤检测 [29,30] 等应用中。外科手术机器人已能完成人脑和心脏等重要器官的外科手术，但外科手术机器人系统除了需要具有显微放大与视觉监控功能外，对手术过程中多维接触力信息的检测与感知的需求也日益增大。图1.3(a) 为利用触觉传感阵列进行中医把脉，传感阵列可检测脉搏跳动引起的振动和力信息 [31]；图1.3(b) 显示的是将触觉传感阵列应用于眼压的测量 [32]，可预测眼球可能产生的病变。此外，触觉感知在其他领域也有着广泛的应用前景，如用于轮胎与路面间相互接触力学特性的检测 [33]、空气压力分布检测 [34]、微操纵[35]等。

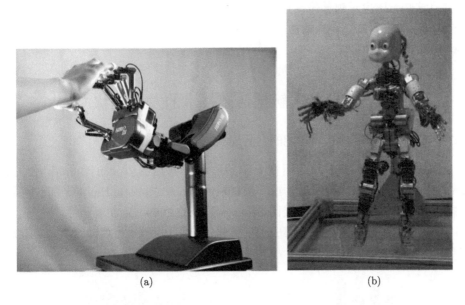

(a)　　　　　　　　　　　(b)

图 1.2　HIRO 五指机械手 [16](a) 和 iCub 仿人形机器人 [17](b)

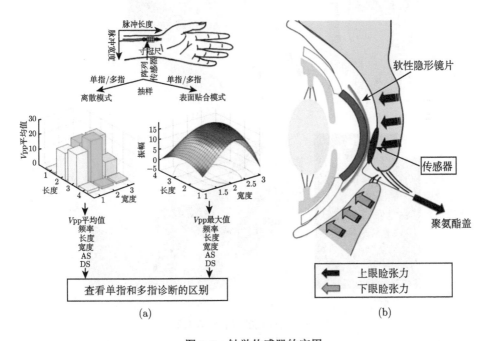

(a)　　　　　　　　　　　　　(b)

图 1.3　触觉传感器的应用

(a) 中医把脉 [31]; (b) 眼压测量 [32]

　　综上所述，触觉传感技术在人类生产和生活的各个领域均有着广阔的应用前景，并且这些领域也对触觉传感技术的进一步发展提出了新的需求。尤其是在智能假肢和服务机器人领域，触觉传感技术的应用将极大提高截肢患者和机器人与人和环境间的交互能力。

1.2　机器人触觉传感技术的发展现状

1.2.1　智能假肢的触觉感知功能的发展现状

　　目前市面上存在着多种商用型人工假肢手，如英国 Touch Bionics 公司的 i-limb Hand[36]、Active Robots 公司的 AR10 Humanoid Robotic Hand[37]、日本高崎维康公司的原田机器人手 [38]、美国 Steeper 公司的 Bebionic 机器人手 [39] 等。如图 1.4 所示，上述假肢手均没有集成触觉传感器。图 1.5 所示为英国 Shadow Robot

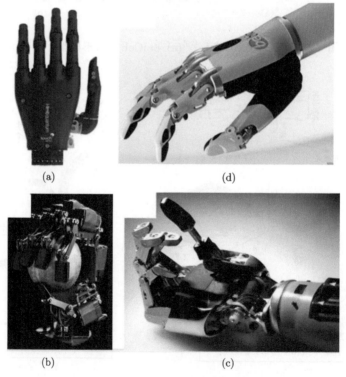

(a)　　　　　　　　　　　　　　(d)

(b)　　　　　　　　　　　　　　(c)

图 1.4　商业化的智能机器人手

(a) i-limb Hand[36]；(b) AR10 Humanoid Robotic Hand[37]；(c) 原田机器人手 [38]；(d) Bebionic 机器人手 [39]

公司研发的灵巧假肢手[40]，其 5 个手指上各集成了一个触觉传感元件，能检测外界的压力，但由于触觉传感元件数量较少，难以获得接触力的空间分布信息。可见，目前商用型假肢手的触觉感知功能还较为欠缺。

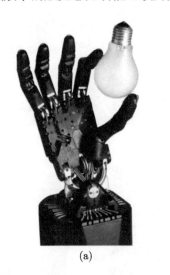 

(a) (b)

图 1.5 Shadow Robot 公司的灵巧假肢手[40]

在研究型假肢手方面，受美国国防部高级研究计划署的"革命性假肢"研究计划的资助，2008 年，美国芝加哥康复工程研究所研制了一款 Intrinsic Hand 智能假肢手[41]，其手指上装载了两个触觉传感单元，并使用植入式神经接口将检测的触觉力信号传递给人体大脑；美国约翰斯·霍普金斯大学应用物理实验室研发了模块化假肢手[8]，其手指上共布置了 10 个压力传感器，并采用脑电信号对假肢手进行运动控制；美国 DEKA 公司研制的"革命性假肢"LUKE Arm[42] 能将触觉信息传递到人体大脑，实现日常生活中常见的多种抓取物体的运动模式。此外，意大利比萨圣安娜高等学校的 SmartHand[43] 和 RTR 假肢手[44]、意大利帕维亚大学的 CyberHand[45]、上海交通大学的 SJT-5 型假肢手[46]、华中科技大学的灵巧假肢手[47] 和哈尔滨工业大学的 973 型假肢手[48] 等，其手指上均集成了若干个触觉传感单元，具备一定的触觉感知功能，能在假肢手抓取物体的过程中对接触力的大小进行检测，如图 1.6 所示。

上述研究型假肢手虽具备一定的触觉感知能力，但由于集成的触觉传感单元数量较少、分布较为稀疏，难以实现高密度的分布式接触力感知，不能为截肢患者提供丰富的触觉力信息，影响了假肢手抓握物体的稳定性。智能假肢手抓取物体的过程中，会产生法向和切向接触力，所以假肢手需具备三维接触力的检测能力；假肢手与物体间可能发生大面积的接触，故假肢手需具备分布式接触力的检测能力；

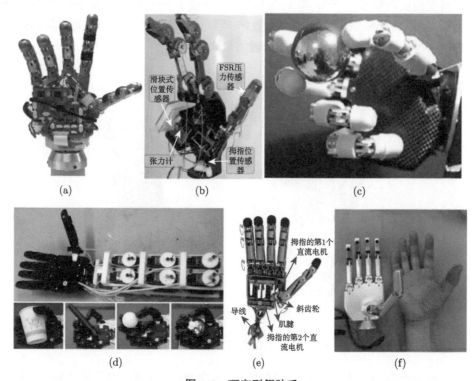

图 1.6　研究型假肢手

(a) 比萨圣安娜高等学校的 SmartHand[43]; (b) 比萨圣安娜高等学校的 RTR 假肢手 [44]; (c) 意大利帕维亚大学的 CyberHand[45]; (d) 上海交通大学的 SJT-5 型假肢手 [46]; (e) 华中科技大学的灵巧假肢手[47]; (f) 哈尔滨工业大学的 973 型假肢手 [48]

此外, 假肢手可能与物体产生轻微的触碰或产生较大的接触力, 故假肢手还需具备接触力的高灵敏检测能力以及较大的量程。因此, 需研制高密度、高灵敏度的分布式柔性触觉传感器, 以满足智能假肢的分布式三维接触力高灵敏检测的要求。

1.2.2　机器人手触觉感知的发展现状

机器人灵巧手在过去 20 年间得到了快速发展。目前商业化的智能机器人手通常具有较高的运动灵巧性, 可代替人手来完成日常的抓取动作, 但由于触觉感知功能的缺失, 其与人和环境的交互能力还有待进一步提高。例如, 英国 Shadow Robot[40] 公司推出的机器人手 (Shadow Hand), 在五个手指指尖处各集成了一个单点式的触觉力传感器, 可以检测物体抓取时所受到的指尖单点压力信息, 但还无法获得分布式的三维力信息。

为了提高智能机器人手的触觉传感功能, 国内外已有学者开展了面向智能机器人手的触觉传感器的研制工作，其中具有代表性的工作如图 1.7 所示。美国宾夕法尼亚大学 Romano 等在 PR2 智能机器人手上布置了 5 × 3 的传感阵列 [49]，来测试抓取时的压力信息。德国比勒费尔德大学 Koiva 等为 Universal Shadow Robot Hand 设计了 12 个触点的指尖触觉传感器 [50,51]，以改善其只能测指尖单点压力的不足。意大利比萨大学 Ajoudani 等将 ThimbleSense 指尖传感器集成在 Pisa/IIT Soft Hand 上，通过测量抓取过程中的力来避免滑移的产生 [52]。日本神户大学 Futoshi Kobayashi 等在 Universal Robot Hand Ⅱ 上集成了多轴力/扭矩传感器 [53]，利用视觉与触觉共同采集的信息来完成抓取任务。日本早稻田大学 Tito Pradhono Tomo 等在 icub 智能机器人手上集成了可测分布式三维力的柔软皮肤，用于被抓物体形状的检测与识别 [54]。

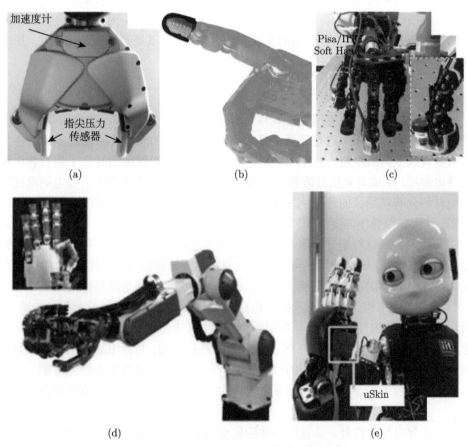

图 1.7　具有触觉感知功能的智能机器人手

(a) PR2 智能机器人手 [49]; (b) Universal Shadow Robot Hand[50,51]; (c) Pisa/IIT Soft Hand[52]; (d) Universal Robot Hand Ⅱ [53]; (e) icub 智能机器人手 [54]

综上所述，虽然研究型智能机器人手集成的触觉传感单元明显多于市场上已有商业型产品，其交互能力也显著增强，但由于触觉传感单元分布较为稀疏，难以实现如人手一般的分布式接触力感知。此外，由于智能机器人手抓取物体过程中，接触位置随机、容易受到外界干扰，易出现压碎、滑移等抓取失败的情况，仅仅检测三维力并不能完全满足机器人手稳定抓取所需要的触觉信息。因此亟需研制具有高密度、高空间分辨率且可以检测三维触觉力与滑移的柔性触觉传感器，以实现智能机器人手在非结构化环境中的稳定与灵巧抓取。

1.3   触觉传感方式的基本类型

触觉传感阵列是由多个触觉传感单元构成的触觉传感器。触觉传感单元能测量单点的接触力，而触觉传感阵列由于集成了多个传感单元，因此具备分布式接触力的检测能力。目前，触觉传感的实现方法有多种，按其原理可分为压阻式、压电式、电容式、流体式、光学式、晶体管式等。

1. 压阻式触觉传感

压阻材料在受到外界压力时其自身电阻值会发生变化，通过检测电阻值的变化可对外界施加的压力进行测量，因此将压阻材料作为触觉传感器的压力敏感材料可实现触觉力的检测。常见压阻材料的制备可通过在绝缘的高分子聚合物中混合导电物质，形成具有压力敏感特性的复合材料 [55,56]。导电颗粒、导电纳米线等导电材料分布在绝缘的聚合物基体中，受压时导电材料间的距离变小，导电通路增多，从而使整体电阻变小 [57,58]。2012 年，美国斯坦福大学 Tee 等 [59] 将具有纳米微结构的镍颗粒与超分子聚合物混合，制备出高灵敏的压阻材料，并用于柔性电子皮肤的设计，研制的柔性电子皮肤表现出良好的接触力检测性能，如图 1.8 所示。2014 年，美国加利福尼亚大学 Takei 等 [60] 在聚合物绝缘基体内加入了导电 CNT(碳纳米管) 和 AgNP(纳米银颗粒)，作为触觉传感阵列的敏感材料，如图 1.9 所示，当传感阵列受到拉伸、压缩以及弯曲时，其电阻值均会发生明显变化。2008 年，合肥工业大学黄英 [61] 在 PDMS(聚二甲基硅氧烷) 基体中加入纳米炭黑颗粒来制备高灵敏导电橡胶，研制的触觉传感阵列具有良好的静态力检测性能，并研究了导电橡胶中大小不同的炭黑颗粒与不同的工艺条件对传感阵列性能的影响规律。

除了导电聚合物外，具有压阻效应的金属薄膜也被用在触觉传感阵列的设计制造中。2008 年，韩国高丽大学 Kim 等 [62] 设计了 PI(聚酰亚胺) 基底的触觉传感阵列，PI 基底上制造有镍铬合金，受力变形时其电阻发生变化，从而实现触觉力的测量。2016 年，韩国延世大学 Park 等 [63] 使用 MoS_2 和石墨烯电极制造的触觉

传感阵列具有较高的检测灵敏度，且测试重复性优良。利用具有压阻效应的金属薄

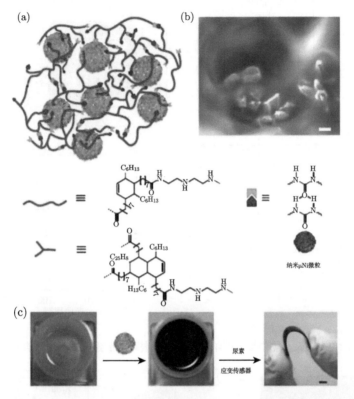

图 1.8　在超分子聚合物中加入具有纳米微结构的微镍颗粒制造而成的压阻材料[59]

膜作为触觉传感阵列的压力敏感材料，使得传感阵列具有动态性能好和响应速度快的特点[64]。

2017 年，美国加利福尼亚大学伯克利分校的 Gao 等[65] 将镓铟锡合金注入至3D 打印的 PDMS 微流道中，制备出可穿戴的柔性微流体薄膜压力传感器，如图1.10(a) 所示。图 1.10(b) 和 (c) 表明，该传感器的微流道共可分为两部分，即位于中心区域的切向传感网络和围绕在四周的径向传感网络，四条流道构成一组惠斯通电桥，并将电阻值的变化以电压的形式进行输出。图 1.10(d) 和 (e) 解释了该传感器的工作原理：当外界载荷作用于切向传感网络时，中心流道因受压造成截面积的缩小，继而造成电阻的增加；在泊松效应的影响下，外周微流道截面积胀大，使得两端的等效电阻减小。实验测得传感器的应变灵敏度为 0.0835 kPa^{-1}，分辨率小于 50 Pa，最小可测约 98 Pa 大小的压强。研究人员还进一步将多组镓铟锡微流道集成在一只 PDMS 传感手套上，证明了该类型传感器在电子皮肤和智能纺织品等领域具有一定的应用前景。

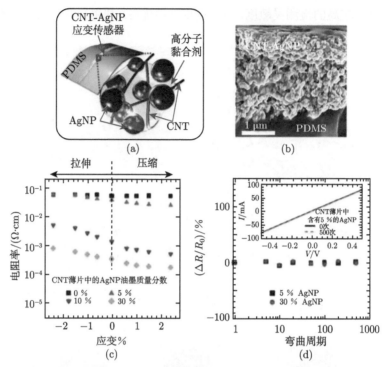

图 1.9　在聚合物中加入碳纳米管和纳米银颗粒制造成的导电聚合物 [60]

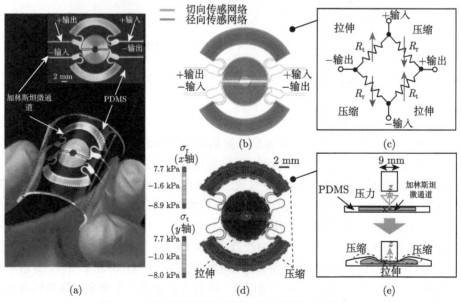

图 1.10　基于镓铟锡合金的微流体薄膜压力传感器

(a) 实物照片; (b)~(e) 工作原理 [65]

2. 压电式触觉传感

压电材料在受到外界压力时会产生电荷，通过测量产生电荷量的多少，即可对施加的外力进行检测。PVDF(聚偏氟乙烯) 经过极化处理后具有压电特性，可用作触觉传感器的压力敏感材料[66,67]。2001 年，清华大学赵冬斌等[68] 将 PVDF 集成在触觉传感器的敏感单元结构中，利用 PVDF 的压电特性进行接触力的测量。2006 年，日本大阪大学 Hosoda 等[69] 将 PVDF 薄膜随机分布在仿人手指中，手指与物体的接触使 PVDF 薄膜产生电荷，将电荷信号转化为电压即可实现手指与物体间接触力的测量，如图 1.11 所示。2016 年，中山大学 Li 等[70] 设计了平面型的压电薄膜作为触觉传感单元的力敏感层，如图 1.12 所示，受力时压电薄膜的上、下表面产生电荷，通过晶体管对产生的电荷和电压进行放大，从而实现触觉力的测量。2016 年，浙江大学俞平等[71] 在触觉传感阵列的每个传感单元中集成了四个 PVDF 薄膜，当三维力施加在传感单元上时，四个 PVDF 薄膜产生不同的电荷量，测量电荷的差异即可解耦计算得到触觉传感单元所受到的三维力。对于压电式触觉传感，压电材料产生的电荷量会随着时间的推移变少，故压电式触觉传感器的静态检测性能较差，但适用于动态力的检测。

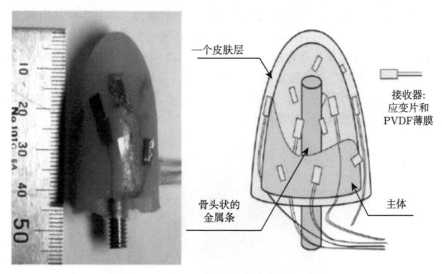

图 1.11 随机分布 PVDF 薄膜的仿人手指[69]

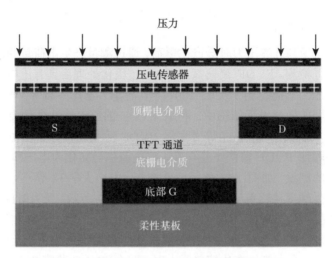

图 1.12   基于压电薄膜的触觉传感单元 [70]

3. 电容式触觉传感

电容通常包含上下两个电容极板和中间介电层。在外力作用下，介电层受到压缩，使上下电容极板间的距离发生变化，从而产生电容值的变化。采用平板电极作为电容极板的电容式触觉传感阵列具有结构简单的特点，容易实现法向触觉力的测量 [72,73]。2008 年，美国田纳西大学 Pritchard 等 [74] 在两个平板电极间设计了一层聚对二甲苯薄层作为介电层，制作成 10 × 10 的触觉传感阵列，如图 1.13 所示，压力作用下聚对二甲苯被压缩，电容值增大，以此来检测触觉力的大小。香港城市大学 Zhang 等 [75] 设计了一种基于 PDMS 介电层的电容式触觉传感单元，并制作了 3 × 3 的传感阵列，如图 1.14 所示。

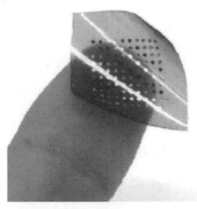

图 1.13   介电层为聚对二甲苯的 10 × 10 触觉传感阵列 [74]

此外，有研究者对电容极板进行图案化设计，设计了螺旋型 [76] 和叉指型 [77]

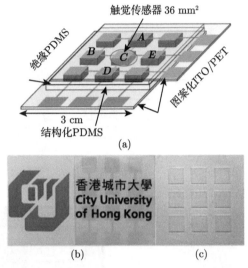

图 1.14　介电层为 PDMS 的 3 × 3 触觉传感阵列 [75]

电容极板的多种触觉传感单元结构，获得了良好的三维力检测性能。2012 年，日本国家先进工业科学技术研究所 Takamatsu 等 [78] 利用表面覆盖有导电油墨的尼龙纤维编织成网状织物，在网状节点处形成电容，以检测分布式的触觉力。电容式触觉传感器容易获得较高的接触力检测灵敏度，且制造简单 [79]。

意大利技术研究院的 Viry 等 [80] 以铜/锡涂层织物为导电板，以氟硅片为介电层制成柔性三维力传感器，并被嵌在 PDMS 封装层内，其结构示意及实物照片如图 1.15 所示。研究人员以底部四极板的平均电容变化量反映法向力的增减，以相邻极板间电容变化量之差来计算切向力的大小。因氟硅片的低附着性，上下极板间将自然产生约 150 μm 厚的空气薄层；而导电织物的经纱和纬纱之间亦存在一定空隙，故传感器对微小载荷的检测非常灵敏：当外力小于 32 mN 时，其灵敏度可达 14.22 N^{-1}。受读取系统的限制，柔性三维力传感器的测力上限为 12 N。

韩国成均馆大学的 Kim 等 [81] 针对机器人辅助微创手术设计了一款集成三维力触觉传感器的手术钳，其结构示意、实物照片及工作原理如图 1.16 所示。单个传感器共有四块极板，除去两侧的矩形极板外，还有顶部的三角形极板和外部的接地极板。从理论上来讲，在 x 方向或 z 方向外力的作用下，极板间距 d_1 和 d_3 会发生不同模式的改变，使侧面的矩形极板组电容发生相应变化，并以此对两个方向上的外力进行区分。y 方向外力则可直接通过读取三角形极板的电容数值计算得知。但在实际工作中，因为接地极板的整体性，在计算各方向上外力大小时，仍需对全部极板的电容值进行解耦计算。研究人员在钳口部分额外设计了褶皱结构以放大形变量，实验测试得到该传感器在 x 方向、y 方向和 z 方向上的力检测分辨率分别为 0.15 N、0.92 N 和 0.42 N。

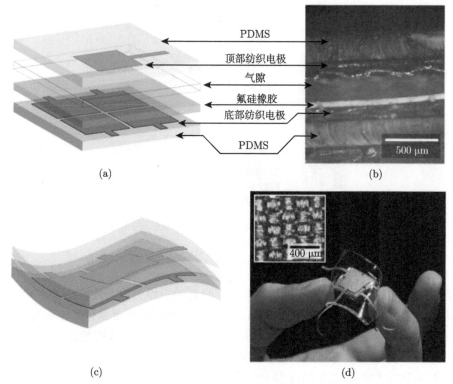

(a)　(b)

(c)　(d)

图 1.15　基于铜/锡涂层织物的柔性电容式三维力传感器

(a), (c) 结构示意; (b), (d) 实物照片 [80]

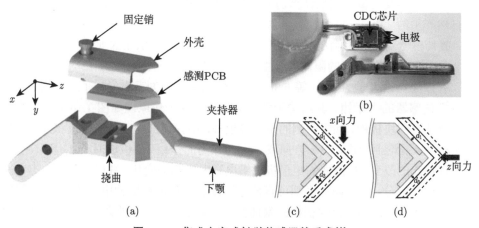

(a)　(b)

(c)　(d)

图 1.16　集成电容式触觉传感器的手术钳

(a) 结构示意; (b) 实物照片; (c) x 方向和 (d) z 方向载荷测量原理 [81]

4. 流体式触觉传感

流体式触觉传感可采用导电流体和非导电流体。研究者们在触觉传感阵列中设计了直线型[82,83]、圆形[84]、螺旋线型[85]等形状的微流道并填充注入导电流体,微流道在外力作用下被挤压变形,其长度和横截面积发生改变,导致微流道内流体的电阻产生变化,从而实现触觉力的检测。2013 年,美国南加利福尼亚大学 Roy 等[86]将导电流体填入机械指头,在外力作用下指尖内的导电流体被压缩,其电阻值发生变化,通过测量电阻值的变化即可实现对外力的检测,如图 1.17 所示。2015 年,美国卡内基梅隆大学 Chossat 等[87]在触觉传感阵列内设计了网状的微流道并填充导电流体,在网格的边缘引出电极,利用阻抗成像技术对网状微流道的受力进行解耦,成功检测出接触力的分布情况。

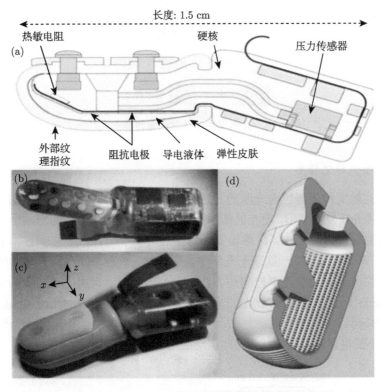

图 1.17 集成了流体式触觉传感器的机械指头[86]

在非导电流体的应用方面,2012 年,日本庆应义塾大学 Ahmad Ridzuan 等[88]将绝缘流体填充到触觉传感阵列每个传感单元的介电层中,如图 1.18 所示。当触觉传感阵列受力时,介电层被压缩,电容值发生变化。由于介电层为流体填充,传感阵列具有较高的柔性。采用流体作为触觉传感阵列的压力敏感元件，制造的传感阵列虽具有较高的柔性，但存在流体泄露的风险。

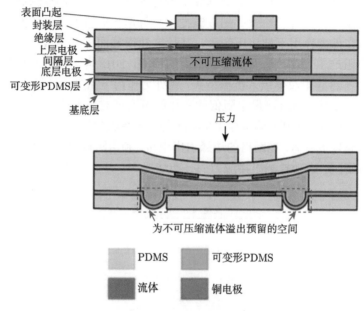

图 1.18　介电层为流体的触觉传感单元 [88]

5. 光学式触觉传感

光学式触觉传感器包含光源的发射端、接收端和光的传播介质三部分。外力作用下传播介质发生变形，使光的传播方向和强度发生变化，从而影响接收端接收到的光信号强度，以此计算传感器受到的接触力 [89-92]。2016 年，日本创价大学 Yamazaki 等 [93] 设计了一款基于光纤的触觉传感器，利用光在受力弯曲的光纤中传播时产生光泄漏的原理来检测外力，如图 1.19 所示。此外，光学式触觉传感器常使用 LED 光源发送光线，光敏二极管接收光线，从接收到的光线的强弱变化可计算得到传感器受到的外力 [94-96]。光学式触觉传感器由于使用光作为信息传递的介质，不受电磁信号的干扰，因此广泛应用于外科手术机器人领域。

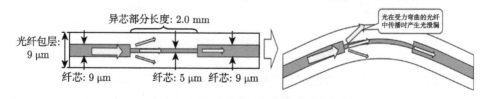

图 1.19　基于光纤的触觉传感器的工作原理 [93]

6. 晶体管式触觉传感

晶体管在触觉传感器中的作用是对触觉敏感元件的电信号进行放大,增强传感器的信噪比 [97–100]。有机场效应晶体管得益于其高柔性的特点,能很好地与柔性触觉传感器进行集成 [97,101–104],因此被诸多研究者所采用。2016 年,意大利卡利亚里大学 Spanu 等 [105] 在触觉传感单元的压电薄膜敏感元件上制造了有机场效应晶体管,对压电薄膜的电荷信号进行放大与测量,实现触觉力的检测,如图 1.20 所示。2010 年,美国加利福尼亚大学伯克利分校 Kuniharu Takei 等 [106] 在纳米线有机场效应晶体管阵列上覆盖导电橡胶层,制作出有源触觉传感阵列,利用有源晶体管的信号放大作用来提高触觉传感阵列的检测灵敏度,如图 1.21 所示。集成了晶体管的触觉传感阵列,把部分信号处理电路直接设计在触觉传感阵列上,使其具有更高的 “智能”,并可显著减小外围电路的复杂程度,但缺点是传感器结构复杂、制造工艺烦琐、成本昂贵。

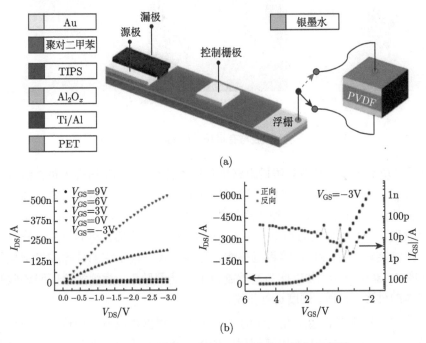

图 1.20 压电薄膜与有机场效应晶体管的集成 [105]

7. 其他类型触觉传感

除了上述几种触觉传感方式外,还有基于铁电效应 [107]、声波 [108]、电场 [109]、磁场 [110] 等的触觉传感方式。如美国康奈尔大学的 Zhao 等 [111] 以透明的聚氨酯橡胶为核心,以具有高吸光性的聚硅氧烷复合材料为覆盖层制作了高弹性的波导

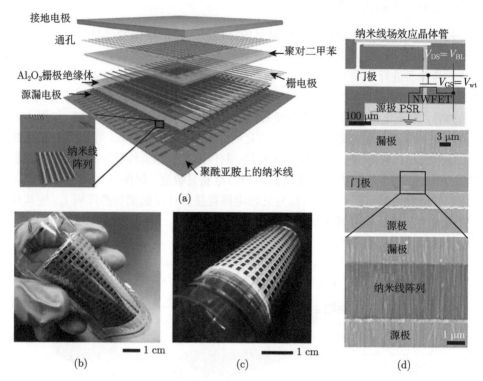

图 1.21   导电橡胶与有机场效应晶体管的集成 [106]

管。根据光功率在波导管内与传播距离呈负相关关系的原理,研究人员在波导管两端分别安置了发光二极管和光敏二极管以使其具有反应拉伸应变、弯曲曲率以及外界载荷的能力,传感器的实物照片如图 1.22(a) 和 (b) 所示。在测力实验中,研究人员发现,当力的作用面积小于 6 mm² 时,波导管传感器将同时具有较高的线性度与灵敏度。之后,Zhao 等将三条波导管整合入一根中空的硅橡胶指型执行器中,如图 1.22(c) 所示,并以此为基础制得了智能假肢手。后续实验证明该假肢手可对物体的外形、材质、硬度进行识别。

2017 年,日本名古屋工业大学的 Ly 等 [112] 根据声反射原理设计了一款具有触觉感知功能的腹腔镜手术用抓握器,如图 1.23(a) 所示。该抓握器上抓臂由外壳和内部声腔组成,两者在抓臂受力处均开有孔洞,并由同一块弹性橡胶垫所封。声腔与一套声波收发系统相连,在工作状态下,声波将在声腔末端和橡胶受力形变处发生反射与叠加,上位机则根据接收到的合成波幅值对抓紧力进行计算,如图 1.23(b) 所示。经性能测试后可知,该抓紧力检测系统的测力范围为 0.1 ~1.1 N,分辨率为 42 mN,重复性和迟滞性分别为 3.5% 和 15.9%。

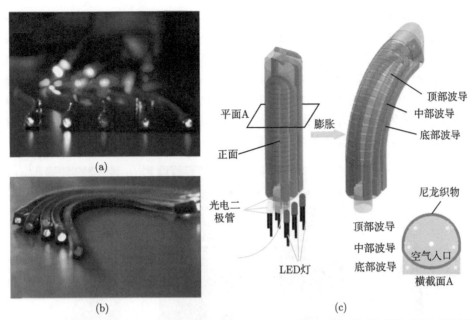

图 1.22 (a)、(b) 基于波导管的压力传感器实物照片; (c) 集成三根波导管的指型执行器结构示意 [111]

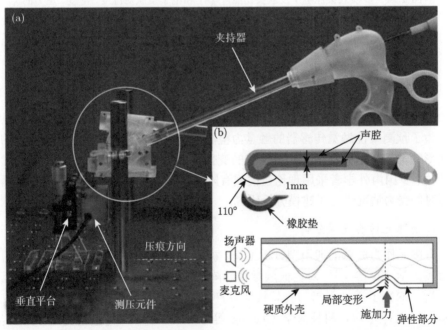

图 1.23 具有触觉感知功能的腹腔镜手术抓握器实物照片 (a) 和上抓臂结构示意及抓取力反馈原理 (b)[112]

韩国成均馆大学的 Ho 等 [113] 利用石墨烯及其衍生物研制了多模式的柔性透明电子皮肤,其实物照片如图 1.24(a) 所示。该电子皮肤共有 6 × 6 个传感单元组,每个单元组包含一个基于氧化石墨烯的阻抗式湿度传感器、一个以 PDMS 为介电层的石墨烯电容式压力传感器和一个基于还原氧化石墨烯的电阻式温度传感器。在将压力传感器的表征方式设为电容的变化量后,三类传感器的输出将互不影响。后续的热风吹拂、单/双指按压、呼气等实验证明了该电子皮肤具有同时检测温度、湿度、压力等物理量的能力,其部分输出结果如图 1.24(b) 所示。

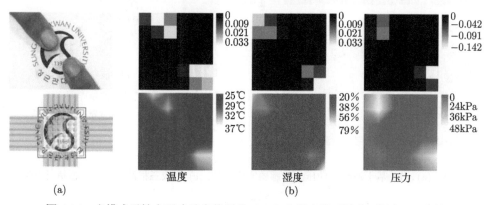

图 1.24　多模式柔性电子皮肤实物照片 (a) 和电子皮肤对温度、湿度、压力的
同时测量 (b)[113]

1.4　柔性触觉传感器的建模分析与测试应用

1.4.1　柔性触觉传感器的建模分析

为了预测柔性触觉传感器的触觉力检测性能,需要分析柔性触觉传感器的受力变形情况并揭示其触觉力检测性能的变化规律,以便更好地对其结构进行优化设计,不少国内外学者采用理论建模或有限元仿真等方法对设计的触觉传感器在工作时的受力情况进行了建模分析研究。

1. 有限元仿真建模分析

有限元作为成熟的通用型分析工具,被大多数研究者所采用。2009 年,日本立命馆大学 Ho 等 [114] 对内嵌触觉传感阵列的柔性手指进行了非线性有限元建模分析,探究了柔性手指与物体接触并产生滑动时手指的变形规律,如图 1.25 所示。2012 年,南台科技大学 Chuang 等 [115] 使用 ABAQUS 软件对触觉传感阵列进行了有限元建模分析,计算了受力时传感阵列的应力和电势场分布情况,从而发现了物体与传感器间发生相对滑动的条件。2012 年,西安交通大学 Wang

等[116] 使用 ANSYS 对设计的触觉传感阵列进行建模分析，得到了传感单元在外力作用下的应力、应变分布情况，并可指导触觉传感阵列的结构优化设计，如图 1.26 所示。如图 1.27 所示，2014 年，美国伍斯特理工学院 Youssefian 等[117] 分析了半球形触觉传感单元与不同形状物体接触时的变形响应与性能变化，并将传感单元装载在机器人上，实现了物体的稳定抓握。

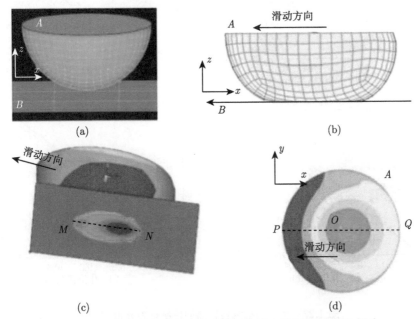

图 1.25 内嵌触觉传感阵列的柔性手指的有限元建模分析[114]

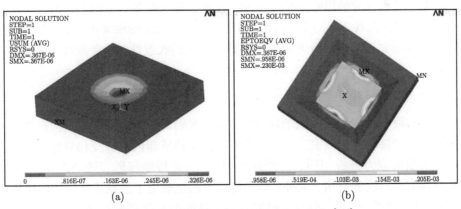

图 1.26 触觉传感单元的应力和应变分布[116]

此外，有限元仿真建模分析方法还被用于触觉传感器的压电特性模拟[118]、触觉探针的性能分析[116]、触觉传感器对人体病变部位识别过程的模拟[119]、传感器

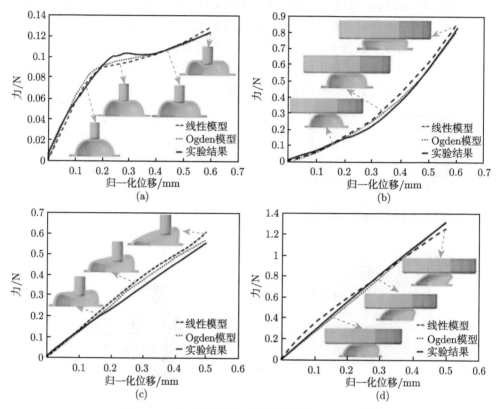

图 1.27　半球形触觉传感器的接触行为分析 [117]

表面封装对检测性能的影响 [120] 等方面。虽然有限元建模分析的方法具有广泛的适用性，但仍存在着一些局限。比如，对于复杂结构设计的触觉传感器，有限元建模过程中需要大量网格划分才能保证其计算结果的收敛性，这会导致计算耗时急剧上升。

2. 力学解析建模分析

由于有限元仿真建模方法的局限性，研究者们对设计的传感器结构也进行了数值建模或者解析建模研究，并以此来分析触觉传感器的性能变化规律。尤其在触觉传感器的应力分析 [121]、应变计算 [122,123] 及接触问题 [122,124,125] 等方面，理论建模有着广泛的应用。此外，理论建模方法也被用于触觉传感阵列的压阻效应 [126] 和压电效应 [127] 分析。研究者们设计的触觉传感阵列通常为多层结构，目前存在着多种模型可用于多层结构的分析，如半无限大层模型 [128,129]、板模型 [130-132] 等。模型的求解方法常见的有常规微分求积法 [133-135]、基于状态空间的微分求积法 [136-138]、正交配点法 [139,140]、Ritz 法 [141] 等。

匈牙利帕兹曼尼·彼得天主教大学的 Vasarhelyi 等 [142] 针对覆盖有弹性保护层的触觉传感阵列点载荷反求问题进行了理论建模。研究者将参考系设置为各向同性的同质半空间，如图 1.28(a) 所示，并用现有公式列出了笛卡儿坐标系下泊松比为 0.5 时应变与几何坐标的关系式。引入极坐标对关系式进行简化后，将已知的任意三个传感单元测得的法向应变代入公式，即可求解得到点载荷三分量的数值大小，其中在法向点载荷下 z 向应变的分布情况如图 1.28(b) 所示。

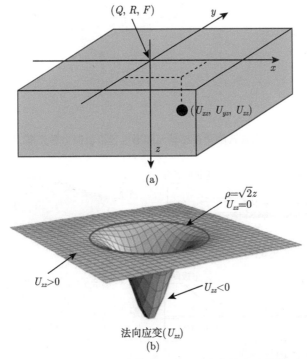

图 1.28　针对点载荷反求问题的理论模型示意 (a) 和在法向点载荷下 z 向应变分布
情况 (b)[142]

1999 年，美国凯斯西储大学 Meng 等 [143] 对电容式触觉传感单元的圆形电容极板层进行力学解析建模，如图 1.29 所示。将电容极板简化为单层圆形板的几何模型，并利用其中心对称特性，建立了描述电容极板应变的二维微分方程。根据静力平衡和力矩平衡原则对微分方程进行求解，得到了单层圆形板的挠度计算式，可用于计算触觉传感单元在受力时的变形情况。1999 年，美国凯斯西储大学 Wang 等 [144] 针对如图 1.30 所示的含有矩形电容极板的电容式触觉传感器进行了力学建模，根据矩形板的固支边界条件，建立了双参数的四阶偏微分方程，用于描述矩形板内任意点的变形，并研究了传感器在非接触模式和接触模式下，电容值与受力的关系，可成功预测触觉传感单元的性能变化。

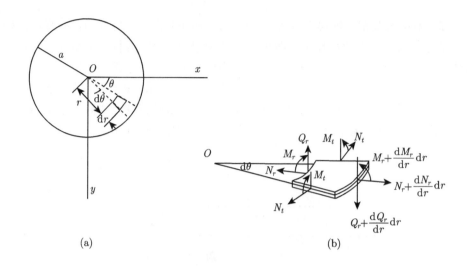

(a)   (b)

图 1.29　电容式触觉传感单元圆形电容极板的力学建模 [143]

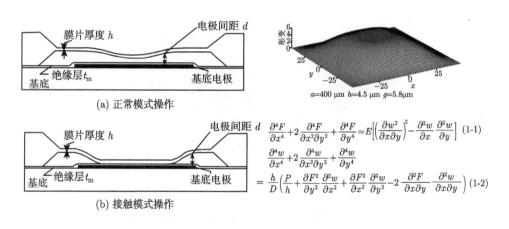

(a) 正常模式操作

$$\frac{\partial^4 F}{\partial x^4}+2\frac{\partial^4 F}{\partial x^2 \partial y^2}+\frac{\partial^4 F}{\partial y^4}=E\left[\left(\frac{\partial^2 w}{\partial x \partial y}\right)^2-\frac{\partial^2 w}{\partial x}\frac{\partial^2 w}{\partial y}\right] \quad (1\text{-}1)$$

$$\frac{\partial^4 w}{\partial x^4}+2\frac{\partial^4 w}{\partial x^2 \partial y^2}+\frac{\partial^4 w}{\partial y^4}$$
$$=\frac{h}{D}\left(\frac{P}{h}+\frac{\partial F^2}{\partial y^2}\frac{\partial^2 w}{\partial x^2}+\frac{\partial F^2}{\partial x^2}\frac{\partial^2 w}{\partial y^2}-2\frac{\partial^2 F}{\partial x \partial y}\frac{\partial^2 w}{\partial x \partial y}\right) \quad (1\text{-}2)$$

(b) 接触模式操作

图 1.30　电容式触觉传感器矩形电容极板的力学建模 [144]

2012 年, 美国伊利诺伊大学香槟分校 Ying 等 [145] 针对电容式触觉手指套的翻转行为建立了描述翻转过程的力学模型, 并与有限元仿真分析的结果进行了比较, 如图 1.31 所示。结果表明, 建立的力学模型能准确预测触觉手指套在翻转过程中的应力、应变变化情况。此外, 2013 年, 日本东京大学 Kimura 等 [146] 基于静力接触力学理论, 建立了柔性手指与刚性平面的接触力学模型, 如图 1.32 所示, 该模型能描述接触面的应力分布与黏弹性特性。此外, 还开展了手指头在分布式触觉传感阵列上的按压实验, 验证了所建立的接触力学模型的正确性。

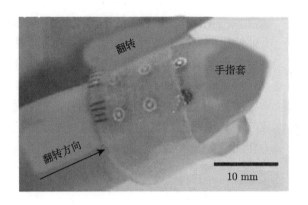

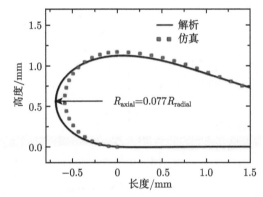

图 1.31 硅橡胶手指套的翻转过程建模分析 [145]

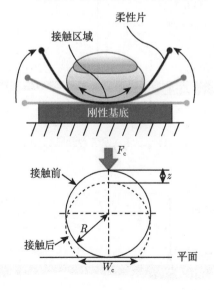

图 1.32 柔性手指与刚性平面的接触分析 [146]

　　2015 年，美国马里兰大学帕克分校 Kalayeh 等 [147] 采用 Mooney-Rivlin 材料模型描述传感单元中弹性层的大变形特性，如图 1.33 所示，基于此建立了弹性层的非线性力学模型，用于预测均布位移作用下弹性层的应力分布，并与有限元计算的结果进行了对比，从而验证了力学模型的正确性。2016 年，日本立命馆大学 Chathuranga 等 [148] 将柔性触觉传感手指简化成圆柱形的悬臂梁结构，利用悬臂梁变形的相关理论建立了传感手指的力学解析模型，并分析了传感手指在受到轴向压力和径向剪切力作用下的变形情况，从而预测了传感手指的性能变化，如图 1.34 所示。

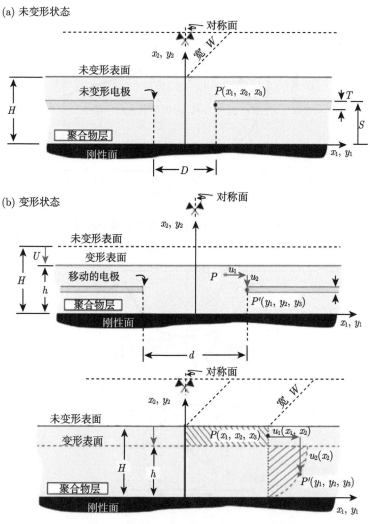

图 1.33　弹性层的非线性力学解析建模 [147]

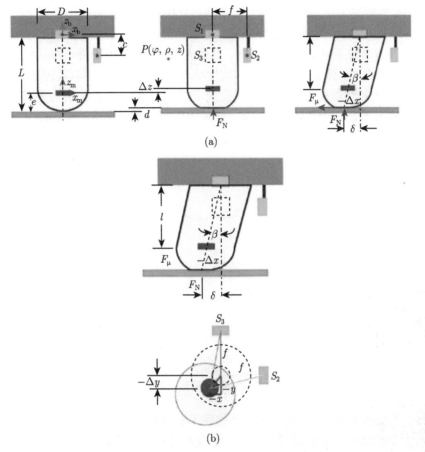

图 1.34 柔性力传感手指的力学解析建模 [148]

1.4.2 柔性触觉传感器的性能测试应用

触觉传感器检测的触觉力传感信号经过分析处理后,智能机器人可对作业对象的相关属性 (如轮廓、硬度、粗糙度、表面纹理) 等进行感知与识别,继而在抓取操作时可制定出更好的抓取动作方案 [149,150];也可对机器人手与被抓物体的接触状态进行监测,防止物体滑移的发生,从而实现机器人手的稳定抓取 [151]。

1. 智能机器人抓取过程中的触觉力检测

1) 智能机器人抓取模式动作

早在 20 世纪 50 年代,人们就已经开始对人手的运动动作与抓取模式展开研究 [152,153],以指导仿人型机器人手的机构设计。根据 Cutkosky[154] 与 Feix 等 [155] 的研究,从抓取力强度以及抓取精确性等角度细分,人手共有 34 种抓取模式动作。

法国 CEA 实验室 Gonzalez 等 [156] 对这些抓取模式的使用频率进行统计, 发现柱状抓取、指尖抓取、钩形抓取、指尖捏取、球状抓握、侧向捏取这 6 种模式 (图 1.35) 的使用频率占所有手部动作的 77.6%。耶鲁大学 Feix 等 [157] 进一步从抓取位置、质量、形状和大小、抓取尺寸、刚度和圆度等方面对 10000 个抓取实例建立对象分类, 结果表明 92% 的抓取物体质量不会大于 500 g, 即人手的抓握力不需要太大; 而且人们倾向于抓取物体较小的位置, 96% 的抓握位置宽度小于 7 cm。

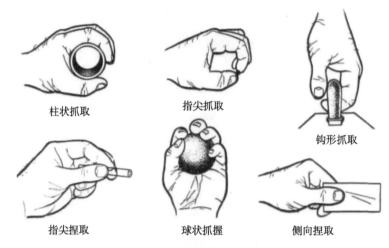

柱状抓取　　　　　　指尖抓取

钩形抓取

指尖捏取　　　　　球状抓握　　　　侧向捏取

图 1.35　人手六种常见抓取模式 [156]

为了模仿人手的多种抓取模式, 麻省理工学院的 Cho 等 [158] 研究了通过控制机器人手来实现不同抓取模式的方法。他们采用分段二进制控制法仅通过使用 8 个 C-分段就成功重建了如图 1.36 的 16 种不同的人手抓取姿势。但是, 由于控制器的不成熟, 抓取姿势尚存在错误, 需要兼容性较好的机械手来执行实际的抓握任务。

图 1.36　分段二进制控制 (SBCC) 机器人手及其抓取模式 [158]

在研制的仿人型机器人灵巧手能基本复现大部分人手抓取模式动作的基础上，研究人员开始研究如何针对不同的抓取对象提前制定合适的抓握策略来实现不同物体的稳定抓取。瑞士联邦理工学院的 Li 等 [159] 采用逆运动学估计的概率模型来计算抓取前可行的手部预动作，并在抓握执行阶段，通过闭环控制算法以改善抓握过程中的稳定性，并避免了因手指柔顺性带来的不确定因素而造成的物体抓取失败，从而达到实现对若干形状不确定对象采用最佳抓取模式灵活稳定抓取的目的，其流程如图 1.37 所示。

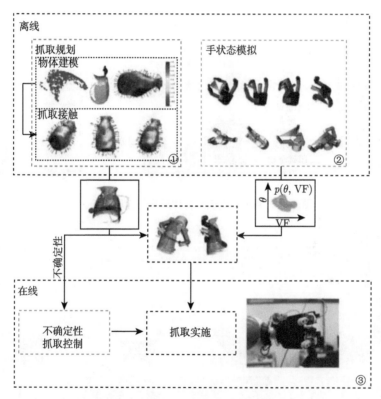

图 1.37　针对不确定形状物体的抓取模式预设定 [159]

VF, Virtual Frame, 虚拟框架方法

2) 抓取过程中的触觉信息检测

美国耶鲁大学 Spiers 等 [160] 在欠驱动的机器人手上装载了多个气压传感器 (每根手指 8 个)，将抓取过程中所有传感器是否接触的信息整合起来，利用机器学习和分类算法，对物体进行了识别与形状特征提取，可以简单估计出抓取对象的形状、刚度以及抓取姿势等，如图 1.38 所示。另外，提出的机器学习和分类算法既可以独立工作，也可以相互协同，以满足被抓取物体的迅速识别或者精确识别的任务

要求。

美国南加利福尼亚大学 Chebotar 等 [161] 通过强化学习，从预先获得的简单策略中学习更复杂的高维机器人手抓取策略，以减少机器学习的数据量。研究结果表明，可成功实现对简单物体形状的判断，并在抓握的初始阶段即可对抓取的稳定性进行预测分析，其实验过程如图 1.39 所示。

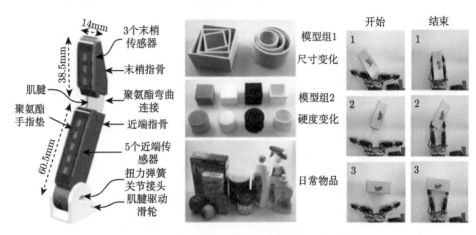

图 1.38　利用触觉识别物体形状与抓取姿势 [160]

图 1.39　利用触觉识别物体形状与抓取姿势的实验过程 [161]

2. 物体抓取过程中的滑移检测及判定

滑移的检测及判定是提升智能机器人抓取稳定性的重要先决条件[162]。研究表明，在纯视觉反馈的条件下，即便是人类也难以保证抓取操作的稳定[163]。按照检测原理的不同，滑移检测可分为基于法/切向力之比的判断方法、基于振动信号的频谱分析法和基于接触力分布特征的检测方法。

依照库仑摩擦定律，在初始状态为静止的情况下，当物体与接触面之间的切向力和法向力之比小于等于静摩擦系数时，滑移便不会发生[164]。20世纪90年代，意大利比萨大学的 Canepa 等[165]定义了滑移指数 $S_i = Q/(\mu P)$(式中，Q 为切向力，P 为法向力，μ 为静摩擦系数)。当该数值等于 1 时，即表明整体滑动现象已经发生。研究人员基于反向传播算法构建了双隐藏层神经网络，继而可在静摩擦系数 μ 未知的情况下计算滑移指数 S_i。他们将输入参数设置为 8×1 的压电式传感阵列各单元输出的切/法向应力，经有限元建模预研后 (结果见图 1.40(a)) 采集了

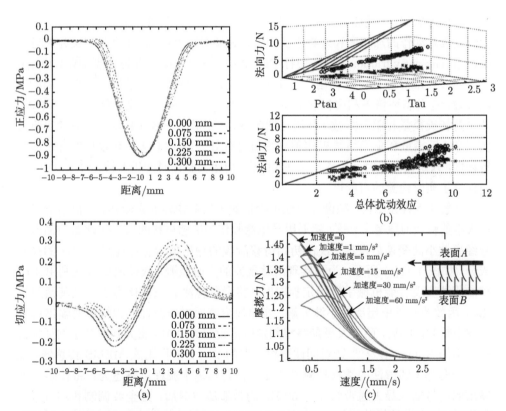

图 1.40 使用有限元模型计算得到的 8×1 压电式传感阵列所在位置的法/切向应力分布情况 (a)[165]、切向力–扭矩–法向力空间内期望 (圈)/实际 (叉) 法向力分布情况及其二维投影 (b)[166] 和不同加速度下 LuGre 摩擦模型与速度的关系曲线 (c)[167]

50 组数据作为训练组。经 8000 轮训练后，网络预测的滑移指数 S_i 的绝对误差均值可控制在 0.05 以下。

2000 年，意大利博洛尼亚大学的 Melchiorri[166] 在设计滑移检测算法时，考虑到了转动滑移的情况。利用六自由度传感器测量接触表面的切向力与扭矩，并将两个数值除以各自的静摩擦系数后相加，判断两者之和是否大于传感器测得的法向力，如图 1.40(b) 所示。若结果为是，则说明滑移已经发生；否则抓取动作仍处于平衡状态。为进一步保证抓取过程的稳定性，研究人员在控制程序中设置了安全系数。但因为旋转静摩擦系数和接触面积相关，且由上述方法计算得到的极限加载域往往包含在真实极限域内，滑移检测系统存在误判的风险。为进一步提升系统的准确性，Melchiorri 增设了一个 16×16 的压阻式传感阵列，并依照库仑摩擦定律计算了各个单元关于旋转中心的扭矩产生的切向力分量。为避免外界噪声的影响，以及可能对作业对象产生的损伤，其在设计控制算法时还额外设置了抓取力的上下限。

英国伦敦国王学院的 Song 等 [167] 在实验中发现，滑移瞬间的法/切向力之比会受到提升动作的加速度和外界干扰力变化速率等因素影响，并将其定义为失稳摩擦比 (break-away friction ratio，简称 BF-ratio)。基于 LuGre 摩擦模型 (图 1.40(c))，研究人员在准静态环境下利用广义牛顿迭代法求解包括斯特里贝克速度在内的四项参数，在动态环境下利用扩展卡尔曼滤波器 (EKF) 或者莱文伯格–马夸特 (LM) 法求解杨氏模量和阻尼系数，并通过四阶龙格–库塔法求解 BF-ratio。后续实验表明，将杨氏模量和阻尼系数视作独立变量进行处理的 LM 法具有较高的准确率和鲁棒性，只是在计算时间上落后于 EKF 法；但因其整体时间仍保持在 1 s 以内，故而保证了实时检测的可能性。

相较于摩擦系数法，频谱分析法更少依赖于接触物体的先验知识。日本电气通信大学的敕使河原等 [168,169] 将采用导电橡胶作为敏感材料的滑移传感器的输出信号经离散小波变换后发现，仅在初始滑移阶段的输出信号存在超过 1 kHz 的高频成分，如图 1.41(a) 所示。为了实现滑移现象的实时监测，敕使河原等在利用 PID 控制算法实现智能机械手的稳定抓取时，将滑移检测算法简化为了小波基函数为 Haar 函数的一维单层离散小波分解。实验研究表面材质及抓取力幅值对输出信号小波系数的影响后，研究人员最终将判定阈值设定为 0.01。意大利罗马生物医学自由大学的 Romeo 等 [170] 针对同课题组研发的 2×2 的压阻式 MEMS 传感器，设计了一套基于阈值法的滑移检测及判定算法。其基本流程可概述为：将传感阵列输出的信号输入最大通带为 $7 \sim 50$ Hz 的带通滤波器后，经全波调制和均方根取包络后，与预设的经验阈值 0.5 V 进行比较以判断滑移的发生与否，其输出结果如图 1.41(b) 所示。为保证检测的准确性，研究人员将 16 通道信号分为四组以进行组内的 "与" 操作和组间的 "或" 操作，最终通过实验证明了该方法用于滑移检测判定的可行性。为在时域或频域上获得较高的准确性，中南大学的邓华等[171] 采用经验模态分解 (EMD) 对薄膜式压阻传感器的输出信号进行处理，并取其第一本征模方程 (IMF1) 的绝对值作为信号高频成分的表征，如图 1.41(c) 所示。实验结果表明，滑移发生时 IMF1 的绝对值将具有较高的幅值。

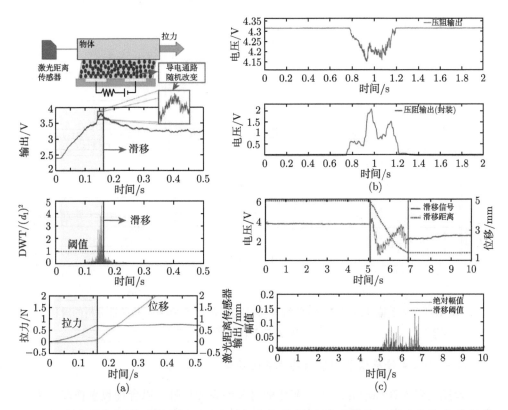

图 1.41 基于离散小波系数的滑移判别方法 (a)[169]、基于带通滤波、全波调制、包络的滑移判别方法 (b)[170] 和基于经验模态分解的滑移判别方法 (c)[171]

相较于前两种方法是针对初始滑移阶段力学参数变化的检测，基于接触力分布特征的触觉图像法则可用于对物体的空间位置进行判别。日本立命馆大学的 Ho 等[172] 针对 Nitta 公司生产的 44 × 44 的压阻式传感阵列设计了基于特征点的滑移判别方法。该传感阵列的输出信号因自身结构原因存在一定噪声，研究人员根据这一特点利用 Shi-Tomasi 角点检测算法提取总数约为 60 的特征点集，并定义滑动点数与总特征点数之商为滑移率，使得检测系统可在初始滑移阶段就做出判断，如图 1.42(a) 所示。同样因为噪声干扰，Ho 等还设定了欧式距离阈值，即仅在特征点前后采样时刻的空间距离大于阈值时，该点才会被判定为滑动点，从而降低滑移误判的发生概率。2015 年，美国密歇根州立大学的 Cheng 等 [173] 针对 14×6 的压阻式传感阵列设计了基于相关分析的滑移检测方法。研究人员取传感阵列一维自相关系数经傅里叶变换后第一频率分量为滑移表征量，并利用其二维自相关函数推算滑移距离及其速度，如图 1.42(b) 所示。实验证明该算法在滑移判断和位移估算两方面具有较高的准确性，但受限于传感器的空间分辨率，其预测的速度和实际速度之间存在一定的偏离。

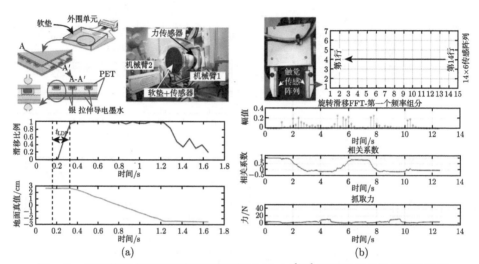

图 1.42　基于特征点和滑移率的滑移判别方法 (a)[172] 和基于相关性分析的滑移
判别方法 (b)[173]

3. 基于触觉传感信号的接触物体表面物理属性识别

智能机器人在抓取时还需了解作业对象的表面属性，以合理设置抓取力大小和抓取位置等参数。美国南加利福尼亚大学的 Fishel 等 [174] 基于贝叶斯分类算法对一百余类不同材质表面实现了分类。研究人员选择了摩擦力、粗糙度和细度作为表面纹理的表征参数，根据中心极限定理认定任意材质的概率密度函数服从正态分布，并通过巴氏系数确定各个表征参数总体预测不确定度最小的三类触摸动作。根据 117 种材质的概率分布情况，基于贝叶斯定理的分类算法将依照混淆率最低原则选择最佳的触摸动作和表征参数，并依据采集得到的数据对概率分布进行更新；这一步骤将循环进行，直至某一材质的概率突破 99%，或者迭代步数达到了上限；之后，概率最大的材质会被选为预测结果进行输出，如图 1.43(b) 所示。实验表明，该算法的准确率达到了 95.4%，远远超过人类对物体材质的辨别能力。

2016 年，清华大学的刘华平等 [175] 针对多传感阵列同时接触情况下的物体识别问题提出了基于动态时间归整 (DTW) 算法的联合核稀疏编码法。研究人员将采集自机械手不同手指上传感阵列的时间输出序列 (图 1.44(a)) 经 DTW 核函数映射到高维空间后,求解得到训练组的像关于该时间序列像的线性组合,并在此空间下计算其和已知类别像集范数平方的残差,取残差最小者为被抓物体的归属类。联合核稀疏编码法要求全部传感阵列输出序列像所在的线性扩张均由同一集合张成,但其线性组合系数向量可互不相等,如图 1.44(b) 所示。相较于独立法和级联法,联合法具有更高的准确率;在对 7 种果蔬和 10 种日常用品的分类作业中,其成功率均超过了 90%。

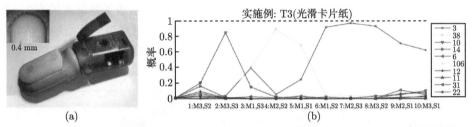

图 1.43 贝叶斯分类算法所针对的 BioTac 传感器 (a) 和迭代上限为 10 时各类材质概率变化情况 (b)[174]

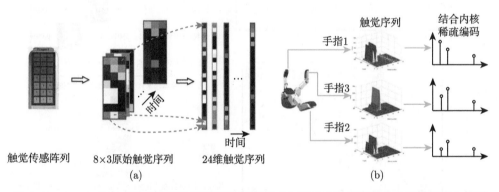

图 1.44 8×3 电容式传感阵列及其时间输出序列 (a) 和三个传感阵列输出信号的联合核稀疏编码 (b)[175]

日本立命馆大学的 Ho 等 [176] 针对张力敏感的织物传感器设计了基于反向传播算法的表面材质分类方法。研究人员将输出信号经离散小波变换后,取其一阶小波系数 (图 1.45(a)) 的期望、方差、标准差、熵值和平方和为对象材质的表征量,经三层神经网络分析后,可对 8 类表面实现总体准确率 86.5% 的类别区分。2018 年,新加坡南洋理工大学的 Qin 等 [177] 针对不同粗糙度沟槽表面的分类问题设计了基于 k 均值聚类的无监督学习算法,如图 1.45(b) 所示。研究人员将采集自 PVDF 触觉传感器的信号在时域和频域上分别进行了四层小波分解,并计算其期望、标准差、平方和等三类统计量。通过顺序前向选择算法,Qin 等在上述 16 类参数中选择了 6 类最具辨识度的特征量。在比较不同距离函数对分类结果的影响后，他们最终选择了平方欧式距离函数，并在测试中取得了 73% 的准确率；其他两类函数 (Cityblock 和 Cosine) 的准确率则分别为 69% 和 63%。德国宇航中心的 Baishya 等 [178] 为增强材质分类算法的鲁棒性，选择在同一表面的不同位置采集触觉信号作为训练样本，使得同组信号间也存在有明显的差异。他们首先提取了两种不同长度的特征向量，分别测试了其在 k 最邻近算法和支持向量机算法下的分类准确率。结果表明，高维度的特征向量在两类算法下均具有更高的分类准确率。研究人员做出解释，认为是特征提取过程中有用信息的丢失造成了此现象的产生。基于这一结论，Baishya 等遂采用卷积神经网络算法直接对采集到的原始触觉信号进行分析，并成功将分类准确率提升了 20%，如图 1.45(c) 所示。

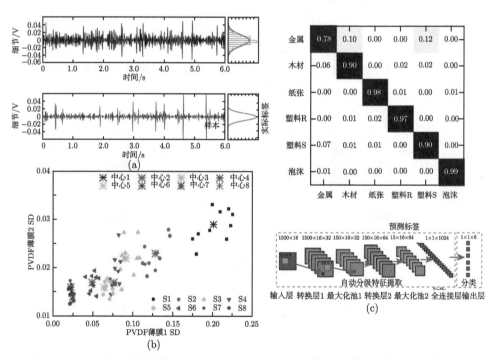

图 1.45   接触对象为牛仔布 (上) 与相片纸 (下) 时织物传感器输出信号的一阶小波系数 (a)[176]、8 类表面样本信号集的分布情况 (b)[177] 和 6 类材质的混淆矩阵及卷积神经网络算法流程示意 (c)[178]

1.5   柔性触觉传感技术的发展

柔性触觉传感器及其检测技术研究受到了国内外学者的广泛关注。诸多学者在触觉传感器的敏感材料制备、传感结构设计与优化、触觉传感信号分析及检测等方面已开展了大量工作。但现阶段研制的柔性触觉传感器还难以满足智能假肢或机器人的高密度、高灵敏触觉感知的需求,并且柔性触觉传感技术在以下方面仍有待进一步深入研究。

(1) 柔性触觉传感阵列的结构设计方面。为了实现空间分布的触觉信息检测,设计的触觉传感器大多采用阵列型的传感结构设计,并且触觉传感阵列为了获到较高的触觉力检测灵敏度,采用了较为柔性敏感的材料或者对传感器的结构进行设计。该种触觉传感阵列结构在受力时容易被压缩,但容易带来触觉传感阵列的接触力测量范围较小的问题。因此,需要兼顾检测的灵敏度和量程,以提高触觉传感阵列的综合测试性能。此外,触觉传感阵列的柔性和空间分辨率仍需进一步提高,以满足智能假肢和机器人等对分布式触觉力的高灵敏度和高密度检测的要求。

(2) 柔性触觉传感阵列的力学建模分析方面。采用有限元仿真建模与理论力学建模的方法可对触觉传感阵列进行结构分析,但由于传感阵列的复杂三维结构设计,难以对柔性触觉传感阵列进行准确的应力、应变分析及性能预测。此外,当前研究中,多数研究者对传感单元的结构进行了过多简化,建立的力学模型其精度需进一步提高。因此,需要进一步深入研究柔性触觉传感阵列的力学解析建模方法。此外,为了提高触觉传感阵列的分布式接触力检测能力及其综合性能,需要对传感阵列的结构进行优化,而当前在利用力学解析建模的方法对传感阵列进行结构优化方面,尚欠缺深入的研究。因此,有必要通过力学解析建模,探求一种基于解析模型的触觉传感阵列的结构参数优化设计方法。

(3) 柔性触觉传感阵列的曲面装载力学建模方面。由于智能假肢和机器人手通常具有曲面表面特征的机械部件,研制的触觉传感阵列也存在着曲面装载的问题。与平面装载相比,曲面装载条件下传感阵列由于弯曲变形,其敏感结构会发生变形进而引起内部应力应变的变化,导致触觉传感阵列的测试性能发生变化。目前关于曲面装载方式与基底载体形貌对传感阵列测试性能影响的研究报道很少。因此,需要探求一种曲面装载条件下的柔性触觉传感阵列的力学解析建模方法,对曲面装载下的触觉传感阵列进行接触力检测性能的分析预测,以正确评估装载方式与载体形貌等的影响规律。

(4) 物体抓取过程中的滑移产生机理及其检测方法方面。物体抓取过程中滑移的检测及判定对于机器人手的灵巧稳定抓取至关重要,但物体抓取过程中的滑移产生机理尚不明确,其高灵敏度实时检测还存在着较大困难。现阶段,大多数研究者仅通过实验观察对物体抓取过程中的滑移现象进行了研究,但在滑移检测机理及其检测方法方面尚缺乏深入的研究。因此,需要对物体抓取过程中的滑移产生机理进行理论建模,对物体接触区域的应力应变分布、滑移阶段的力学特性变化等进行研究，并通过研制高灵敏的触滑觉复合传感阵列实现物体抓取过程中的滑移与触觉力的同时检测。

　　(5) 基于触觉传感信号的物体表面识别应用方面。集成触觉传感器的机器人手在物体抓取时或物体表面滑动过程中会产生丰富的触觉信息，通过频谱分析或神经网络算法等已可实现初步的物体表面信息的提取与识别。但触觉特征信息的选择和提取上大多依靠经验判断，致使识别算法的精度与准确率不高，无法在最优状态下用于物体的表面识别。因此，需要对物体表面的特征量选取和触觉信息提取方法进行深入研究，以期实现基于触觉传感信号的物体表面识别等机器人与人的交互应用。

第2章 电容式柔性触觉传感阵列的法向力检测力学建模

2.1 引　言

　　针对智能假肢手和机器人手物体抓取过程中的触觉力检测需求，装载在智能假肢手和机器人手上的触觉感知系统应具备分布式三维触觉力检测的功能。当前国内外学者提出了各式各样的柔性触觉传感器，从电阻式[55]、电容式[72]、压电式[66]到光学式[89]、有机场效应晶体管式[97]等。本章拟针对智能假肢手所需要的高的灵敏度和静动态触觉检测能力，研制一种用于智能假肢手的高灵敏触觉传感阵列，以完成日常生活中各种运动和行为的要求。电容式触觉传感器通常具有灵敏度高、零温漂、结构简单、容易实现大面积制造等显著优点，采用平板电极作为电容极板的电容式触觉传感阵列具有结构简单的特点，容易实现触觉力的测量，可用于智能假肢手的分布式三维接触力高灵敏检测，受到了许多学者的青睐，因此本章选择了电容式触觉传感的方式进行柔性触觉传感单元的结构设计。电容式柔性触觉传感单元的关键元件是电容极板和中间介电层，其结构对传感单元的性能有着重要的影响。通常电容式触觉传感单元可采用两个正对的平板电极作为电容极板，实心薄膜层作为介电层结构。该种传感单元结构简单、容易实现大面积低成本的制造，因此被许多研究者用于触觉传感器的研制。虽然从第 1 章的文献综述中可看出采用薄膜介电层的电容式触觉传感单元其接触力检测灵敏度相对较低，但由于薄膜介电层不容易被压缩，在受力较大时电容极板间的距离变化较小，电容不容易达到饱和状态，因此该传感单元结构具有量程较大的显著优点，能适应智能假肢手和机器人手抓握物体过程中较大接触力的检测需求。但研究者们对该种传感单元的研究大多基于实验测试，没有在理论上给予定量分析。此外，薄膜介电层的电容式触觉传感单元结构具有代表性，许多其他结构的电容式触觉传感单元也可看作是基于此种结构的变种，如将薄膜介电层进行图案化设计等[179]。因此，研究薄膜介电层触觉传感单元的力学建模对其他结构电容式触觉传感单元的建模分析有重要的借鉴意义，为新型柔性触觉传感器的结构设计提供依据。

　　因此，本章将设计基于 PDMS 薄膜介电层的电容式柔性触觉传感单元结构，针对该触觉传感单元的接触力检测性能的预测问题，建立 PDMS 薄膜介电层触觉传感单元的力学解析模型，分析不同受力状态下触觉传感单元的变形规律与电容变化规律, 研究该触觉传感单元在均布法向力、非均布法向力和切向力作用下的接触力检测性能, 为新型分布式柔性触觉传感器的结构设计提供理论依据。

2.2　电容式柔性触觉传感阵列的结构设计

2.2.1　电容式触觉传感器的材料选取

新材料的发展极大地拓宽了柔性触觉传感器的研制思路, 特别是聚合物材料和半导体特性材料, 它们优良的机械与电学特性 (如透明、弹性好、柔性高、载流子浓度高和迁移率较大等) 被广泛用于柔性电子中。

对于传感器的敏感和封装材料, 已经有许多柔性材料被应用在不同的场合, 比如含硅聚有机硅氧烷 (Smooth-on DragonSkin and Ecoflex), 聚亚安酯 (Polytek Poly-74Series)[180], 导电聚合物 (掺杂聚吡咯 [181]、纳米导电颗粒 [182]、PEDOT(聚乙撑二氧噻吩)[183]) 等。但是, PDMS 由于其优良的化学稳定性、低杨氏模量等特点被使用得最多, 几乎成为柔性电子封装材料的首选, 本节研制的柔性触觉传感器也将采用 PDMS 作为电容传感器的介电层材料。

传感器的基底材料, 由于需要在它上面沉积或是打印 (转移) 导电层, 则需要其有一定的刚度和硬度。被使用的基底材料一般有 PET(聚对苯二甲酸乙二醇酯)[184]、PC(聚碳酸酯)[185]、PI(聚酰亚胺)[186]、PDMS[187]、Si[188]、PMMA(聚甲基丙烯酸甲酯)[189] 等。其中 PET 是一种具有较高的熔融温度和玻璃化转变温度的结晶性高聚物材料, 它在较宽的温度范围内具有优良的物理机械性能, 其电绝缘性优良, 甚至在高温高频下仍保持良好电性能, 并且具有透明度高、可阻挡紫外线、光泽性好等优点 [78], 基本满足传感器使用环境和工况的需求, 故选择 PET 材料作为电容式柔性触觉传感器的基底材料。

综上所述, PDMS 和 PET 被用于加工制造本节设计的电容式柔性触觉传感器。

2.2.2　电容式触觉传感器的检测原理

电容式触觉传感器的原理是通过测量电容值的变化来检测外界施加的力, 其基本的工作原理可以用图 2.1 所示的平行板电容器加以说明。

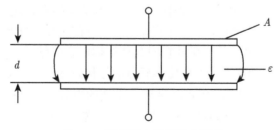

图 2.1　平行板电容器基本原理

当忽略电容的边缘效应时，平行板电容表达式为

$$C = \varepsilon \frac{A}{d} = \frac{\varepsilon_r \varepsilon_0 A}{d} \tag{2-1}$$

式中，A 为电容极板间的有效面积；d 为极板间距；ε 为电容极板间介质的介电常数；ε_r 为相对介电常数；ε_0 为真空介电常数 ($\varepsilon_0 = 8.85 \times 10^{-12}$ F/m)。

通过改变这些参数就可以改变最终的电容值，因此电容式传感器可以分为三种类型：变间距式、变面积式和变介电常数式。鉴于平行板式传感器的特点，传感器的纵向位移较横向位移更为容易，因此设计通常采用变间距式的结构。

当传感器的极板间距没有发生变化时，其初始电容为 C_0，如果传感器的极板间距由初始值 d_0 减小 Δd，那么电容值 C 可计算为

$$C = C_0 + \Delta C = \frac{\varepsilon_r \varepsilon_0 A}{d_0 - \Delta d} = \frac{C_0}{1 - \dfrac{\Delta d}{d_0}} = \frac{C_0 \left(1 + \dfrac{\Delta d}{d_0}\right)}{1 - \left(\dfrac{\Delta d}{d_0}\right)^2} \tag{2-2}$$

可以看出，电容值的变化和极板间距的变化呈非线性关系。而电容的相对变化为

$$\frac{\Delta C}{C_0} = \frac{\dfrac{\Delta d}{d_0}}{1 - \dfrac{\Delta d}{d_0}} \tag{2-3}$$

按泰勒级数展开得到

$$\frac{\Delta C}{C_0} = \frac{\Delta d}{d_0} \left[1 + \frac{\Delta d}{d_0} + \left(\frac{\Delta d}{d_0}\right)^2 + \left(\frac{\Delta d}{d_0}\right)^3 + \cdots \right] \tag{2-4}$$

当 $|\Delta d / d_0| \ll 1$ 时，可以略去高次项，则可得到如下近似线性关系：

$$\frac{\Delta C}{C_0} \approx \frac{\Delta d}{d_0} \tag{2-5}$$

则电容式传感器的灵敏度 S 为

$$S = \frac{\Delta C / C_0}{\Delta F} \approx \frac{1}{d_0} \cdot \frac{\Delta d}{\Delta F} \tag{2-6}$$

由式 (2-6) 可得，极板间距越小，传感器的灵敏度越高。

与其他传感器 (如电阻式、电感式等) 相比，电容式传感器有如下优点。

(1) 受温度影响极小。电容式传感器的电容值仅取决于电容极板的几何尺寸，一般与电极材料无关，有利于选择温度系数低的材料，又因传感器工作时本身发热极小，因此受温度影响极小。

(2) 结构简单,适用于多种场合,具有平均效应。电容式传感器的结构简单,易于制造,有利于保持较高的测试精度;另外,借助于微制造工艺,其尺寸可以做得很小,很容易实现某些特殊场合的测量;当传感器用于非接触式测量时,具有平均效应。

(3) 响应速度快。电容式传感器的固有频率很高,动态响应时间很短,能够在几兆赫兹的频率下工作,适合于进行动态测量;又由于它的介质损耗小可以用较高频率供电,因此传感器系统的工作频率高。

(4) 精度高。由于带电极板的静电引力极小,所需的输入能量极小,特别适宜用来检测极轻微的压力和极小的加速度、位移等,可以做得很灵敏,分辨率非常高,能感受到 0.01 μm 的位移,甚至更小。

2.2.3　电容式柔性触觉传感阵列的结构设计

PDMS 薄膜介电层柔性触觉传感阵列的结构,如图 2.2(a) 所示,包含 3×3 个触觉传感单元,相邻两个单元间的中心距离,即空间分辨率为 4 mm。触觉传感阵列的单元结构,如图 2.2(b) 所示,从上到下分别为表面凸起、上层 PI 基底、上层电容极板、PDMS 薄膜介电层、下层电容极板和下层 PET 基底。上层和下层电容极板分别覆盖在上层 PI 和下层 PET 上,二者之间为 PDMS 薄膜介电层。每个传感单元的尺寸约为 4 mm × 4 mm × 0.63 mm。表面凸起覆盖在上层 PI 上,其尺寸为 3 mm × 3 mm × 0.5 mm。表面凸起结构能将传感单元受到的外力传递到电容极板区域,从而增大电容值变化。

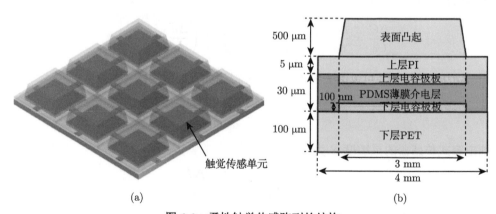

(a)　　　　　　　　　　　　　　　　　　(b)

图 2.2　柔性触觉传感阵列的结构

(a) 传感阵列整体结构设计; (b) 触觉传感单元结构及尺寸

2.2.4 电容式柔性触觉传感阵列的检测原理

PDMS 薄膜介电层电容式柔性触觉传感阵列的检测原理如图 2.3 所示，传感阵列的上下电容极板呈正交排布，当选通上层电容极板中的一行与下层电容极板中的一列时，位于选通行、列交叉处的电容被选中，此时该电容对应的触觉传感单元工作原理为：当外力施加在表面凸起上时，外力经过表面凸起的传递作用在上层电容极板上，上层电容极板受到压力作用使 PDMS 介电层被压缩，上层和下层电容极板间的距离减小，从而使电容值增大。因此，建立传感单元电容值的变化大小与外界施加力的关系，通过检测电容值变化的大小即可实现对施加外力的测量。

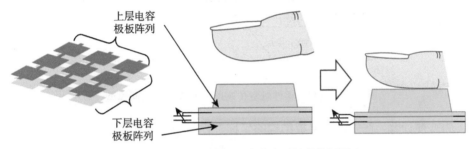

上层电容
极板阵列

下层电容
极板阵列

图 2.3　电容式柔性触觉传感阵列触觉检测原理

2.3　电容式柔性触觉传感单元的力学解析建模

2.3.1 触觉传感单元的几何模型与边界条件

图 2.2 中触觉传感单元的下层电容极板所采用的基底为 PET 基底，其杨氏模量为 4000 MPa，远大于介电层材料 PDMS 的 0.55 MPa[7]，因此可将下层 PET 基底设为刚性基底。上层和下层电容极板的厚度设计为 500 nm，远小于下层 PET 基底和上层 PI 基底的厚度，因此电容极板对触觉传感单元变形的影响可忽略。此外，假设施加在表面凸起上的压力为均布力，其分布与作用在上层 PI 基底上表面的均布力相同。根据上述分析，触觉传感单元可以简化为上层 PI 和 PDMS 介电层的层叠双层板几何模型，如图 2.4 所示。对建立的双层板几何模型进行坐标的定义：原点位于双层板的中心位置，z 轴垂直于上层 PI 指向上方，x 轴和 y 轴互相垂直并且指向双层板结构的外侧。设上层 PI 上的均布力用函数 $q(x, y)$ 表示，并施加在中心的 3 mm × 3 mm 加载区域，如图 2.4 所示。

双层板的边缘离中间加载区域的距离为 500 μm，双层板结构的总体厚度为 35 μm，两者尺寸相差超过 10 倍。根据 Saint-Venant 原理，分布于弹性体上一小块面积 (或体积) 内的荷载所引起的物体中的应力，在离荷载作用区稍远的地方，基本上只同荷载的合力和合力矩有关；荷载的具体分布只影响荷载作用区附近的应力分布，即施加在加载区域的力不会对双层板的边缘区域造成变形。因此，双层板结构的四个边缘可认为是固支边界，即位移为零。下层 PET 设定为刚性基底，因此 PDMS 介电层的底面变形为零，故 PDMS 介电层的底部为固支边界。

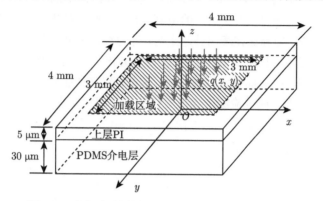

图 2.4　电容式柔性触觉传感单元的双层板几何模型

为方便计算，首先对双层板结构的坐标进行归一化处理如下：

$$X = 2x/a, Y = 2y/a, Z = 2z/h \quad (X, Y, Z \in [-1, 1]) \tag{2-7}$$

式中，a 和 h 分别为双层板结构的边长和厚度。

双层板结构的边界条件可描述为

$$u = 0, v = 0, w = 0 \quad (X = \pm 1, Y = \pm 1, Z = -1) \tag{2-8}$$

式中，u，v，w 分别为 x，y，z 方向的位移函数；$X = \pm 1, Y = \pm 1$ 表示双层板结构的四边，$Z = -1$ 表示双层板结构的底面。

2.3.2　触觉传感单元的力学解析模型

在 2.3.1 小节中描述了双层板结构的边界条件，即四边和底面在外力作用下的变形恒定为零，则可构造双层板结构的位移场函数为

$$
\begin{cases}
u(X, Y, Z) = (1 - X^2)(1 - Y^2)(1 + Z) \sum\limits_{i=1}^{I} \sum\limits_{j=1}^{J} \sum\limits_{k=1}^{K} C_{ijk}^u P_i(X) P_j(Y) P_k(Z) \\[2mm]
v(X, Y, Z) = (1 - X^2)(1 - Y^2)(1 + Z) \sum\limits_{i=1}^{I} \sum\limits_{j=1}^{J} \sum\limits_{k=1}^{K} C_{ijk}^v P_i(X) P_j(Y) P_k(Z) \\[2mm]
w(X, Y, Z) = (1 - X^2)(1 - Y^2)(1 + Z) \sum\limits_{i=1}^{I} \sum\limits_{j=1}^{J} \sum\limits_{k=1}^{K} C_{ijk}^w P_i(X) P_j(Y) P_k(Z)
\end{cases} \tag{2-9}
$$

式中，u，v，w 分别为 x，y，z 方向上的位移场函数；C_{ijk}^u，C_{ijk}^v，C_{ijk}^w 为需要求解的变量；i，j，k 为序列索引；I，J，K 为序列索引的最大值；$P_S(\chi)$ 为切比雪夫 (Chebyshev) 多项式，其中 S 的取值为序列索引；Chebyshev 多项式 $P_S(\chi)$ 不同项之间构成了正交多项式，其表达式为

$$\begin{cases} P_1(\chi) = 1 \\ P_2(\chi) = \chi \\ P_{S+1}(\chi) = 2\chi P_S(\chi) - P_{S-1}(\chi) \end{cases} \tag{2-10}$$

根据弹性力学基本原理，位移和应变之间的关系可表示为

$$\begin{cases} \varepsilon_x = \dfrac{\partial u}{\partial x} = \dfrac{2}{a} \cdot \dfrac{\partial u}{\partial X} \\[2mm] \varepsilon_y = \dfrac{\partial v}{\partial y} = \dfrac{2}{a} \cdot \dfrac{\partial v}{\partial Y} \\[2mm] \varepsilon_z = \dfrac{\partial w}{\partial z} = \dfrac{2}{h} \cdot \dfrac{\partial w}{\partial Z} \\[2mm] \gamma_{xy} = \dfrac{\partial u}{\partial y} + \dfrac{\partial v}{\partial x} = \dfrac{2}{a} \cdot \dfrac{\partial u}{\partial Y} + \dfrac{2}{a} \cdot \dfrac{\partial v}{\partial X} \\[2mm] \gamma_{xz} = \dfrac{\partial u}{\partial z} + \dfrac{\partial w}{\partial x} = \dfrac{2}{h} \cdot \dfrac{\partial u}{\partial Z} + \dfrac{2}{a} \cdot \dfrac{\partial w}{\partial X} \\[2mm] \gamma_{yz} = \dfrac{\partial v}{\partial z} + \dfrac{\partial w}{\partial y} = \dfrac{2}{h} \cdot \dfrac{\partial v}{\partial Z} + \dfrac{2}{a} \cdot \dfrac{\partial w}{\partial Y} \end{cases} \tag{2-11}$$

式中，u，v，w 分别为 x，y，z 方向上的位移场函数。

将式 (2-9) 代入式 (2-11) 即能计算双层板结构的应变场。此外，双层板的应变能可表示为

$$\Phi = \frac{1}{2} \int_{-1}^{1} \int_{-1}^{1} \int_{-1}^{1} \big\{ (\lambda(Z) + 2G(Z))(\varepsilon_x^2 + \varepsilon_y^2 + \varepsilon_z^2) + 2\lambda(Z)(\varepsilon_x \varepsilon_y$$
$$+ \varepsilon_x \varepsilon_z + \varepsilon_y \varepsilon_z) + G(Z)(\gamma_{xy}^2 + \gamma_{xz}^2 + \gamma_{yz}^2) \big\} \frac{a^2 h}{8} \mathrm{d}X \mathrm{d}Y \mathrm{d}Z \tag{2-12}$$

其中，

$$\begin{cases} \lambda(Z) = \dfrac{E(Z)\nu(Z)}{[1 + \nu(Z)][1 - 2\nu(Z)]} \\[4mm] G(Z) = \dfrac{E(Z)}{2[1 + \nu(Z)]} \end{cases} \tag{2-13}$$

式中，$E(Z)$ 和 $\nu(Z)$ 分别为双层板结构在 z 方向的杨氏模量函数和泊松比函数，可表示为

$$E(Z) = \begin{cases} E_1, & Z \geqslant Z_1 \\ E_2, & Z < Z_1 \end{cases}, \quad \nu(Z) = \begin{cases} \nu_1, & Z \geqslant Z_1 \\ \nu_2, & Z < Z_1 \end{cases} \tag{2-14}$$

式中，E_1 和 ν_1 分别表示 PI 的杨氏模量和泊松比；E_2 和 ν_2 分别表示 PDMS 的杨氏模量和泊松比；Z_1 为 PDMS 介电层和上层 PI 间的界面在 z 轴方向的坐标，且 $Z_1 = 2 \times 12.5 / 35$。

图 2.4 中，加载区域为上层 PI 中间的正方形区域，该区域的 x、y 坐标可归一化为 $[-0.75, 0.75]$，则加载函数 $q(X, Y)$ 可表示为

$$q(X, Y) = \begin{cases} q_0, & X, Y \in [-0.75, 0.75] \\ 0, & X, Y \in [-1, -0.75) \cup (0.75, 1] \end{cases} \tag{2-15}$$

式中，q_0 为施加在上层 PI 上的压力。

加载在上层 PI 上的压力所做的功为

$$W = \int_\Omega q(X, Y) w(X, Y, 1) \, d\Omega = \int_{-0.75}^{0.75} \int_{-0.75}^{0.75} q_0 w(X, Y, 1) \frac{a^2}{4} dX dY \tag{2-16}$$

式中，$w(X, Y, 1)$ 表示上层 PI 上表面在 z 方向的变形分布。

系统余能 (Π) 等于双层板结构所储存的应变能 (Φ) 减去加载在上层 PI 上的力所做的功 $(\mathcal{W})$，则有

$$\Pi = \Phi - \mathcal{W} \tag{2-17}$$

根据 Ritz 法，双层板结构余能对需要求解的变量 $C_{ijk}^u, C_{ijk}^v, C_{ijk}^w$ 求偏导，并令结果为零，得

$$\frac{\partial \Pi}{\partial C_{ijk}^u} = 0, \quad \frac{\partial \Pi}{\partial C_{ijk}^v} = 0, \quad \frac{\partial \Pi}{\partial C_{ijk}^w} = 0 \tag{2-18}$$

根据式 (2-9)～式 (2-18)，将得到的线性方程组整理如下：

$$\begin{bmatrix} [K^{uu}] & [K^{uv}] & [K^{uw}] \\ [K^{vu}] & [K^{vv}] & [K^{vw}] \\ [K^{wu}] & [K^{wv}] & [K^{ww}] \end{bmatrix} \begin{bmatrix} [C^u] \\ [C^v] \\ [C^w] \end{bmatrix} = \begin{bmatrix} 0 \\ 0 \\ [Q] \end{bmatrix} \tag{2-19}$$

定义 $K_{\overline{ijk}ijk}^{mn}$ $(m,n=u,v,w)$ 为式 (2-19) 中的子系数矩阵 K^{mn} $(m,n=u,v,w)$ 的第 $\overline{ijk}$ 行和第 ijk 列的元素，则式 (2-19) 中的子系数矩阵可以计算

$$
\begin{cases}
K_{\overline{ijk}ijk}^{uu} = \dfrac{h}{2}D_{i\bar{i}}^{11}E_{j\bar{j}}^{00}F_{k\bar{k}}^{00} + \dfrac{h}{2}D_{i\bar{i}}^{00}E_{j\bar{j}}^{11}T_{k\bar{k}}^{00} + \dfrac{a^2}{2h}D_{i\bar{i}}^{00}E_{j\bar{j}}^{00}T_{k\bar{k}}^{11} \\[2mm]
K_{\overline{ijk}ijk}^{uv} = \dfrac{h}{2}D_{i\bar{i}}^{10}E_{j\bar{j}}^{01}T_{k\bar{k}}^{00} + \dfrac{h}{2}D_{i\bar{i}}^{01}E_{j\bar{j}}^{10}S_{k\bar{k}}^{00} \\[2mm]
K_{\overline{ijk}ijk}^{uw} = \dfrac{a}{2}D_{i\bar{i}}^{10}E_{j\bar{j}}^{00}T_{k\bar{k}}^{01} + \dfrac{a}{2}D_{i\bar{i}}^{01}E_{j\bar{j}}^{10}S_{k\bar{k}}^{10} \\[2mm]
K_{\overline{ijk}ijk}^{vu} = \dfrac{h}{2}D_{i\bar{i}}^{01}E_{j\bar{j}}^{10}T_{k\bar{k}}^{00} + \dfrac{h}{2}D_{i\bar{i}}^{10}E_{j\bar{j}}^{01}S_{k\bar{k}}^{00} \\[2mm]
K_{\overline{ijk}ijk}^{vv} = \dfrac{h}{2}D_{i\bar{i}}^{00}E_{j\bar{j}}^{11}F_{k\bar{k}}^{00} + \dfrac{a^2}{2h}D_{i\bar{i}}^{00}E_{j\bar{j}}^{00}T_{k\bar{k}}^{11} + \dfrac{h}{2}D_{i\bar{i}}^{11}E_{j\bar{j}}^{00}T_{k\bar{k}}^{00} \\[2mm]
K_{\overline{ijk}ijk}^{vw} = \dfrac{a}{2}D_{i\bar{i}}^{00}E_{j\bar{j}}^{10}T_{k\bar{k}}^{01} + \dfrac{a}{2}D_{i\bar{i}}^{00}E_{j\bar{j}}^{01}S_{k\bar{k}}^{10} \\[2mm]
K_{\overline{ijk}ijk}^{wu} = \dfrac{a}{2}D_{i\bar{i}}^{01}E_{j\bar{j}}^{00}T_{k\bar{k}}^{10} + \dfrac{a}{2}D_{i\bar{i}}^{10}E_{j\bar{j}}^{01}S_{k\bar{k}}^{01} \\[2mm]
K_{\overline{ijk}ijk}^{wv} = \dfrac{a}{2}D_{i\bar{i}}^{00}E_{j\bar{j}}^{01}T_{k\bar{k}}^{10} + \dfrac{a}{2}D_{i\bar{i}}^{00}E_{j\bar{j}}^{10}S_{k\bar{k}}^{01} \\[2mm]
K_{\overline{ijk}ijk}^{ww} = \dfrac{a^2}{2h}D_{i\bar{i}}^{00}E_{j\bar{j}}^{00}F_{k\bar{k}}^{11} + \dfrac{h}{2}D_{i\bar{i}}^{00}E_{j\bar{j}}^{11}T_{k\bar{k}}^{00} + \dfrac{h}{2}D_{i\bar{i}}^{11}E_{j\bar{j}}^{00}T_{k\bar{k}}^{00}
\end{cases}
\tag{2-20}
$$

其中，

$$
\begin{cases}
D_{\sigma\delta}^{rs} = \displaystyle\int_{-1}^{1} \frac{\mathrm{d}^r\left[(1-X^2)P_\sigma(X)\right]}{\mathrm{d}X^r} \cdot \frac{\mathrm{d}^s\left[(1-X^2)P_\delta(X)\right]}{\mathrm{d}X^s}\mathrm{d}X \\[4mm]
E_{\sigma\delta}^{rs} = \displaystyle\int_{-1}^{1} \frac{\mathrm{d}^r\left[(1-Y^2)P_\sigma(Y)\right]}{\mathrm{d}Y^r} \cdot \frac{\mathrm{d}^s\left[(1-Y^2)P_\delta(Y)\right]}{\mathrm{d}Y^s}\mathrm{d}Y \\[4mm]
F_{\sigma\delta}^{rs} = \displaystyle\int_{-1}^{1} \frac{E(Z)\left[1-\nu(Z)\right]}{\left[1+\nu(Z)\right]\left[1-2\nu(Z)\right]} \cdot \frac{\mathrm{d}^r\left[(1+Z)P_\sigma(Z)\right]}{\mathrm{d}Z^r} \cdot \frac{\mathrm{d}^s\left[(1+Z)P_\delta(Z)\right]}{\mathrm{d}Z^s}\mathrm{d}Z \\[4mm]
S_{\sigma\delta}^{rs} = \displaystyle\int_{-1}^{1} \frac{E(Z)\nu(Z)}{\left[1+\nu(Z)\right]\left[1-2\nu(Z)\right]} \cdot \frac{\mathrm{d}^r\left[(1+Z)P_\sigma(Z)\right]}{\mathrm{d}Z^r} \cdot \frac{\mathrm{d}^s\left[(1+Z)P_\delta(Z)\right]}{\mathrm{d}Z^s}\mathrm{d}Z \\[4mm]
T_{\sigma\delta}^{rs} = \displaystyle\int_{-1}^{1} \frac{E(Z)}{2\left[1+\nu(Z)\right]} \cdot \frac{\mathrm{d}^r\left[(1+Z)P_\sigma(Z)\right]}{\mathrm{d}Z^r} \cdot \frac{\mathrm{d}^s\left[(1+Z)P_\delta(Z)\right]}{\mathrm{d}Z^s}\mathrm{d}Z
\end{cases}
\tag{2-21}
$$

式中，$r,s=0,1$；$\sigma=i,j,k$；$\delta=\bar{i},\bar{j},\bar{k}$。

式 (2-19) 中变量子矩阵 C^u, C^v, C^w 可表示为

$$
\begin{cases}
C^u = [C_{111}^u, C_{112}^u, \cdots, C_{11K}^u, C_{121}^u, C_{122}^u, \cdots, C_{12K}^u, \cdots, C_{1JK}^u, \cdots, C_{IJK}^u]^{\mathrm{T}} \\
C^v = [C_{111}^v, C_{112}^v, \cdots, C_{11K}^v, C_{121}^v, C_{122}^v, \cdots, C_{12K}^v, \cdots, C_{1JK}^v, \cdots, C_{IJK}^v]^{\mathrm{T}} \\
C^w = [C_{111}^w, C_{112}^w, \cdots, C_{11K}^w, C_{121}^w, C_{122}^w, \cdots, C_{12K}^w, \cdots, C_{1JK}^w, \cdots, C_{IJK}^w]^{\mathrm{T}} \\
Q = [Q_{111}, Q_{112}, \cdots, Q_{11K}, Q_{121}, Q_{122}, \cdots, Q_{12K}, \cdots, Q_{1JK}, \cdots, Q_{IJK}]^{\mathrm{T}}
\end{cases}
\tag{2-22}
$$

在子矩阵 Q 中，Q_{ijk} 为第 ijk 个元素，用如下计算式进行计算

$$
Q_{ijk} = \frac{a^2 q_0}{2} \int_{-0.75}^{0.75} (1 - X^2) P_i(X) \mathrm{d}X \cdot \int_{-0.75}^{0.75} (1 - Y^2) P_j(Y) \mathrm{d}Y \cdot P_k(1)
\tag{2-23}
$$

通过求解方程 (2-19)，可获得变量 $C_{ijk}^u, C_{ijk}^v, C_{ijk}^w$，再将其代入到式 (2-9) 中，即能确定双层板结构的位移场函数，完成触觉传感单元力学模型的求解。

2.3.3　触觉传感单元的变形计算与分析

1) 触觉传感单元有限元建模

为了验证 2.3.1 小节中建立的力学解析模型的正确性，本小节使用 ABAQUS (v6.13, SIMULIA Corp., Providence, RI, USA) 有限元软件对 PDMS 薄膜介电层触觉传感单元进行建模分析。建模的对象为单个触觉传感单元，包括尺寸为 4 mm × 4 mm × 0.135 mm 的电容结构层和尺寸为 3 mm × 3 mm × 0.5 mm 的表面凸起，如图 2.5 所示。有限元网格类型使用二次六面体单元，对下层 PET 和 PDMS 介电层共划分了 305850 个单元，而上层 PI 和表面凸起则分别划分了 101905 个单元和 168750 个单元。

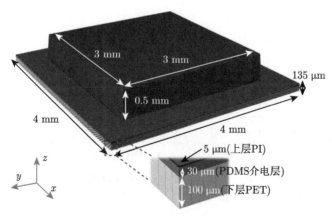

图 2.5　电容式触觉传感单元的有限元模型及尺寸参数

PDMS、PI 和 PET 的材料特性参数如表 2.1 所示。PDMS 的杨氏模量为 0.55 MPa，而 PI 和 PET 的杨氏模量分别为 3500 MPa 和 4000 MPa。此外，建

立的有限元模型中所有单元均设置为线弹性，使用了各向同性的弹性模型。对于建立的触觉传感单元有限元模型的边界条件，四边和底部均设置为固定。加载条件则设为在表面凸起上表面施加 100 kPa 的均布载荷。

表 2.1　PDMS、PI 和 PET 的材料特性参数 [7]

材料	杨氏模量/MPa	泊松比
PDMS	0.55	0.49
PI	3500	0.335
PET	4000	0.4

2) 触觉传感单元在法向力作用下的变形

使用表 2.1 中所示的材料特性参数，并将 $q_0 = 100$ kPa 和 $I = J = K = 20$ 代入式 (2-14)、式 (2-20) 和式 (2-21) 中，计算式 (2-19) 的子矩阵中每个元素的数值，然后求解方程中的变量 C^u, C^v, C^w。将 C^u, C^v, C^w 代入到式 (2-9) 中，即可得到双层板结构的位移场函数。图 2.6 所示为利用位移场函数计算得到的 PDMS 介电层上表面 (上层电容极板所在平面) 在 z 方向的变形。可以看到，中间变形区域的形状与上层 PI 上的加载区域形状基本吻合，最大变形量为 -0.3 μm。此外，图 2.6 中存在着波纹状的形变，这是由于在位移场函数中采用了 Chebyshev 多项式拟合引起的。这种多项式的幅值变化与正弦函数类似，因此，在利用 Chebyshev 多项式的线性叠加去逼近双层板结构的真实变形时，会产生如图 2.6 所示的误差。

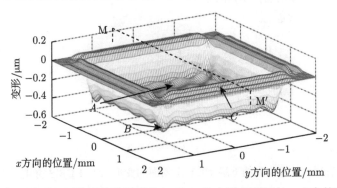

图 2.6　使用力学解析模型计算得到的 PDMS 介电层上表面在 z 方向的变形情况

为验证建立的力学模型的正确性，使用相同的受力条件和边界条件进行了有限元计算分析，结果如图 2.7 所示。图 2.7(a) 和 (b) 分别为下层 PET 上表面和 PDMS 介电层上表面在 z 方向的变形情况。可以看出，下层 PET 的最大变形仅为 1 nm 左右，远小于 PDMS 介电层的变形，从而验证了在 2.3.1 小节中下层 PET 为刚性基底假设的合理性。图 2.7(a) 和 (b) 显示变形区域的形状与上层 PI 加载区域的形状相吻合，且四边处的变形约为零，从而也说明双层板四边固支边界条件的假设是合理的。从图 2.7(c) 看到，上层 PI 上表面的受力较为均匀，其应力为 100.58 kPa，因此证明了用均布载荷加载在上层 PI 上来代替表面凸起的合理性。

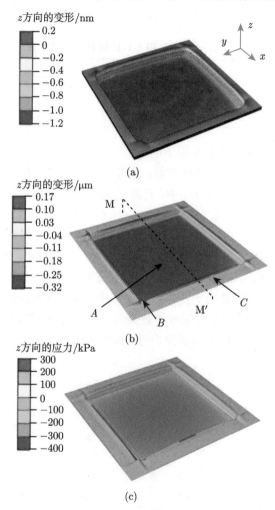

图 2.7　使用有限元计算得到的下层 PET 上表面的变形 (a)、PDMS 介电层上表面的变形 (b) 和上层 PI 上表面的法向力分布 (c)

为了比较力学模型和有限元计算的变形，选择了双层板结构的 A、B、C 这 3 点处的变形进行比较。其中，A 点位于中间区域，B 点位于加载区域的角落，C 点位于加载区域的边缘，如图 2.6 和图 2.7(b) 所示。A、B、C 点所在位置的变形量的计算结果如表 2.2 所示。可以看出，利用力学模型计算 A、B、C 三点的变形，分别为 $-0.317\,\mu m$、$-0.416\,\mu m$ 和 $0.077\,\mu m$；利用有限元仿真计算的结果分别为 -0.322 μm、$-0.324\,\mu m$ 和 $0.116\,\mu m$，模型预测值和有限元计算结果比较相符。B 点和 C

点变形的差异相对较大，但由于 A 点所在的位置为电容变形的主要区域，因此 B 点和 C 点的误差对电容变化的影响较小。

表 2.2 PDMS 介电层上表面的变形量

	A 点/μm	B 点/μm	C 点/μm
力学解析模型	−0.317	−0.416	0.077
有限元分析	−0.322	−0.324	0.116
误差	1.6%	28%	34%

图 2.8 所示为 PDMS 介电层上表面在 M-M′ 截面 (见图 2.6 和图 2.7(b) 所标注) 处的变形，可以看到有限元计算的变形与力学解析模型计算的变形能够较好地吻合，表明了所建立的力学解析模型能较为准确地预测触觉传感单元的受力变形情况。

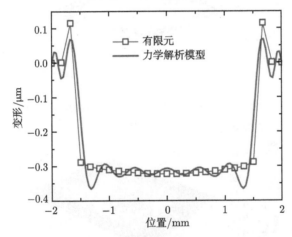

图 2.8 PDMS 介电层上表面在 M-M′ 截面处的变形：力学解析模型和有限元计算结果对比

在实际应用中，施加在触觉传感单元上的法向力可能出现非均匀分布的情况，因此需要分析非均布载荷对触觉传感单元变形的影响。假设施加在上层 PI 上表面的非均布载荷为

$$q_{sine}(X,Y) = k_{sine}\cos(2\pi/T \times X)\cos(2\pi/T \times Y) \tag{2-24}$$

式中，k_{sine} 代表幅值，T 代表余弦函数的周期，均为需要确定的未知量。

为进行对比，加载的非均布载荷的大小与施加的均布载荷大小相同，则有

$$\int_{-\frac{3}{4}}^{\frac{3}{4}}\int_{-\frac{3}{4}}^{\frac{3}{4}} q_0 dXdY = \int_{-\frac{3}{4}}^{\frac{3}{4}}\int_{-\frac{3}{4}}^{\frac{3}{4}} q_{sine}(X,Y)dXdY \tag{2-25}$$

式中，$q_0 = 100$ kPa。

根据方程 (2-25)，可得 $T = 3$，$k_{\mathrm{sine}} = 25000\pi^2$，则

$$q_{\mathrm{sine}}(X, Y) = 25000\pi^2 \cos\left(\frac{2\pi}{3}X\right) \cos\left(\frac{2\pi}{3}Y\right) \tag{2-26}$$

联立式 (2-9)~式 (2-14)、式 (2-16)~式 (2-18) 和式 (2-26)，求解式 (2-9) 中所示的位移场函数，即可计算得到 PDMS 介电层上表面的变形。图 2.9(a)、(b) 分别为力学解析模型和有限元模型的计算结果。对比图 2.9 (a) 和 (b)，最大变形分别为 $-0.78\,\mathrm{\mu m}$ 和 $-0.79\,\mathrm{\mu m}$。选取图 2.9 (a) 和 (b) 中的 M-M' 截面内的变形进行对比，如图 2.9 (c)

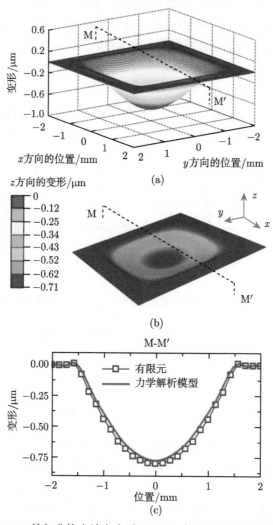

图 2.9　施加非均布法向力时 PDMS 介电层上表面的变形

(a) 力学解析模型; (b) 有限元模型; (c) 在 M-M' 截面内的变形对比

所示,可以看到力学模型和有限元计算的结果非常吻合,表明了在施加非均布载荷的情况下,建立的力学解析模型能准确地预测触觉传感单元的变形情况。

3) 触觉传感单元在切向力作用下的变形

在实际中,除了非均布载荷,切向力也是经常出现的一种受力形式,因此需要分析切向力对触觉传感单元性能的影响。设施加在触觉传感单元表面凸起上的切向力为均布力,为 $q_{\text{shear}}(X,Y)$,则触觉传感单元的受力分析如图 2.10 所示。

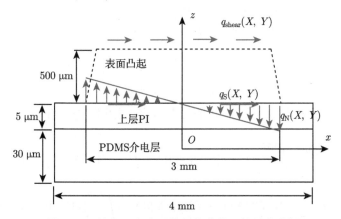

图 2.10 施加切向力时触觉传感单元的受力分析

切向力 $q_{\text{shear}}(X,Y)$ 会在上层 PI 上形成一个均布的切向力 $q_{\text{S}}(X,Y)$ 和呈线性变化的法向力 $q_{\text{N}}(X,Y)$。设产生的法向力 $q_{\text{N}}(X,Y)$ 为

$$q_{\text{N}}(X,Y) = k_q X \tag{2-27}$$

式中, k_q 为常数。

由静力平衡,可得到如下方程组

$$\begin{cases} q_{\text{S}}(X,Y) = q_{\text{shear}}(X,Y) = 100000 \\ \displaystyle\int_{-\frac{3}{4}}^{\frac{3}{4}} X q_{\text{N}}(X,Y) \frac{3}{2} \mathrm{d}X = -q_{\text{shear}}(X,Y) \times \frac{9}{16} \end{cases} \tag{2-28}$$

求解方程组 (2-28),可得

$$\begin{cases} q_{\text{S}}(X,Y) = q_{\text{shear}}(X,Y) = 100000 \\ \displaystyle\int_{-\frac{3}{4}}^{\frac{3}{4}} X q_{\text{N}}(X,Y) \frac{3}{2} \mathrm{d}X = -q_{\text{shear}}(X,Y) \times \frac{9}{16} \end{cases} \tag{2-29}$$

因此,法向力 $q_{\text{N}}(X,Y)$ 和切向力 $q_{\text{S}}(X,Y)$ 做的功可表示为

$$\begin{cases} q_{\mathrm{S}}(X,Y) = 100000 \\ q_{\mathrm{N}}(X,Y) = -133333X \end{cases} \tag{2-30}$$

使用式 (2-18)，可得如下线性方程组

$$\begin{bmatrix} [K^{uu}] & [K^{uv}] & [K^{uw}] \\ [K^{vu}] & [K^{vv}] & [K^{vw}] \\ [K^{wu}] & [K^{wv}] & [K^{ww}] \end{bmatrix} \begin{bmatrix} [C^{u}] \\ [C^{v}] \\ [C^{w}] \end{bmatrix} = \begin{bmatrix} [Q_{\mathrm{S}}] \\ 0 \\ [Q_{\mathrm{N}}] \end{bmatrix} \tag{2-31}$$

式中，K^{uu}, K^{uv}, K^{uw}, K^{vu}, K^{vv}, K^{vw}, K^{wu}, K^{wv}, K^{ww} 可用式 (2-20) 和式 (2-21) 进行计算；C^{u}, C^{v}, C^{w} 的表达式如式 (2-22) 所示。

定义 Q_{ijk}^{S} 是矩阵 Q_{S} 第 ijk 行的元素，Q_{ijk}^{N} 是矩阵 Q_{N} 第 ijk 行的元素，则有

$$\begin{cases} Q_{ijk}^{\mathrm{S}} = \dfrac{100000a^2}{2} \displaystyle\int_{-0.75}^{0.75} (1-X^2)P_i(X)\mathrm{d}X \cdot \int_{-0.75}^{0.75} (1-Y^2)P_j(Y)\mathrm{d}Y \cdot P_k(1) \\[4mm] Q_{ijk}^{\mathrm{N}} = \dfrac{a^2}{2} \displaystyle\int_{-0.75}^{0.75} -133333X(1-X^2)P_i(X)\mathrm{d}X \cdot \int_{-0.75}^{0.75} (1-Y^2)P_j(Y)\mathrm{d}Y \cdot P_k(1) \end{cases} \tag{2-32}$$

联立式 (2-9)~式 (2-14)、式 (2-17)、式 (2-18)、式 (2-20)~式 (2-22) 和式 (2-29)~式 (2-32)，可求解如式 (2-9) 中所示的位移场函数。图 2.11(a) 和 (b) 分别显示了使用力学解析模型和有限元分析计算得到的 PDMS 介电层上表面在 z 方向的变形。对比图 2.11(a) 和 (b) 中 M-M' 截面内的变形，如图 2.11(c) 所示，可以看到，力学解析模型预测值与有限元计算结果吻合。此外，在 x 方向，模型计算的变形为 1.98 μm，有限元计算结果为 2.06 μm。电容极板在 x 方向的变形远小于其横向尺寸，因此上、下电容极板的正对面积变化可忽略，故可认为电容极板在 x 方向的变形不影响触觉传感单元的电容值变化。

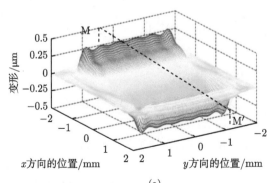

(a)

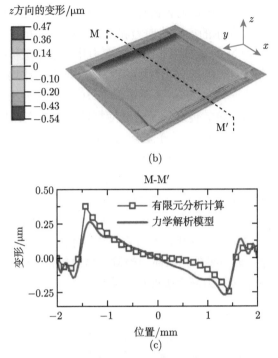

(b)

图 2.11　施加切向力时 PDMS 介电层上表面变形

(a) 力学解析模型; (b) 有限元分析计算; (c) M-M′ 截面变形

2.3.4　触觉传感单元的电容值变化

为了检测施加在触觉传感单元上的外力，需要描述施加外力大小和触觉传感单元电容变化的关系。施加 100 kPa 的法向压力时，PDMS 介电层上表面的变形可表示为 $w(X,Y,Z)$，其中 $Z = 12.5/17.5$，则外力 F 导致的变形可表示为

$$w_F(X,Y,Z) = \frac{F/S_F}{100000}w(X,Y,Z) \tag{2-33}$$

式中，F 为施加的外力; $S_F = 3\ \text{mm} \times 3\ \text{mm}$ 是力的加载区域面积。

已知触觉传感单元的电容值可用如下表达式计算:

$$C = \frac{\varepsilon S}{4\pi k d} \tag{2-34}$$

其中，ε 是相对介电常数; k 是静电力常数; S 是电容的正对面积; d 是电容极板间的距离。

因此，触觉传感单元的电容可计算为

$$C = \frac{\varepsilon}{4\pi k}\int_{-0.75}^{0.75}\frac{1}{0.00003 - w_F(X,Y,12.5/17.5)}\mathrm{d}X\mathrm{d}Y \tag{2-35}$$

取 $\varepsilon = 3$，触觉传感单元的初始电容值计算为 7.96 pF。图 2.12(a) 为触觉传感单元分别施加如式 (2-15) 所示的均布法向力和式 (2-26) 所示的非均布法向力时，电容值的变化情况。在 10 N 的均布和非均布法向力作用下触觉传感单元分别产生了 12% 和 16% 的电容值变化。可见，同样大小的力，非均布力比均布力能使触觉传感单元产生更大的电容值变化。此外，传感单元在 10 N 的法向力作用下，其电容仍未达到饱和状态，表明该触觉传感单元能适应智能假肢手在抓握物体过程中较大接触力的检测需求。图 2.12(b) 显示了切向力对触觉传感单元电容变化的影响，可以看到，即使施加 10 N 的切向力，触觉传感单元的电容值变化仅为 0.3%，可知切向力对电容值变化的影响很小。对电容值变化的数据使用最小二乘法进行线性拟合，即可计算得到触觉传感单元的接触力检测灵敏度。均布法向力作用下，触觉传感单元的接触力检测灵敏度计算为 1.2 %/N，或 1.2 / (1 / 0.004^2 / 1000) %/kPa = 0.0192 %/kPa。结果表明，PDMS 薄膜介电层触觉传感单元能实现智能假肢对较大接触力的检测功能，但传感单元法向力检测灵敏度较低、对切向力不敏感，仍难以满足智能假肢的三维接触力高灵敏的检测要求。

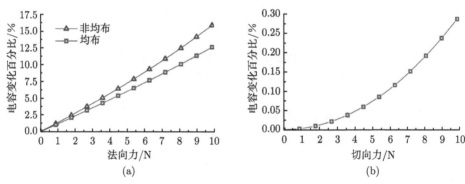

图 2.12　施加外力时触觉传感单元的电容值变化

(a) 均布和非均布法向力; (b) 切向力

2.4　电容式柔性触觉传感单元的分区域力学建模

2.4.1　触觉传感单元的分区域几何模型

在 2.3 节中，建立了 PDMS 薄膜介电层触觉传感单元的力学模型，从模型计算的结果来看，触觉传感单元的变形分布中存在着波纹状隆起的误差 (图 2.6)。为了减小该误差，本小节提出触觉传感单元分区域力学建模的方法，建立 PDMS 介电层触觉传感单元的修正力学模型，以提高变形预测的精度 [190]。

触觉传感单元的结构描述如图 2.13 所示，与 2.3 节中不同的地方在于采用了上层 PET 代替原来的上层 PI。尺寸方面，相比 2.3 节做了一些调整：上、下层 PET 的厚度均为 25 μm，PDMS 介电层的厚度为 20 μm。下文将对图 2.13 所描述的 PDMS 薄膜介电层触觉传感单元结构进行力学建模分析。

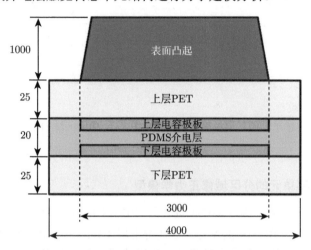

图 2.13 触觉传感单元的结构示意图 (单位: μm)

首先，将触觉传感单元简化成三层板结构，由上至下分别为上层 PET、PDMS 介电层和下层 PET，如图 2.14 所示，这三层结构的厚度分别为 25 μm、20 μm 和 25 μm。如图 2.14 (a) 所示，定义直角坐标系的原点位于结构的正中心，x、y 轴指向边缘朝外，z 轴指向上层 PET 向外，三个坐标轴相互垂直。如 2.3 节所述，触觉传感单元的表面凸起可用一个载荷代替，即在上层 PET 中间 3000 μm × 3000 μm 的加载区域内施加均布载荷。三层板结构的坐标归一化为 $X = 2x\,/\,4000$，$Y = 2y\,/\,4000$，$Z = 2z\,/\,70$，其中 $X, Y, Z \in [-1, 1]$。

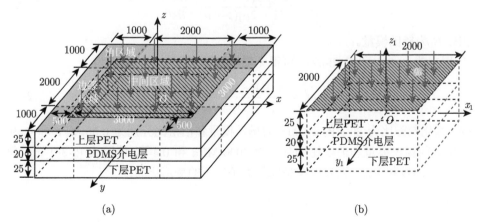

(a)   (b)

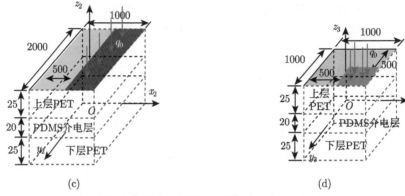

图 2.14 触觉传感单元的三层板简化结构示意图 (a)、中间区域 (b)、边缘区域 (c) 和角区域 (d)(单位: μm)

2.4.2 触觉传感单元的分区域修正力学模型

PET 的杨氏模量 (4000 MPa) 远大于 PDMS 的杨氏模量 (0.55 MPa)[7]，使 PET 的变形远小于 PDMS 的变形。这使得上层 PET、PDMS 介电层和下层 PET 在 z 方向上的变形呈现非线性的变化。为准确描述触觉传感单元的变形，需要建立一个非线性函数来描述上层 PET、PDMS 介电层和下层 PET 在 z 方向上的变形趋势。首先，对于单层无限板结构，在其上表面施加一个无限均布载荷，可用以下方程描述单层无限板在厚度方向上的变形

$$\frac{2 - 2\nu}{1 - 2\nu} \cdot \frac{\partial^2 w'}{\partial z'^2} = 0 \tag{2-36}$$

式中，z' 定义为单层无限板的厚度方向；w' 为 z' 轴方向的位移；ν 为泊松比。

无限板在厚度方向上的应力可计算为

$$\sigma_{Z'} = \frac{E(1 - \nu)}{(1 - 2\nu)(1 + \nu)} \cdot \frac{\partial w'}{\partial z'} \tag{2-37}$$

式中，E 为杨氏模量。

联立式 (2-36) 和式 (2-37)，可得无限板在厚度方向上的变形为

$$w' = \frac{\sigma_{Z'}(1 - 2\nu)(1 + \nu)}{E(1 - \nu)} z' \tag{2-38}$$

主剂–固化剂配比为 20:1 的 PDMS 的杨氏模量和泊松比分别为 0.55 MPa 和 0.49，而 PET 的杨氏模量和泊松比则分别为 4000 MPa 和 0.4[7]。使用式 (2-38) 可计算 PDMS 无限板和 PET 无限板在相同外力条件下的变形比为

$$\frac{w'_{\text{PDMS}}}{w'_{\text{PET}}} \approx 561 \tag{2-39}$$

根据式 (2-39)，将三层板结构由下至上的变形用分段函数描述，表示为

$$F(Z) = \begin{cases} Z + 1, & Z \in [-1, -10/35) \\ 561Z + \dfrac{5635}{35}, & Z \in [-10/35, 10/35) \\ Z + \dfrac{11235}{35}, & Z \in [10/35, 1] \end{cases} \qquad (2\text{-}40)$$

式中，$Z \in [-1, -10/35)$, $Z \in [-10/35, 10/35)$, $Z \in [10/35, 1]$ 分别表示下层 PET、PDMS 介电层、上层 PET 的 z 坐标取值范围。

对式 (2-40) 使用 S 型函数进行最小二乘法拟合，结果为

$$f(Z) = \frac{322}{1 + \mathrm{e}^{-7Z-0.03}} - 0.3, \quad Z \in [-1, 1] \qquad (2\text{-}41)$$

式 (2-41) 描述了三层板结构中各层的变形难易程度，将该变形函数引入三层板的位移场函数，则有

$$\begin{cases} u = (1-X^2)(1-Y^2)\left(\dfrac{322}{1+\mathrm{e}^{-7Z-0.03}} - 0.3\right) \displaystyle\sum_{i=1}^{I}\sum_{j=1}^{J}\sum_{k=1}^{K} C_{ijk}^{u} P_i P_j P_k \\[2mm] v = (1-X^2)(1-Y^2)\left(\dfrac{322}{1+\mathrm{e}^{-7Z-0.03}} - 0.3\right) \displaystyle\sum_{i=1}^{I}\sum_{j=1}^{J}\sum_{k=1}^{K} C_{ijk}^{v} P_i P_j P_k \\[2mm] w = (1-X^2)(1-Y^2)\left(\dfrac{322}{1+\mathrm{e}^{-7Z-0.03}} - 0.3\right) \displaystyle\sum_{i=1}^{I}\sum_{j=1}^{J}\sum_{k=1}^{K} C_{ijk}^{w} P_i P_j P_k \end{cases} \qquad (2\text{-}42)$$

式中，u, v, w 分别为 x, y, z 方向上的位移分量；C_{ijk}^{u}, C_{ijk}^{v}, C_{ijk}^{w} 为需要求解的变量；i, j, k 为序列的索引；I, J, K 为序列索引的最大值；$P_S(\chi)$ 为 Chebyshev 多项式。

配比为 10:1 的 PDMS 的材料特性可通过拉伸压缩测试得到，其杨氏模量为 2.03 MPa。三层板结构中各层的 Lame 第一参数 (λ) 和第二参数 (G) 可计算为 [191]

$$\begin{aligned} \lambda &= \frac{E\nu}{(1+\nu)(1-2\nu)} = \begin{cases} 5.71 \times 10^9, & Z \in [-1, -10/35] \\ 1.85 \times 10^7, & Z \in (-10/35, 10/35] \\ 5.71 \times 10^9, & Z \in (10/35, 1] \end{cases} \\[4mm] G &= \frac{E}{2(1+\nu)} = \begin{cases} 1.43 \times 10^9, & Z \in [-1, -10/35] \\ 1.85 \times 10^5, & Z \in (-10/35, 10/35] \\ 1.43 \times 10^9, & Z \in (10/35, 1] \end{cases} \end{aligned} \qquad (2\text{-}43)$$

式中，$Z \in [-1, -10/35]$，$Z \in (-10/35, 10/35]$ 和 $Z \in (10/35, 1]$ 分别表示下层 PET，PDMS 介电层和上层 PET 的 z 坐标范围。

如图 2.14(a) 所示，将三层板结构划分为一个中间区域、四个边缘区域和四个角区域。由于对称性，只需对中间区域、一个边缘区域和一个角区域分别进行分析。选取的边缘区域位于 x 轴负方向，角区域位于 x 轴和 y 轴的负方向，分别如图 2.14(c) 和 (d) 所示。三个区域的尺寸分别为 2000 μm × 2000 μm × 70 μm、2000 μm × 1000 μm × 70 μm 和 1000 μm × 1000 μm × 70 μm。中间区域的边缘与加载区域的边缘距离为 500 μm，远大于三层板结构的厚度 70 μm。根据 Saint-Venant 原理，可以推断在加载区域角落的力不影响边缘区域的变形。为了建模的方便，分别在中间区域、边缘区域和角区域中建立笛卡儿直角坐标系 $x_1 y_1 z_1$、$x_2 y_2 z_2$ 和 $x_3 y_3 z_3$，分别如图 2.14(b)~(d) 所示。

在中间区域，均布法向力施加在上层 PET 的上表面，加载区域的面积为 2000 μm × 2000 μm，如图 2.14(b) 所示。三层板中间区域的坐标归一化为 $X_1 = 2x_1/2000$、$Y_1 = 2y_1/2000$ 和 $Z_1 = 2z_1/70$，其中 $X_1, Y_1, Z_1 \in [-1, 1]$。施加的均布力遍布整个中间区域的上表面，因此，在任何垂直于 z 轴的平面内，x 方向、y 方向的变形均为零。此外，下层 PET 的底面变形为零，可设为固支边界。根据中间区域的边界条件，可将式 (2-42) 的位移场函数简化为

$$
\begin{cases}
u_1 = 0 \\
v_1 = 0 \\
w_1 = \left(\dfrac{322}{1 + \mathrm{e}^{-7Z_1 - 0.03}} - 0.3 \right) \sum\limits_{i=1}^{I} \sum\limits_{j=1}^{J} \sum\limits_{k=1}^{K} C_{ijk}^w P_i P_j P_k
\end{cases}
\tag{2-44}
$$

当施加均布法向力时，中间区域的应变为

$$
\begin{cases}
\varepsilon_{z_1} = \dfrac{\partial w_1}{\partial z_1} = \dfrac{2}{0.00007} \cdot \dfrac{\partial w_1}{\partial Z_1} \\[2mm]
\gamma_{x_1 z_1} = \dfrac{\partial w_1}{\partial x_1} = \dfrac{2}{0.002} \cdot \dfrac{\partial w_1}{\partial X_1} \\[2mm]
\gamma_{y_1 z_1} = \dfrac{\partial w_1}{\partial y_1} = \dfrac{2}{0.002} \cdot \dfrac{\partial w_1}{\partial Y_1}
\end{cases}
\tag{2-45}
$$

将中间区域的余能最小化，则有

$$
\partial \left\{ \frac{1}{2} \int_{-1}^{1} \int_{-1}^{1} \int_{-1}^{1} \left[(\lambda + 2G)\varepsilon_{z_1}^2 + G(\gamma_{xz}^2 + \gamma_{yz}^2) \right] \times 3.5 \times 10^{-11} \mathrm{d}X_1 \mathrm{d}Y_1 \mathrm{d}Z_1 \right.
$$
$$
\left. - \int_{-1}^{1} \int_{-1}^{1} q_0 w \left(X_1, Y_1, 1 \right) \times 10^{-6} \mathrm{d}X_1 \mathrm{d}Y_1 \right\} / \partial C_{ijk}^w = 0
\tag{2-46}
$$

联立式 (2-43)~ 式 (2-46)，中间区域的控制方程为

$$\left[{}^1 K^{ww}\right]\left[{}^1 C^w\right]=\left[{}^1 Q\right] \tag{2-47}$$

式中，${}^1 K^{ww}$ 和 ${}^1 Q$ 分别为刚度矩阵和加载向量；${}^1 C^w$ 是需求解的变量；定义 $K_{\overline{ijk}ijk}$ 为矩阵 ${}^1 K^{ww}$ 中的第 $\overline{ijk}$ 行第 ijk 列的元素，则式 (2-47) 中的子矩阵可计算为

$$\begin{aligned}
K_{\overline{ijk}ijk}=&\frac{1}{35}\int_{-1}^{1}P_iP_{\bar i}\mathrm{d}X_1\cdot\int_{-1}^{1}P_jP_{\bar j}\mathrm{d}Y_1\cdot\int_{-1}^{1}(\lambda+2G)\frac{\partial(fP_k)}{\partial Z_1}\cdot\frac{\partial(fP_{\bar k})}{\partial Z_1}\mathrm{d}Z_1\\
&+3.5\times10^{-5}\int_{-1}^{1}\frac{\mathrm{d}P_i}{\mathrm{d}X_1}\cdot\frac{\mathrm{d}P_{\bar i}}{\mathrm{d}X_1}\mathrm{d}X_1\cdot\int_{-1}^{1}P_jP_{\bar j}\mathrm{d}Y_1\cdot\int_{-1}^{1}Gf^2P_kP_{\bar k}\mathrm{d}Z_1\\
&+3.5\times10^{-5}\int_{-1}^{1}P_iP_{\bar i}\mathrm{d}X_1\cdot\int_{-1}^{1}\frac{\mathrm{d}P_j}{\mathrm{d}Y_1}\cdot\frac{\mathrm{d}P_{\bar j}}{\mathrm{d}Y_1}\mathrm{d}Y_1\cdot\int_{-1}^{1}Gf^2P_kP_{\bar k}\mathrm{d}Z_1\quad(2\text{-}48)
\end{aligned}$$

式 (2-47) 中需求解的变量 ${}^1 C^w$ 的表示形式为

$$
{}^1 C^w=[C_{111}^w,C_{112}^w,\cdots,C_{11K}^w,C_{121}^w,C_{122}^w,\cdots,C_{12K}^w,\cdots,C_{1JK}^w,\cdots,C_{IJK}^w]^{\mathrm T} \tag{2-49}
$$

定义 Q_k 为子矩阵 ${}^1 Q$ 中的第 k 行的元素，用下式进行计算

$$Q_k=3.22\times10^{-4}q_0P_k(1)\int_{-1}^{1}P_i\mathrm{d}X_1\cdot\int_{-1}^{1}P_j\mathrm{d}Y_1 \tag{2-50}$$

对于边缘区域，均布载荷施加在上层 PET 上，加载的区域大小为 $2000\ \mu\mathrm{m}\times500\ \mu\mathrm{m}$，如图 2.14(c) 所示。同样，将三层板边缘区域的坐标归一化处理：$X_2=2x_2/1000$，$Y_2=2y_2/2000$，$Z_2=2z_2/70$，其中 $X_2,Y_2,Z_2\in[-1,1]$。边缘区域底面 $(Z_2=-1)$ 和左面 $(X_2=-1)$ 为固支边界。右面 $(X_2=1)$ 与中间区域相连接，因此，右面与中间区域具有相同的边界条件。由于施加的均布法向力在 y_2 方向上是常数，那么垂直于 y_2 方向的任意平面内的变形在方向上的分量为零。因此，边缘区域的边界条件为：当 $X_2,Z_2=-1$ 时，$u_2,v_2,w_2=0$；当 $X_2=1$ 时，$u_2,v_2=0$；当 $Y_2=\pm1$ 时，$v_2=0$。基于式 (2-42)，边缘区域的位移场函数为

$$\begin{cases}
u_2=(1-X_2^2)\left(\dfrac{322}{1+\mathrm{e}^{-7Z_2-0.03}}-0.3\right)\displaystyle\sum_{i=1}^{I}\sum_{j=1}^{J}\sum_{k=1}^{K}C_{ijk}^uP_iP_jP_k\\[4mm]
v_2=0\\[2mm]
w_2=(1+X_2)\left(\dfrac{322}{1+\mathrm{e}^{-7Z_2-0.03}}-0.3\right)\displaystyle\sum_{i=1}^{I}\sum_{j=1}^{J}\sum_{k=1}^{K}C_{ijk}^wP_iP_jP_k
\end{cases} \tag{2-51}$$

式中，C_{ijk}^u 和 C_{ijk}^w 为待求解的变量。

边缘区域的位移–应变关系为

$$
\begin{cases}
\varepsilon_{x_2} = \dfrac{\partial u_2}{\partial x_2} = \dfrac{2}{0.001} \cdot \dfrac{\partial u_2}{\partial X_2} \\[3mm]
\varepsilon_{z_2} = \dfrac{\partial w_2}{\partial z_2} = \dfrac{2}{0.00007} \cdot \dfrac{\partial w_2}{\partial Z_2} \\[3mm]
\gamma_{x_2 y_2} = \dfrac{\partial u_2}{\partial y_2} = \dfrac{2}{0.002} \cdot \dfrac{\partial u_2}{\partial Y_2} \\[3mm]
\gamma_{x_2 z_2} = \dfrac{\partial u_2}{\partial z_2} + \dfrac{\partial w_2}{\partial x_2} = \dfrac{2}{0.00007} \cdot \dfrac{\partial u_2}{\partial Z_2} + \dfrac{2}{0.001} \cdot \dfrac{\partial w_2}{\partial X_2} \\[3mm]
\gamma_{y_2 z_2} = \dfrac{\partial w_2}{\partial y_2} = \dfrac{2}{0.002} \cdot \dfrac{\partial w_2}{\partial Y_2}
\end{cases}
\tag{2-52}
$$

同理，将边缘区域的余能进行最小化处理，则有

$$
\begin{aligned}
\partial \bigg\{ \frac{1}{2} \int_{-1}^{1} \int_{-1}^{1} \int_{-1}^{1} & [(\lambda + 2G)(\varepsilon_{x_2}^2 + \varepsilon_{z_2}^2) + 2\lambda \varepsilon_{x_2} \varepsilon_{z_2} \\
& + 1.75 \times 10^{-11} G(\gamma_{x_2 y_2}^2 + \gamma_{x_2 z_2}^2 + \gamma_{y_2 z_2}^2)] \mathrm{d}X_2 \mathrm{d}Y_2 \mathrm{d}Z_2 \\
& - \int_{-1}^{1} \left[5 \times 10^{-8} \int_{0}^{1} q_0 w\,(X_2, Y_2, 1)\,\mathrm{d}X_2 \right] \mathrm{d}Y_2 \bigg\} \Big/ \partial C_{ijk}^{\theta} = 0
\end{aligned}
\tag{2-53}
$$

式中，$\theta = u, w$。

联立式 (2-43)、式 (2-52) 和式 (2-53)，可得如下线性方程组：

$$
\begin{bmatrix} [^2K^{uu}] & [^2K^{uw}] \\ [^2K^{wu}] & [^2K^{ww}] \end{bmatrix}
\begin{bmatrix} [^2C^u] \\ [^2C^w] \end{bmatrix}
=
\begin{bmatrix} 0 \\ [^2Q] \end{bmatrix}
\tag{2-54}
$$

式中，$^2K^{\alpha\beta}$ $(\alpha, \beta = u, w)$ 和 ^2Q 分别为刚度子矩阵和加载向量；$^2C^{\theta}$ $(\theta = u, w)$ 为包含了式 (2-54) 中需求解的变量的向量；定义 $K_{\overline{ijk}ijk}^{mn}$ $(m, n = u, w)$ 为矩阵 $^2K^{mn}$ $(m, n = u, w)$ 中第 $\overline{ijk}$ 行第 ijk 列的元素，则式 (2-54) 中的子矩阵可计算为

$$
\left\{
\begin{aligned}
K^{uu}_{\overline{ijk}ijk} &= 7 \times 10^{-5} \int_{-1}^{1} \frac{\mathrm{d}(1-X_2^2)P_i}{\mathrm{d}X_2} \cdot \frac{\mathrm{d}(1-X_2^2)P_{\overline{i}}}{\mathrm{d}X_2} \mathrm{d}X_2 \\
&\quad \cdot \int_{-1}^{1} P_j P_{\overline{j}} \mathrm{d}Y_2 \cdot \int_{-1}^{1} (\lambda+2G)f^2 P_k P_{\overline{k}} \mathrm{d}Z_2 \\
&\quad + 1.75 \times 10^{-5} \int_{-1}^{1} (1-X_2^2)^2 P_i P_{\overline{i}} \mathrm{d}X_2 \cdot \int_{-1}^{1} \frac{\mathrm{d}P_j}{\mathrm{d}Y_2} \cdot \frac{\mathrm{d}P_{\overline{j}}}{\mathrm{d}Y_2} \mathrm{d}Y_2 \\
&\quad \cdot \int_{-1}^{1} Gf^2 P_k P_{\overline{k}} \mathrm{d}Z_2 + \frac{1}{70} \int_{-1}^{1} (1-X_2^2)^2 P_i P_{\overline{i}} \mathrm{d}X_2 \\
&\quad \cdot \int_{-1}^{1} P_j P_{\overline{j}} \mathrm{d}Y_2 \cdot \int_{-1}^{1} G \frac{\mathrm{d}P_k f}{\mathrm{d}Z_2} \cdot \frac{\mathrm{d}P f_{\overline{k}}}{\mathrm{d}Z_2} \mathrm{d}Z_2 \\
K^{uw}_{\overline{ijk}ijk} &= 0.001 \int_{-1}^{1} (1+X_2)P_i \cdot \frac{\mathrm{d}(1-X_2^2)P_{\overline{i}}}{\mathrm{d}X_2} \mathrm{d}X_2 \\
&\quad \cdot \int_{-1}^{1} P_j P_{\overline{j}} \mathrm{d}Y_2 \cdot \int_{-1}^{1} \lambda \frac{\mathrm{d}P_k f}{\mathrm{d}Z_2} \cdot f P_{\overline{k}} \mathrm{d}Z_2 \\
&\quad + 0.001 \int_{-1}^{1} \frac{\mathrm{d}(1+X_2)P_i}{\mathrm{d}X_2} (1-X_2^2)P_{\overline{i}} \mathrm{d}X_2 \\
&\quad \cdot \int_{-1}^{1} P_j P_{\overline{j}} \mathrm{d}Y_2 \cdot \int_{-1}^{1} Gf P_k \cdot \frac{\mathrm{d}f P_{\overline{k}}}{\mathrm{d}Z_2} \mathrm{d}Z_2 \\
K^{wu}_{\overline{ijk}ijk} &= K^{uw}_{ij\overline{k}ijk} \\
K^{ww}_{\overline{ijk}ijk} &= \frac{1}{70} \int_{-1}^{1} (1+X_2)^2 P_i \cdot P_{\overline{i}} \mathrm{d}X_2 \cdot \int_{-1}^{1} P_j P_{\overline{j}} \mathrm{d}Y_2 \\
&\quad \cdot \int_{-1}^{1} (\lambda+2G) \frac{\mathrm{d}f P_k}{\mathrm{d}Z_2} \cdot \frac{\mathrm{d}f P_{\overline{k}}}{\mathrm{d}Z_2} \mathrm{d}Z_2 \\
&\quad + 0.00007 \int_{-1}^{1} \frac{\mathrm{d}(1+X_2)P_i}{\mathrm{d}X_2} \cdot \frac{\mathrm{d}(1+X_2)P_{\overline{i}}}{\mathrm{d}X_2} \mathrm{d}X_2 \\
&\quad \cdot \int_{-1}^{1} P_j P_{\overline{j}} \mathrm{d}Y_2 \cdot \int_{-1}^{1} Gf^2 P_k P_{\overline{k}} \mathrm{d}Z_2 \\
&\quad + 1.75 \times 10^{-5} \int_{-1}^{1} (1+X_2)^2 P_i P_{\overline{i}} \mathrm{d}X_2 \cdot \int_{-1}^{1} \frac{\mathrm{d}P_j}{\mathrm{d}Y_2} \\
&\quad \cdot \frac{\mathrm{d}P_{\overline{j}}}{\mathrm{d}Y_2} \mathrm{d}Y_2 \cdot \int_{-1}^{1} Gf^2 P_k P_{\overline{k}} \mathrm{d}Z_2
\end{aligned}
\right.
\tag{2-55}
$$

式 (2-54) 中变量矩阵 $^2C^\theta$ $(\theta = u, w)$ 的表示形式为

$$^2C^\theta = \left[C_{111}^\theta, C_{112}^\theta, \cdots, C_{11K}^\theta, C_{121}^\theta, C_{122}^\theta, \cdots, C_{12K}^\theta, \cdots, C_{1JK}^\theta, \cdots, C_{IJK}^\theta \right]^{\mathrm{T}} \quad (2\text{-}56)$$

定义 Q_{ijk} 为子矩阵中第 ijk 行的元素，用下式进行计算：

$$Q_{ijk} = 1.61 \times 10^{-4} q_0 P_k(1) \int_0^1 (1 + X_2) P_i \mathrm{d}X_2 \cdot \int_{-1}^1 P_j \mathrm{d}Y_2 \quad (2\text{-}57)$$

对于角区域，在 500 μm × 500 μm 的加载区域内施加均布载荷如图 2.14(d) 所示。角区域的坐标归一化为 $X_3 = 2x_3/1000$，$Y_3 = 2y_3/1000$，$Z_3 = 2z_3/70$，其中 $X_3, Y_3, Z_3 \in [-1, 1]$。角区域的底面 ($Z_3 = -1$)、左面 ($X_3 = -1$) 和后面 ($Y_3 = -1$) 为固支边界条件；右面 ($X_3 = 1$) 和前面 ($Y_3 = 1$) 与边缘区域相连，因此与边缘区域有相同的边界条件。角区域的边界条件总结为：当 $X_3, Y_3, Z_3 = -1$ 时，$u_3 = 0, v_3 = 0, w_3 = 0$；当 $X_3 = 1$ 时，$u_3 = 0$；当 $Y_3 = 1$ 时，$v_3 = 0$。由此，角区域的位移场函数为

$$\begin{cases} u_3 = (1 - X_3^2)(1 + Y_3)\left(\dfrac{322}{1 + \mathrm{e}^{-7Z_3 - 0.03}} - 0.3 \right) \displaystyle\sum_{i=1}^I \sum_{j=1}^J \sum_{k=1}^K C_{ijk}^u P_i P_j P_k \\[2ex] v_3 = (1 + X_3)(1 - Y_3^2)\left(\dfrac{322}{1 + \mathrm{e}^{-7Z_3 - 0.03}} - 0.3 \right) \displaystyle\sum_{i=1}^I \sum_{j=1}^J \sum_{k=1}^K C_{ijk}^v P_i P_j P_k \\[2ex] w_3 = (1 + X_3)(1 + Y_3)\left(\dfrac{322}{1 + \mathrm{e}^{-7Z_3 - 0.03}} - 0.3 \right) \displaystyle\sum_{i=1}^I \sum_{j=1}^J \sum_{k=1}^K C_{ijk}^w P_i P_j P_k \end{cases} \quad (2\text{-}58)$$

角区域的位移–应变关系为

$$\begin{cases} \varepsilon_{x_3} = \dfrac{\partial u_3}{\partial x_3} = \dfrac{2}{0.001} \cdot \dfrac{\partial u_3}{\partial X_3} \\[2ex] \varepsilon_{y_3} = \dfrac{\partial v_3}{\partial y_3} = \dfrac{2}{0.001} \cdot \dfrac{\partial v_3}{\partial Y_3} \\[2ex] \varepsilon_{z_3} = \dfrac{\partial w_3}{\partial z_3} = \dfrac{2}{0.00007} \cdot \dfrac{\partial w_3}{\partial Z_3} \\[2ex] \gamma_{x_3 y_3} = \dfrac{\partial u_3}{\partial y_3} + \dfrac{\partial v_3}{\partial x_3} = \dfrac{2}{0.001} \cdot \dfrac{\partial u_3}{\partial Y_3} + \dfrac{2}{0.001} \cdot \dfrac{\partial v_3}{\partial X_3} \\[2ex] \gamma_{x_3 z_3} = \dfrac{\partial u_3}{\partial z_3} + \dfrac{\partial w_3}{\partial x_3} = \dfrac{2}{0.00007} \cdot \dfrac{\partial u_3}{\partial Z_3} + \dfrac{2}{0.001} \cdot \dfrac{\partial w_3}{\partial X_3} \\[2ex] \gamma_{y_3 z_3} = \dfrac{\partial v_3}{\partial z_3} + \dfrac{\partial w_3}{\partial y_3} = \dfrac{2}{0.00007} \cdot \dfrac{\partial v_3}{\partial Z_3} + \dfrac{2}{0.001} \cdot \dfrac{\partial w_3}{\partial Y_3} \end{cases} \quad (2\text{-}59)$$

与中间区域和边缘区域的处理方式类似，可列出以下方程

$$\partial\left\{\frac{1}{2}\int_{-1}^{1}\int_{-1}^{1}\int_{-1}^{1}\left[(\lambda+2G)(\varepsilon_{x_3}^2+\varepsilon_{y_3}^2+\varepsilon_{z_3}^2)+2\lambda(\varepsilon_{x_3}\varepsilon_{y_3}+\varepsilon_{x_3}\varepsilon_{z_3}+\varepsilon_{y_3}\varepsilon_{z_3})\right.\right.$$
$$+8.75\times10^{-12}G(\gamma_{x_3y_3}^2+\gamma_{x_3z_3}^2+\gamma_{y_3z_3}^2)\left.\right]\,\mathrm{d}X_3\mathrm{d}Y_3\mathrm{d}Z_3$$
$$\left.-2.5\times10^{-7}\int_0^1\int_0^1 q_0 w\,(X_3,Y_3,1)\,\mathrm{d}X_3\mathrm{d}Y_3\right\}\Big/\partial C_{ijk}^\theta=0 \tag{2-60}$$

式中，$\theta=u,v,w$。

联立式 (2-43) 和式 (2-58)~ 式 (2-60)，可得到角区域的控制方程：

$$\begin{bmatrix}[^3K^{uu}]&[^3K^{uv}]&[^3K^{uw}]\\[^3K^{vu}]&[^3K^{vv}]&[^3K^{vw}]\\[^3K^{wu}]&[^3K^{wv}]&[^3K^{ww}]\end{bmatrix}\begin{bmatrix}[^3C^u]\\[^3C^v]\\[^3C^w]\end{bmatrix}=\begin{bmatrix}0\\0\\[^3Q]\end{bmatrix} \tag{2-61}$$

式中，$^3K^{\alpha\beta}$ $(\alpha,\beta=u,v,w)$ 和 ^3Q 分别为刚度子矩阵和加载向量；$^3C^\theta$ $(\theta=u,v,w)$ 为需要求解的变量；定义 $K_{\overline{ijk}ijk}^{mn}$ $(m,n=u,v,w)$ 为子矩阵 $^3K^{mn}$ $(m,n=u,v,w)$ 中的第 $\overline{ijk}$ 行第 ijk 列的元素，则式 (2-61) 中子矩阵的元素可计算为

$$\begin{cases}K_{\overline{ijk}ijk}^{uu}=3.5\times10^{-5}\times{}^2D_{i\bar{i}}^{11}\cdot{}^1E_{j\bar{j}}^{00}\cdot F_{k\bar{k}}^{00}+3.5\times10^{-5}\times{}^2D_{i\bar{i}}^{00}\cdot{}^1E_{j\bar{j}}^{11}\cdot T_{k\bar{k}}^{00}\\[6pt]\qquad\quad+7.14\times10^{-3}\times{}^2D_{i\bar{i}}^{00}\cdot{}^1E_{j\bar{j}}^{00}\cdot T_{k\bar{k}}^{11}\\[6pt]K_{\overline{ijk}ijk}^{uv}=3.5\times10^{-5}\times{}^3D_{i\bar{i}}^{01}\cdot{}^4E_{j\bar{j}}^{10}\cdot S_{k\bar{k}}^{00}+3.5\times10^{-5}\times{}^3D_{i\bar{i}}^{10}\cdot{}^4E_{j\bar{j}}^{01}\cdot T_{k\bar{k}}^{00}\\[6pt]K_{\overline{ijk}ijk}^{uw}=5\times10^{-4}\times{}^3D_{i\bar{i}}^{01}\cdot{}^1E_{j\bar{j}}^{00}\cdot S_{k\bar{k}}^{10}+5\times10^{-4}\times{}^3D_{i\bar{i}}^{10}\cdot{}^1E_{j\bar{j}}^{00}\cdot T_{k\bar{k}}^{01}\\[6pt]K_{\overline{ijk}ijk}^{vu}=K_{\overline{ijk}\overline{ijk}}^{uv}\\[6pt]K_{\overline{ijk}ijk}^{vv}=3.5\times10^{-5}\times{}^1D_{i\bar{i}}^{00}\cdot{}^2E_{j\bar{j}}^{11}\cdot F_{k\bar{k}}^{00}+3.5\times10^{-5}\times{}^1D_{i\bar{i}}^{11}\cdot{}^2E_{j\bar{j}}^{00}\cdot T_{k\bar{k}}^{00}\\[6pt]\qquad\quad+7.14\times10^{-3}\times{}^1D_{i\bar{i}}^{00}\cdot{}^2E_{j\bar{j}}^{00}\cdot T_{k\bar{k}}^{11}\\[6pt]K_{\overline{ijk}ijk}^{vw}=5\times10^{-4}\times{}^1D_{i\bar{i}}^{00}\cdot{}^3E_{j\bar{j}}^{01}\cdot S_{k\bar{k}}^{10}+5\times10^{-4}\times{}^1D_{i\bar{i}}^{00}\cdot{}^3E_{j\bar{j}}^{10}\cdot T_{k\bar{k}}^{01}\\[6pt]K_{\overline{ijk}ijk}^{wu}=K_{\overline{ijk}\overline{ijk}}^{uw}\\[6pt]K_{\overline{ijk}ijk}^{wv}=K_{\overline{ijk}\overline{ijk}}^{vw}\\[6pt]K_{\overline{ijk}ijk}^{ww}=7.14\times10^{-3}\times{}^1D_{i\bar{i}}^{00}\cdot{}^1E_{j\bar{j}}^{00}\cdot F_{k\bar{k}}^{11}+3.5\times10^{-5}\times{}^1D_{i\bar{i}}^{11}\cdot{}^1E_{j\bar{j}}^{00}\cdot T_{k\bar{k}}^{00}\\[6pt]\qquad\quad+3.5\times10^{-5}\times{}^1D_{i\bar{i}}^{00}\cdot{}^1E_{j\bar{j}}^{11}\cdot T_{k\bar{k}}^{00}\end{cases}$$

$$\tag{2-62}$$

其中，

$$
\begin{cases}
{}^1D_{\sigma\delta}^{rs} = \int_{-1}^{1} \dfrac{\mathrm{d}^r\left[(1+X_3)P_\sigma\right]}{\mathrm{d}X_3^r} \cdot \dfrac{\mathrm{d}^s\left[(1+X_3)P_\delta\right]}{\mathrm{d}X_3^s}\mathrm{d}X_3 \\[3mm]
{}^2D_{\sigma\delta}^{rs} = \int_{-1}^{1} \dfrac{\mathrm{d}^r\left[(1-X_3^2)P_\sigma\right]}{\mathrm{d}X_3^r} \cdot \dfrac{\mathrm{d}^s\left[(1-X_3^2)P_\delta\right]}{\mathrm{d}X_3^s}\mathrm{d}X_3 \\[3mm]
{}^3D_{\sigma\delta}^{rs} = \int_{-1}^{1} \dfrac{\mathrm{d}^r\left[(1+X_3)P_\sigma\right]}{\mathrm{d}X_3^r} \cdot \dfrac{\mathrm{d}^s\left[(1-X_3^2)P_\delta\right]}{\mathrm{d}X_3^s}\mathrm{d}X_3 \\[3mm]
{}^4D_{\sigma\delta}^{rs} = \int_{-1}^{1} \dfrac{\mathrm{d}^r\left[(1-X_3^2)P_\sigma\right]}{\mathrm{d}X_3^r} \cdot \dfrac{\mathrm{d}^s\left[(1+X_3)P_\delta\right]}{\mathrm{d}X_3^s}\mathrm{d}X_3 \\[3mm]
{}^1E_{\sigma\delta}^{rs} = \int_{-1}^{1} \dfrac{\mathrm{d}^r\left[(1+Y_3)P_\sigma\right]}{\mathrm{d}Y_3^r} \cdot \dfrac{\mathrm{d}^s\left[(1+Y_3)P_\delta\right]}{\mathrm{d}Y_3^s}\mathrm{d}Y_3 \\[3mm]
{}^2E_{\sigma\delta}^{rs} = \int_{-1}^{1} \dfrac{\mathrm{d}^r\left[(1-Y_3^2)P_\sigma\right]}{\mathrm{d}Y_3^r} \cdot \dfrac{\mathrm{d}^s\left[(1-Y_3^2)P_\delta\right]}{\mathrm{d}Y_3^s}\mathrm{d}Y_3 \\[3mm]
{}^3E_{\sigma\delta}^{rs} = \int_{-1}^{1} \dfrac{\mathrm{d}^r\left[(1+Y_3)P_\sigma\right]}{\mathrm{d}Y_3^r} \cdot \dfrac{\mathrm{d}^s\left[(1-Y_3^2)P_\delta\right]}{\mathrm{d}Y_3^s}\mathrm{d}Y_3 \\[3mm]
{}^4E_{\sigma\delta}^{rs} = \int_{-1}^{1} \dfrac{\mathrm{d}^r\left[(1-Y_3^2)P_\sigma\right]}{\mathrm{d}Y_3^r} \cdot \dfrac{\mathrm{d}^s\left[(1+Y_3)P_\delta\right]}{\mathrm{d}Y_3^s}\mathrm{d}Y_3 \\[3mm]
F_{\sigma\delta}^{rs} = \int_{-1}^{1} \dfrac{E(1-\nu)}{(1+\nu)(1-2\nu)} \cdot \dfrac{\mathrm{d}^r(fP_\sigma)}{\mathrm{d}Z^r} \cdot \dfrac{\mathrm{d}^s(fP_\delta)}{\mathrm{d}Z^s}\mathrm{d}Z \\[3mm]
S_{\sigma\delta}^{rs} = \int_{-1}^{1} \dfrac{E\nu}{(1+\nu)(1-2\nu)} \cdot \dfrac{\mathrm{d}^r(fP_\sigma)}{\mathrm{d}Z^r} \cdot \dfrac{\mathrm{d}^s(fP_\delta)}{\mathrm{d}Z^s}\mathrm{d}Z \\[3mm]
T_{\sigma\delta}^{rs} = \int_{-1}^{1} \dfrac{E}{2(1+\nu)} \cdot \dfrac{\mathrm{d}^r(fP_\sigma)}{\mathrm{d}Z^r} \cdot \dfrac{\mathrm{d}^s(fP_\delta)}{\mathrm{d}Z^s}\mathrm{d}Z
\end{cases}
\tag{2-63}
$$

式中，$r, s = 0, 1$；$\sigma = i, j, k$；$\delta = \bar{i}, \bar{j}, \bar{k}$。

方程中变量矩阵 ${}^3C^\theta$（$\theta = u, v, w$）的表示形式为

$$
{}^3C^\theta = \left[C_{111}^\theta, C_{112}^\theta, \cdots, C_{11K}^\theta, C_{121}^\theta, C_{122}^\theta, \cdots, C_{12K}^\theta, \cdots, C_{1JK}^\theta, \cdots, C_{IJK}^\theta\right]^{\mathrm{T}}
\tag{2-64}
$$

定义 Q_{ijk} 为子矩阵 ${}^3Q$ 中第 ijk 行的元素，用如下计算式进行计算：

$$
Q_{ijk} = 8.05 \times 10^{-5} P_k(1) \int_0^1 \int_0^1 q_0(1+X_3)P_i(1+Y_3)P_j \mathrm{d}X_3 \mathrm{d}Y_3
\tag{2-65}
$$

取 $I = J = K = 20$，$q_0 = 100\,\mathrm{kPa}$，求解方程 (2-47)、(2-54) 和 (2-61)，即能分别求解出中间区域、边缘区域和角区域的位移场函数。将其用于三种区域的变形计算，再将计算得到的变形进行综合，即能得到触觉传感单元的变形。

2.4.3 触觉传感单元的分区域变形计算与分析

触觉传感单元上层和下层电容极板的变形决定了其电容值的变化，而上、下层电容极板分别位于上层 PET 的底面和下层 PET 的顶面。因此，下面将利用建立的修正力学模型对上、下层 PET 的变形情况进行分析。图 2.15(a) 和 (b) 分别为上层 PET 下表面和下层 PET 上表面的变形情况。可看到，建立的修正力学模型能较好地描述触觉传感单元的变形情况，消除了波纹状的变形误差，可有效提高触觉传感单元变形预测的精度。在图 2.15(a) 和 (b) 中定义了两个横截面 P-P'(穿过中间区域和边缘区域) 和 Q-Q'(穿过边缘区域和角区域) 分别位于三层板中间以及距离边缘 0.5 mm 的位置。图 2.16(a) 和 (b) 分别显示了截面 P-P' 和截面 Q-Q' 内的变形。从图 2.16(a) 中看到，在截面 P-P' 内，上层 PET 下表面的最大变形为 $-0.22\,\mu\text{m}$，是下层 PET 上表面变形 $(-0.35\,\text{nm})$ 的 600 多倍。因此，在计算电容值

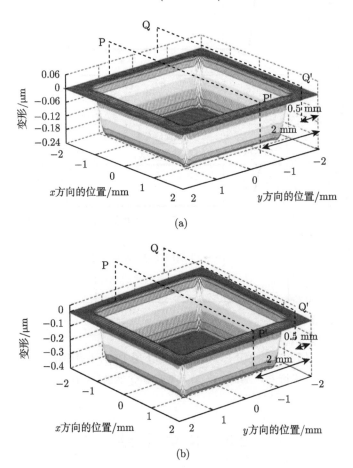

图 2.15 上层 PET 下表面的变形 (a) 和下层 PET 上表面的变形 (b)

的时候可忽略下层电容极板，而只需考虑上层电容极板的变形。对比图 2.16(a) 和 (b)，截面 P-P′ 内的变形比截面 Q-Q′ 内的变形大，这是因为施加在中间区域的载荷比边缘区域和角区域的载荷大。此外，边缘区域和角区域的局部发生了隆起变形，这是因为施加载荷时中间区域对边缘区域和角区域造成了挤压。因此，我们采用提出的触觉传感单元的分区域修正力学模型，可有效地提高传感单元的变形预测精度。

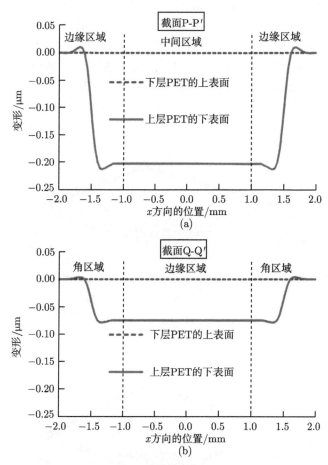

图 2.16　上层 PET 下表面和下层 PET 上表面在
截面 P-P′ 内的变形 (a) 和截面 Q-Q′ 内的变形 (b)

2.5　本章小结

本章对基于 PDMS 薄膜介电层的柔性触觉传感单元进行了力学解析建模，并对其受力变形情况和接触力检测性能进行了分析，具体总结如下。

(1) 为实现智能假肢手的触觉感知，设计了基于 PDMS 薄膜介电层的 3×3 柔性触觉传感阵列，针对其触觉传感单元结构，将其简化为上层 PI 和 PDMS 介电层的双层板结构，构造了其位移场函数，采用 Chebyshev 多项式拟合与 Ritz 法进行求解，从而建立了基于 PDMS 薄膜介电层的触觉传感单元的力学解析模型。

(2) 利用建立的 PDMS 薄膜介电层触觉传感单元的力学模型，分析了在均布法向力、切向力和非均布法向力作用下触觉传感单元的触觉力检测性能的变化规律。分析结果表明：非均布力比均布力作用能引起触觉传感单元产生更大的电容值变化；在切向力作用下电容变化不明显，故该触觉传感单元的切向力检测不灵敏，所以不适用于三维接触力的测量。

(3) 为减小触觉传感单元的变形预测误差，采用传感单元的分区域建模方法，通过划分触觉传感单元为中间区域、边缘区域和角区域，并对各区域分别进行力学解析建模，再进行综合，构建了 PDMS 薄膜介电层触觉传感单元的修正力学解析模型，并分析了触觉传感单元的受力变形情况。分析结果表明，建立的分区域修正力学解析模型能显著提高触觉传感单元变形预测的精度。

本章对基于 PDMS 薄膜介电层的触觉传感单元进行力学建模，从理论层面分析得出：该触觉传感单元能实现智能假肢对较大接触力的感知，但传感单元法向力检测灵敏度较低、对切向力不敏感，难以实现三维接触力的检测。因此，需要设计一种新型触觉传感单元结构，以实现智能假肢手和机器人手的三维接触力高灵敏检测能力。

第3章 电容式柔性触觉传感阵列的三维力检测力学建模

3.1 引 言

在第 2 章中，对基于 PDMS 薄膜介电层的触觉传感单元进行了力学建模分析 [192]，结果表明采用该种结构形式的触觉传感单元其接触力检测灵敏度较低，且难以测量三维力，不能实现智能假肢手和机器人手的三维接触力高灵敏检测。该触觉传感单元灵敏度低的原因在于 PDMS 薄膜介电层不容易被压缩；难以检测三维力是因为触觉传感单元中只含有单个电容，其电容值变化对三维力中的切向力分量不敏感。因此，本章将对触觉传感单元中的电容极板和介电层进行结构化设计，以实现柔性触觉传感阵列的高灵敏度三维力测量功能。

触觉传感阵列与物体接触时，可产生法向力和切向力。为同时实现法向力和切向力的检测，可采用单个触觉传感单元中多个平板电容对应一个表面凸起的设计，利用电容值之间的差值反推施加的法向力和切向力分量 [193]。此外，在触觉传感阵列中设计具有叉指形或梳形的电容极板也可实现三维力的检测 [194-196]。当受到三维力时，其中的切向力分量会使上层叉指电极发生切向的位移，与下层叉指产生错位，减小电容正对面积，使电容值发生变化，从而实现切向力的检测。叉指形或梳形电容极板结构相对较为复杂，需要较高的制造精度。而对于多个平板电容对应一个表面凸起的设计方案，触觉传感阵列的制造简单，因此本章采用该方案进行柔性触觉传感阵列的结构设计。

在触觉传感阵列的诸多性能指标中，接触力检测灵敏度是尤为重要的指标。采用柔软的介电层结构设计能使触觉传感器具备更高的检测灵敏度，因为在受力时上、下电容极板间的距离更容易减小，可使电容值发生更大的变化。为获得柔软的介电层，研究者们将流体 [88]、纳米针 [179] 和空气层 [80,197] 等结构引入电容式触觉传感阵列的介电层设计中，但是过于柔软的介电层会使电容在较小的压力下即进入饱和状态，影响接触力测量的范围。并且，柔软介电层的回弹可能较为缓慢，从而影响触觉传感阵列的动态响应速度。因此，为提高触觉传感阵列的接触力检测灵敏度并实现三维力检测，本章将设计一种内嵌微四棱锥台介电层的电容式柔性触觉传感阵列 [198]，每个传感单元采用四个电容对应一个表面凸起的结构设计来实现法向力和切向力检测的功能，并且提出柔性触觉传感阵列的三维力解耦算法模型。同时，利用微四棱锥台阵列的介电层结构来提高触觉传感单元的接触力检测灵敏度。通过对该触觉传感阵列结构进行力学解析建模，利用建立的模型来分析触觉传感阵列的结构参数 (包括表层凸起、微四棱锥台介电层等) 对三维接触力检测性能的影响，从而实现对触觉传感阵列的结构进行参数优化。

3.2 基于微四棱锥台介电层的柔性触觉传感阵列设计

3.2.1 基于微四棱锥台介电层的柔性触觉传感阵列的结构设计

设计的基于微四棱锥台介电层的电容式柔性触觉传感单元的分层结构，如图 3.1 所示。触觉传感单元由上到下分别为：表面凸起、上层 PET、上层电容极板、微四棱锥台介电层、下层电容极板和下层 PET。触觉传感单元采用金属 Cu 电容极板，其厚度设计为 500 nm。由于电容极板较薄，受力时容易被拉断，需要为其设计柔性的衬底。25 µm 厚的 PET 薄膜具有良好的柔性，且具备一定的抗拉强

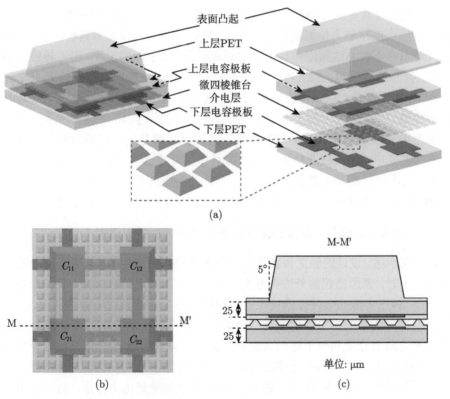

图 3.1　触觉传感单元的分层结构图 (a)、触觉传感单元俯视图 (b) 和 M-M′ 截面图 (c)

度,能够保护金属电容极板不被破坏。因此,设计上、下层 PET 分别作为上、下层电容极板的衬底。上层电容极板设计在上层 PET 的下表面,下层电容极板设计在下层 PET 的上表面,该设计可减小上、下层电容极板间的距离,从而增大初始电容。如图 3.1(a) 所示,上层电容极板包括两列电极,每列电极各串联了两个正方形电容极板。下层电容极板与上层极板结构相同,与上层电容极板呈正交布置。上、下层极板中的正方形电容极板位置重合,形成四个电容,定义为 C_{11}、C_{12}、C_{21}、C_{22},如图 3.1(b) 所示。为实现三维力测量,在上层 PET 上设计了一个表面凸起,位于传感单元的正中央,形成了一个表面凸起对应四个电容的结构。为保证触觉传感单元的柔性,表面凸起材料采用 PDMS。此外,为方便表面凸起的制造脱模,其侧面与竖直面的夹角设计为 5°。

采用容易变形的介电层结构,可有效提高触觉传感单元的接触力检测灵敏度。具有尖锐顶端的四棱锥介电层结构能使传感单元的灵敏度增大,但四棱锥的顶端在变形后难以较快恢复原状,故传感单元对接触力的响应速度仍需提高。本节设计了一种顶端截断的微四棱锥台阵列作为电容式触觉传感单元的介电层,其结构如图 3.1(a) 所示。每个微四棱锥台的侧面与水平面的夹角为 54.7°,顶端为正方形平台。微四棱锥台具有上端小、下端大的结构特点,受力时容易被压缩,因此使传感单元具有较高的接触力检测灵敏度;另外,微四棱锥台的顶端为截断的平台,在受力较大时电容不容易达到饱和状态,因此保证了传感单元的量程。微四棱锥台的高度越高,其顶端越尖锐;高度越低,顶部平台面积越大。微四棱锥台采用 20:1 配比的 PDMS 进行制备,以获得较好的柔性。微四棱锥台在行和列方向排布,形成一个微四棱锥台阵列,为方便表示,在图 3.1(c) 中只显示了 10×10 的阵列。上述微四棱锥台的高度决定了其变形难易程度,对触觉传感单元的接触力检测灵敏度和量程有重要影响,因此微四棱锥台阵列的具体尺寸将会在 3.4 节、3.5 节中进行优化,本节只进行结构和原理的阐述。图 3.1(c) 为触觉传感单元的截面图,可直观看到,微四棱锥台阵列夹在上、下层电容极板之间,作为传感单元的介电层。

3.2.2　基于微四棱锥台介电层的柔性触觉传感阵列的检测原理

如前文所述,设计的触觉传感单元一个表面凸起对应四个电容。当外力施加在表面凸起上时,表面凸起将外力传导至上层 PET,在上层 PET 的上表面形成一个压力分布,该压力分布会使微四棱锥台介电层的不同区域发生不同的变形,进而使得四个电容产生不同的电容值变化。作用在表面凸起上的三维力可分解为两个相互垂直的切向力分量和一个法向力分量,这三个分量对电容值的影响可分别进行分析,如图 3.2(a)～(c) 所示。如图 3.2(a) 所示,施加 x 轴切向力时,会在表面凸起上产生一个转矩,该转矩令 C_{12} 和 C_{22} 对应的区域受到压力作用,而 C_{11} 和 C_{21} 对应的区域则受拉力作用,从而使 C_{12}、C_{22} 的电容值变大而 C_{11}、C_{21} 的电容值变小。由于对称性，C_{12} 和 C_{22} 的增大值相等，同理，C_{11} 和 C_{21} 的减小值也相等。如图 3.2(b) 所示，施加 y 轴切向力时，产生的转矩令 C_{11} 和 C_{12} 所在的区域受压，另一端则受拉。施加相反方向的 x 轴和 y 轴切向力时，电容的变形可同理获得。如图 3.2(c) 所示，当施加法向力时，触觉传感单元受压，四个电容的受力关于传感单元的中心对称，因此四个电容的电容值变化相等。

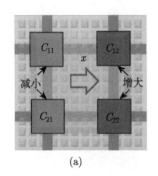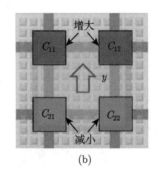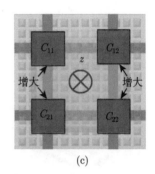

(a)   (b)   (c)

图 3.2 触觉传感单元在 x 轴切向力 (a)、y 轴切向力 (b) 和 z 轴法向力 (c) 条件下电容值的变化情况

3.2.3 触觉传感单元的阵列化与外围引出电极配置方案设计

单个触觉传感单元能测量得到某一点的受力状态，若要检测接触面的受力分布，则需对触觉传感单元进行阵列化布置。图 3.1 所示的触觉传感单元在平面内为正方形结构，结合其上层和下层电容极板的结构特点，容易对其在平面内进行阵列化。使用设计的触觉传感单元，可根据需要设计任意行、列组合的触觉传感阵列。图 3.3(a) 和 (b) 分别为 4×4 和 8×8 的触觉传感阵列，分别含有 16 个和 64 个触觉传感单元。在触觉传感阵列中，列方向上相邻的传感单元的上层电容极板相连，行方向上相邻的传感单元的下层电容极板相连。如此，所有上层和下层电容极板则重新组合成更大的电容极板阵列。图 3.3(c) 为 4×4 触觉传感阵列的内部电容极板阵列。因为每个传感单元内的电容极板均为 2×2，所以总的电容极板数量为 8×8，即形成 64 个电容。图 3.3(d) 为 8×8 触觉传感阵列的内部电容极板阵列，总的电容极板数量为 16×16，形成 256 个电容。由此可知，利用设计的触觉传感单元进行阵列化设计，得到的传感阵列的内部电容极板能很好地对接，其电气连接符合电容阵列扫描测量的功能要求。定义相邻两个传感单元的中心距离为触觉传感阵列的空间分辨率。触觉传感阵列中的单元尺寸越小、单元数量越多，空间分辨率越高。

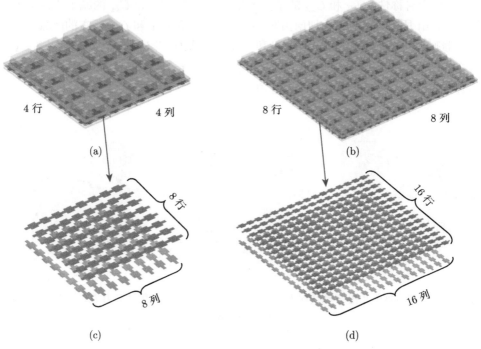

图 3.3　单元数为 4×4 的触觉传感器

　　将触觉传感单元阵列化后形成的电容极板阵列需要引出电极，才能与测试电路相连。下面将以 4×4 触觉传感阵列内嵌的 8×8 电容极板阵列为例来说明外围引出电极的配置方式。图 3.4 所示为电容极板阵列加上外围引出电极的示意图，其中图 3.4(a) 为两边均设计了引出电极，图 3.4(b) 为只有一边设计连有引出电极。使用图 3.4(a) 所示的双边引出电极制造的触觉传感阵列，其上层和下层电容极板均具有两组引出电极，一共四组引出电极，只需将其中一组上层极板的引出电极和其中一组下层电容极板引出电极连接到测试电路即可实现电容阵列的扫描测量，剩余的两组电极可充当后备电极使用。当原有电极连接出现断裂时，使用备用电极能延长传感阵列的使用寿命，增强传感阵列的可靠性，但缺点是四组引出电极会使传感阵列的体积变大，不利于小型化。采用图 3.4(b) 所示的单边引出电极则能减小传感阵列占据的空间，但缺点是只要其中一组引出电极中的一根引线出现断裂，即无法对阵列进行完整的扫描测量。在实际应用中可根据需要选择合理的外围电极引出方案。

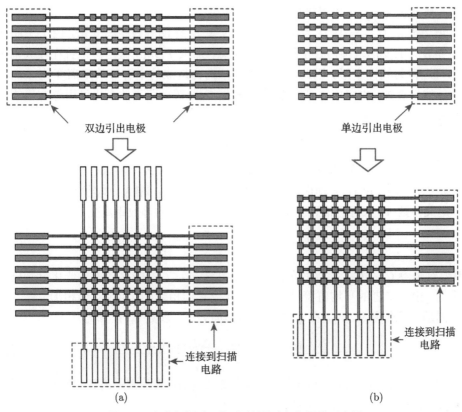

图 3.4 电容极板阵列加上外围引出电极的示意图

(a) 双边引出电极配置; (b) 单边引出电极配置

3.3 基于微四棱锥台介电层的柔性触觉传感阵列的三维力解耦

3.3.1 触觉传感单元的三维力解耦模型

在 3.2.2 小节中,分析了触觉传感单元在受到切向力和法向力作用时的电容变化情况,本小节将建立微四棱锥台介电层触觉传感单元的三维力解耦模型,使用测量的电容值来解耦计算施加在触觉传感单元上的三维力分量。韩国 Euisik Yoon 课题组对空气介电层的电容式触觉传感单元进行了三维力解耦分析,定义了上、下电容极板间的等效距离 d_{eff}[193]。传感单元受力时电容极板发生变形,其变形分布可能为曲面轮廓。假设上、下电容极板不产生形状的变化,而仅仅发生了上、下电容极板间距离的改变,则存在一个距离 d_{eff} 使得该不变形电容的电容值等于实际电容值，称 d_{eff} 为上、下电容极板间的等效距离。

记 $\Delta d_{\text{eff}ij}$ $(i, j = 1, 2)$ 为电容 C_{ij} $(i, j = 1, 2)$ 的等效距离变化。由于 PDMS 材料在较大的变形范围内处于线性变形状态，那么 PDMS 微四棱锥台在较大范围内也可近似为线性变形。因此，切向力和法向力造成的电容等效距离变化 $\Delta d_{\text{eff}ij}$ 可进行线性叠加。电容值与等效距离成反比，因此等效距离的变化可用电容值的变化来表示

$$\Delta d_{\text{eff}ij} = k_C \left(\frac{1}{C_{ij}} - \frac{1}{C_{ij0}} \right) \tag{3-1}$$

式中，C_{ij} 和 C_{ij0} 分别为目前的电容值和初始电容值；k_C 为系数。

根据图 3.2(a)，在 x 轴切向力下，电容 C_{12} 和 C_{22} 增大，电容 C_{11} 和 C_{21} 减小。定义参数 d_x 来综合描述 x 轴切向力下四个电容的等效距离变化，为

$$d_x = \frac{\Delta d_{\text{eff}12} + \Delta d_{\text{eff}22}}{2} - \frac{\Delta d_{\text{eff}21} + \Delta d_{\text{eff}11}}{2} \tag{3-2}$$

式中，对电容 C_{12}、C_{22} 的等效距离变化和电容 C_{11}、C_{21} 的等效距离变化分别进行了平均。由于二者的平均值符号相反，因此令它们相减，即为绝对值相加。

同理，根据图 3.2(b)，在 y 轴正方向切向力下，参数 d_y 计算为

$$d_y = \frac{\Delta d_{\text{eff}11} + \Delta d_{\text{eff}12}}{2} - \frac{\Delta d_{\text{eff}21} + \Delta d_{\text{eff}22}}{2} \tag{3-3}$$

对于施加 z 轴法向力的情况，四个电容均受到压缩，其等效距离变化的符号一致，则参数 d_z 为

$$d_z = \frac{\Delta d_{\text{eff}11} + \Delta d_{\text{eff}12} + \Delta d_{\text{eff}21} + \Delta d_{\text{eff}22}}{4} \tag{3-4}$$

参数 d_x、d_y、d_z 分别综合考虑了 x、y、z 方向上力的分量对四个电容等效距离的影响，因此存在着以下关系：

$$\begin{cases} F_x = f(d_x) \\ F_y = g(d_y) \\ F_z = h(d_z) \end{cases} \tag{3-5}$$

式中，F_x、F_y、F_z 分别为 x 轴切向力、y 轴切向力、z 轴法向力；f、g、h 则为待求解的函数关系。

式 (3-5) 表示了 d_x、d_y、d_z 和 F_x、F_y、F_z 的关系，其中，d_x、d_y、d_z 可根据式 (3-1)~ 式 (3-4) 由测量的电容值计算，由此建立了从电容值到三维力的映射关系。函数关系 f、g、h 需根据传感单元标定的数据拟合来获得。

3.3.2　触觉传感单元三维力测试

为验证建立的触觉传感单元三维力解耦模型，本小节将以 4×4 的触觉传感器为例进行三维力的测试。触觉传感器中每个单元的边长为 4 mm，相邻单元的中

心距离为 4 mm，即传感器的空间分辨率为 4 mm。单个微四棱锥台的底面尺寸为 50 μm × 50 μm，高度为 20 μm，相邻微四棱锥台的中心距离为 70 μm。本小节的触觉传感器采用双边引出电极的配置方案。触觉传感器的实物图如图 3.5 所示，其制造工艺与采用其他尺寸和其他阵列大小的触觉传感器的制造工艺步骤相同，详见第 5 章中的触觉传感阵列的分层制造与集成封装工艺设计。

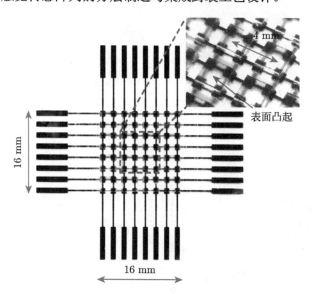

图 3.5　单元数为 4×4 的触觉传感器

式 (3-5) 中的函数关系 f、g、h 需根据触觉传感单元标定的数据拟合获得，因此需要对传感单元分别施加 x 轴切向力、y 轴切向力、z 轴法向力进行标定。如图 3.6 (a) 所示，利用薄壁拨片接触表面凸起的侧面，施加一个切向位移，从而将切向力作用到传感单元上；如图 3.6 (b) 所示，使用圆形加载棒对传感单元施加法向力。图 3.7(a)～(c) 分别为施加 x 轴切向力、y 轴切向力和 z 轴法向力时传感单元四个电容的电容值变化。其中，施加的切向力大小为 0～0.5 N，法向力大小为 0～4 N。在 0～0.5 N 的范围内，传感单元在 x、y、z 方向上的接触力检测灵敏度分别计算为 58.3 %/N、57.4 %/N 和 67.2 %/N(或 0.93 %/kPa、0.92 %/kPa 和 1.07 %/kPa)；在 0.5～4 N 的范围内，传感单元在 z 方向上的灵敏度为 7.7 %/N(或 0.12 %/kPa)。对比第 2 章的 PDMS 介电层触觉传感单元的法向力检测灵敏度 (0.0192 %/kPa)，设计的微四棱锥台介电层触觉传感器其传感单元的法向力检测灵敏度提高了 1.07/0.0192 ≈ 56 倍，表明微四棱锥台介电层的设计能显著提高触觉传感器的接触力检测灵敏度。

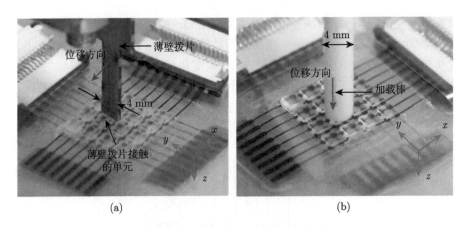

图 3.6　对触觉传感单元施加

(a) 切向力; (b) 法向力

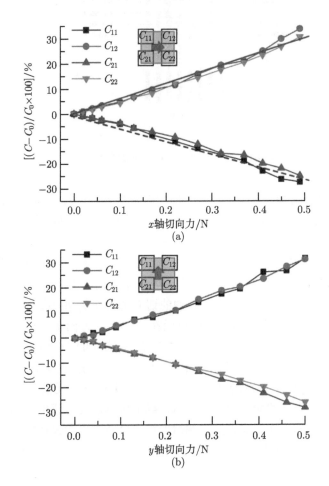

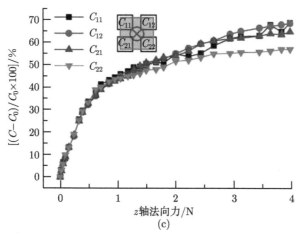

图 3.7 触觉传感单元接触力检测性能标定

(a) x 轴切向力; (b) y 轴切向力; (c) z 轴法向力

利用图 3.7 的触觉传感单元接触力检测性能标定数据，代入式 (3-1)～ 式 (3-4) 计算 d_x、d_y、d_z，得到 F_x、F_y、F_z 与 d_x、d_y、d_z 的关系，如图 3.8 (a)～(c) 所示。对图 3.8 (a)～ (c) 中的数据点进行多项式拟合，即能得到 F_x、F_y、F_z 与 d_x、d_y、d_z 关系的数学表达式

$$\begin{cases} F_x = 0.054d_x^5 - 0.16d_x^4 + 0.18d_x^3 - 0.19d_x^2 + 0.52d_x \\ F_y = 0.16d_y^5 - 0.44d_y^4 + 0.37d_y^3 - 0.17d_y^2 + 0.48d_y \\ F_z = 29d_z^5 - 27d_z^4 + 5.7d_z^3 + 1.4d_z^2 + 0.2d_z \end{cases} \tag{3-6}$$

上述计算式考虑了施加 x 轴和 y 轴正方向切向力的情况，对于负轴方向的切向力计算，可通过坐标变换获得。对于 z 轴法向力，则只考虑压缩的方向 (正方向)。因此，有

$$F_x = \begin{cases} 0.054d_x^5 - 0.16d_x^4 + 0.18d_x^3 - 0.19d_x^2 + 0.52d_x, & d_x \geqslant 0 \\ 0.054d_x^5 + 0.16d_x^4 + 0.18d_x^3 + 0.19d_x^2 + 0.52d_x, & d_x \leqslant 0 \end{cases} \tag{3-7}$$

$$F_y = \begin{cases} 0.16d_y^5 - 0.44d_y^4 + 0.37d_y^3 - 0.17d_y^2 + 0.48d_y, & d_y \geqslant 0 \\ 0.16d_y^5 + 0.44d_y^4 + 0.37d_y^3 + 0.17d_y^2 + 0.48d_y, & d_y \leqslant 0 \end{cases} \tag{3-8}$$

$$F_z = 29d_z^5 - 27d_z^4 + 5.7d_z^3 + 1.4d_z^2 + 0.2d_z, \quad d_z \geqslant 0 \tag{3-9}$$

当触觉传感器中的传感单元受到三维力作用时，电容值发生变化，将测量得到的电容值依次代入式 (3-1)～ 式 (3-4)，然后再代入式 (3-7)～ 式 (3-9)，即能计算得到三维力的分量 F_x、F_y、F_z。

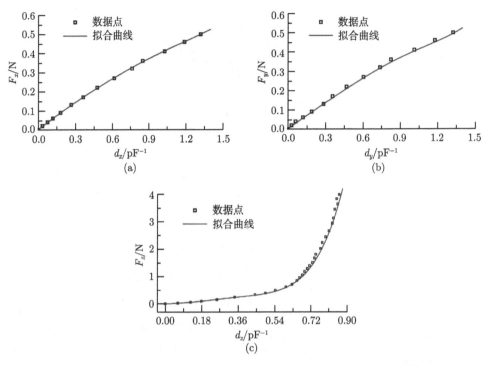

图 3.8　F_x 与 d_x 的关系 (a)、F_y 与 d_y 的关系 (b) 和 F_z 与 d_z 的关系 (c)

为验证建立的三维力解耦模型 (3-7)~(3-9)，按照如图 3.9 (a) 所示的方式对触觉传感单元施加三维力，进行三维力测量的实验。加载棒的下端贴有双面胶带，与传感单元表面凸起接触并粘贴后，对加载棒施加三维位移，即能将三维力施加在传感单元上。对加载棒施加位移时，首先施加 z 轴位移，然后依次施加 x 轴和 y 轴位移。施加在传感单元上的三维力使用商用力传感器 (NEWPORT 120A) 进行测量记录。图 3.9 (b) 显示了施加三维力的过程中商用力传感器测量得到的三维力分

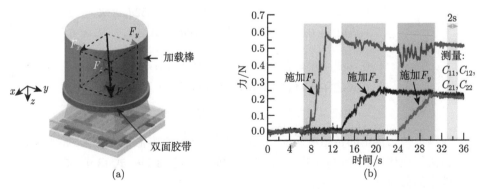

图 3.9　三维力的施加方式示意图 (a) 和商用力传感器测量的三维力分量 (b)

量，可见 z 轴法向力、x 轴切向力和 y 轴切向力依次施加到了触觉传感单元上。施加三维力时，利用电容测量仪测量传感单元四个电容的电容值，并代入到建立的三维力解耦模型中进行计算，即可得到三维力在 x、y、z 方向上的分量。

对触觉传感器的 16 个传感单元分别进行了三维力测量的实验，施加的三维力和利用三维力解耦模型计算得到的三维力结果总结，如表 3.1 所示。可计算得出，实际施加的外力和模型计算值在 x、y、z 方向上的平均误差分别为 14.0%、10.1% 和 11.2%。误差的产生来自三方面：触觉传感器的制造误差、力加载系统和测量系统的误差。因此，可认为误差在可接受的范围内，故建立的三维力解耦模型能较为准确地通过测量的电容值计算，得到施加的三维力分量，表明了设计的触觉传感器具备良好的三维力检测性能。

表 3.1 施加在触觉传感单元上的三维力分量与利用三维力解耦模型计算得到的三维力分量对比

	F_x			F_y			F_z		
	施加值/N	计算值/N	误差/%	施加值/N	计算值/N	误差/%	施加值/N	计算值/N	误差/%
U_{11}	0.13	0.11	15.4	0.17	0.15	11.8	0.35	0.31	11.4
U_{12}	0.09	0.08	11.1	0.17	0.16	5.9	0.30	0.32	6.7
U_{13}	0.08	0.07	12.5	0.19	0.18	5.3	0.30	0.27	10.0
U_{14}	0.06	0.05	16.7	0.08	0.07	12.5	0.52	0.46	11.5
U_{21}	0.35	0.41	17.1	0.06	0.05	16.7	0.22	0.18	18.2
U_{22}	0.03	0.02	33.3	0.20	0.19	5.0	0.51	0.55	7.8
U_{23}	0.12	0.11	8.3	0.15	0.14	6.7	0.43	0.36	16.3
U_{24}	0.16	0.12	25.0	0.13	0.11	15.4	0.23	0.18	21.7
U_{31}	0.13	0.12	7.7	0.12	0.10	16.7	0.44	0.41	6.8
U_{32}	0.11	0.10	9.1	0.18	0.18	0.0	0.35	0.33	5.7
U_{33}	0.20	0.17	15.0	0.17	0.16	5.9	0.15	0.12	20.0
U_{34}	0.11	0.10	9.1	0.10	0.09	10.0	0.58	0.53	8.6
U_{41}	0.31	0.29	6.5	0.21	0.23	9.5	0.18	0.16	11.1
U_{42}	0.15	0.14	6.7	0.18	0.17	5.6	0.32	0.33	3.1
U_{43}	0.09	0.10	11.1	0.08	0.06	25.0	0.32	0.36	12.5
U_{44}	0.05	0.04	20.0	0.33	0.30	9.1	0.40	0.37	7.5

3.4 分布式柔性触觉传感阵列的力学解析建模

3.4.1 触觉传感单元的几何模型

由于 PET 的杨氏模量为 4000 MPa，远大于 PDMS(20:1) 的杨氏模量 0.55 MPa[7]，

下层 PET 的受力变形量远小于微四棱锥台介电层。因此，下层 PET 可设为刚性基底，施加在表面凸起上的外力会在上层 PET 中间的加载区域内产生压力。如前面章节所述，可直接施加一个矩形区域的压力在上层 PET 上，用来代替表面凸起的作用。此外，上、下层电容极板的厚度仅为 500 nm，远小于 PET 的厚度 25 μm，故电容极板对触觉传感单元的变形影响可忽略。上层 PET 中央的加载区域与触觉传感单元边缘的距离为 300 μm，是 PET 厚度 (25 μm) 的 10 倍以上。根据 Saint-Venant 原理，中间加载区域的变形对传感单元四周边缘的变形影响可忽略。因此，可将触觉传感单元的四边设为固支。根据以上分析，可构建得到如图 3.10 所示的几何模型：上层 PET 层叠在微四棱锥台介电层上的双层结构。

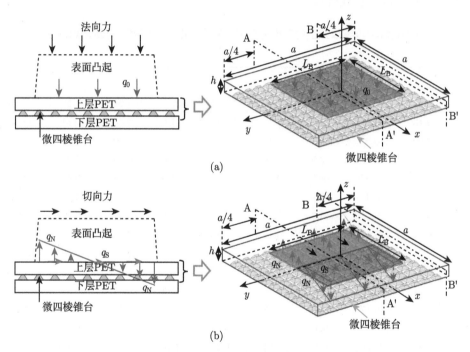

图 3.10　上层 PET 层叠在微四棱锥台介电层上的双层结构几何模型

(a) 施加法向力; (b) 施加切向力

　　施加在传感单元上的外力可分解为法向力和切向力。假设施加在表面凸起上的法向力为均布力，可近似认为通过表面凸起作用在上层 PET 上的压力也为均布。记该均布法向力为 q_0，施加的区域大小为 $L_B \times L_B$，与表面凸起的底面尺寸一致，如图 3.10 (a) 所示。施加切向力时会产生两个作用：① 直接将切向力 q_S 传导到上层 PET 上；② 在表面凸起上产生转矩，该转矩在上层 PET 上表面产生近似线性变化的法向力，用 q_N 表示，如图 3.10 (b) 所示。定义两个截面 A-A′ 和 B-B′，

分别通过电容 C_{21}、C_{22} 和电容 C_{11}、C_{12} 的中间,这两个截面距离上层 PET 的边缘为 $a/4$。表面凸起、上层 PET 和微四棱锥台阵列的尺寸,如表 3.2 所示。

表 3.2 表面凸起、上层 PET 和微四棱锥台阵列的尺寸

符号	定义	值
a	上层 PET 的边长	1.6 mm
h	上层 PET 的厚度	25 μm
L_p	微四棱锥台的底部边长	$20 \sim 50$ μm
h_p	微四棱锥台的高度	$0.3L_p \sim 0.5L_p$
N	微四棱锥台的行数或列数	$a/(1.6L_p) - a/L_p$
L_B	表面凸起的底面边长	$0.3 \sim 1.3$ mm
h_B	表面凸起的高度	$0.2 \sim 0.8$ mm

3.4.2 触觉传感单元的力学解析模型

对上层 PET 层叠在微四棱锥台介电层阵列上的双层结构建立直角坐标系,坐标原点位于上层 PET 的中央,z 轴垂直于上、下表面朝上,x 轴、y 轴分别垂直两边朝外,如图 3.10 (a) 和 (b) 所示。坐标归一化为 $X = 2x/a$,$Y = 2y/a$,$Z = 2z/h$,其中 $X, Y, Z \in [-1, 1]$。根据设定的边界条件,可构造上层 PET 的位移场函数为

$$\begin{cases} u = (1 - X^2)(1 - Y^2) \sum_{i=1}^{I} \sum_{j=1}^{J} \sum_{k=1}^{K} C_{ijk}^u P_i(X) P_j(Y) P_k(Z) \\ v = (1 - X^2)(1 - Y^2) \sum_{i=1}^{I} \sum_{j=1}^{J} \sum_{k=1}^{K} C_{ijk}^v P_i(X) P_j(Y) P_k(Z) \\ w = (1 - X^2)(1 - Y^2) \sum_{i=1}^{I} \sum_{j=1}^{J} \sum_{k=1}^{K} C_{ijk}^w P_i(X) P_j(Y) P_k(Z) \end{cases} \tag{3-10}$$

式中,u, v, w 分别为 x、y、z 方向的位移分量函数;C_{ijk}^u,C_{ijk}^v,C_{ijk}^w 为需要求解的变量;i, j, k 为索引;I, J, K 为索引的最大值;$P_i(X)$,$P_j(Y)$,$P_k(Z)$ 为 Chebyshev 多项式。

上层 PET 变形时会在微四棱锥台阵列的上表面产生作用力 F_p,每个微四棱锥台的受力分析如图 3.11 所示,涉及的尺寸参数见表 3.2。

如图 3.11 所示,在微四棱锥台中选取任意一个微元层,所在高度为 h_{pt},微元层厚度为 dh_{pt},则微元层边长可用下式计算

$$a_p = \frac{L_p \tan 54.7° - 2h_{pt}}{\tan 54.7°} \tag{3-11}$$

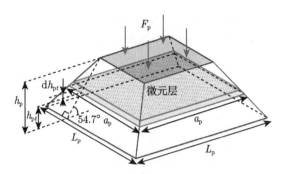

图 3.11　微四棱锥台的受力分析

式中，L_p 和 h_{pt} 分别为微元层的底部边长和高度。

假设在任意平行于微四棱锥台底面的平面内，应力分布均匀，那么该应力的大小等于作用力 F_p 除以所在微元层的面积，则应力大小计算为

$$\sigma = \frac{F_p}{a_p^2} = \frac{F_p \left(\tan 54.7^\circ\right)^2}{\left(L_p \tan 54.7^\circ - 2h_{pt}\right)^2} \tag{3-12}$$

根据应力–应变的关系，微元层的压缩量可计算为

$$\mathrm{d}l = \varepsilon(h_{pt}) \cdot \mathrm{d}h_{pt} = \frac{\sigma}{E_{\mathrm{PDMS}}} \mathrm{d}h_{pt} = \frac{F_p \left(\tan 54.7^\circ\right)^2}{E_{\mathrm{PDMS}} \left(L_p \tan 54.7^\circ - 2h_{pt}\right)^2} \mathrm{d}h_{pt} \tag{3-13}$$

式中，E_{PDMS} 为 PDMS 的杨氏模量。

假设 PDMS 的杨氏模量为常数，则微四棱锥台的总压缩量可计算为

$$\Delta l = \int \mathrm{d}l = \int_0^{h_p} \frac{F_p \left(\tan 54.7^\circ\right)^2}{E_{\mathrm{PDMS}} \left(L_p \tan 54.7^\circ - 2h_{pt}\right)^2} \mathrm{d}h_{pt} = \frac{F_p h_p \tan 54.7^\circ}{E_{\mathrm{PDMS}} L_p (L_p \tan 54.7^\circ - 2h_p)} \tag{3-14}$$

将式 (3-14) 代入式 (3-13)，可以得到高度为 h_{pt} 的微元层的应变为

$$\varepsilon(h_{pt}) = \frac{\Delta l \cdot L_p \left(L_p \tan 54.7^\circ - 2h_p\right) \tan 54.7^\circ}{h_p \left(L_p \tan 54.7^\circ - 2h_{pt}\right)^2} \tag{3-15}$$

若微四棱锥台出现大变形，可能使 PDMS 进入非线性变形区。当微元层的应变 $\varepsilon(h_{pt})$ 越大时，PDMS 变形越困难。通过对 PDMS 材料的标准拉伸压缩试验，本节得到了 PDMS 的材料特性，如图 3.12 所示。对 PDMS 的真实应力进行分段的线性化处理，结果为：当 $\varepsilon(h_{pt}) \in [-0.4, 0.4]$ 时，$^1E_{\mathrm{PDMS}} = 0.75\,\mathrm{MPa}$；当 $\varepsilon(h_{pt}) \in [-0.8, -0.4)$ 时，$^2E_{\mathrm{PDMS}} = 1.15\,\mathrm{MPa}$；当 $\varepsilon(h_{pt}) \in (0.4, 0.7]$ 时，$^3E_{\mathrm{PDMS}} = 1.68\,\mathrm{MPa}$。根据上述每个应变范围内的杨氏模量，微四棱锥台的压缩量重新计算为

$$\begin{cases} \Delta l = \dfrac{F_{\mathrm{p}}h_{\mathrm{p}}\tan 54.7°}{^{1}E_{\mathrm{PDMS}}L_{\mathrm{p}}(L_{\mathrm{p}}\tan 54.7° - 2h_{\mathrm{p}})}, \quad \Delta l/h_{\mathrm{p}} \in [-0.4, 0.4] \\[3mm] \Delta l = \dfrac{F_{\mathrm{p}}h_{\mathrm{ps}}\tan 54.7°}{^{1}E_{\mathrm{PDMS}}L_{\mathrm{p}}(L_{\mathrm{p}}\tan 54.7° - 2h_{\mathrm{ps}})} + \dfrac{F_{\mathrm{p}}(h_{\mathrm{p}} - h_{\mathrm{ps}})\tan 54.7°}{^{2}E_{\mathrm{PDMS}}a_{\mathrm{p}}[a_{\mathrm{p}}\tan 54.7° - 2(h_{\mathrm{p}} - h_{\mathrm{ps}})]}, \\[3mm] \qquad \Delta l/h_{\mathrm{p}} \in [-0.8, -0.4) \\[3mm] \Delta l = \dfrac{F_{\mathrm{p}}h_{\mathrm{ps}}\tan 54.7°}{^{1}E_{\mathrm{PDMS}}L_{\mathrm{p}}(L_{\mathrm{p}}\tan 54.7° - 2h_{\mathrm{ps}})} + \dfrac{F_{\mathrm{p}}(h_{\mathrm{p}} - h_{\mathrm{ps}})\tan 54.7°}{^{3}E_{\mathrm{PDMS}}a_{\mathrm{p}}[a_{\mathrm{p}}\tan 54.7° - 2(h_{\mathrm{p}} - h_{\mathrm{ps}})]}, \\[3mm] \qquad \Delta l/h_{\mathrm{p}} \in (0.4, 0.7] \end{cases}$$

$$\tag{3-16}$$

式中，h_{ps} 为应变为 0.4 的微元层所在的高度。

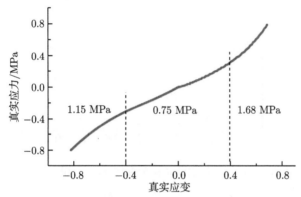

图 3.12 PDMS(配比为 20:1) 真实应力–应变关系

假设作用力 F_{p} 和微四棱锥台的压缩量有如下关系：

$$F_{\mathrm{p}} = k_f \Delta l \tag{3-17}$$

式中，k_f 为微四棱锥台的刚度系数。

联立式 (3-16) 和式 (3-17)，刚度系数 k_f 可计算为

$$\begin{cases} k_f = {}^{1}E_{\mathrm{PDMS}}L_{\mathrm{p}}(L_{\mathrm{p}}\tan 54.7° - 2h_{\mathrm{p}})/(h_{\mathrm{p}}\tan 54.7°), \quad \Delta l/h_{\mathrm{p}} \in [-0.4, 0.4] \\[2mm] k_f = 1/\left\{ h_{\mathrm{ps}}\tan 54.7°/\left({}^{1}E_{\mathrm{PDMS}}L_{\mathrm{p}}(L_{\mathrm{p}}\tan 54.7° - 2h_{\mathrm{ps}}) \right) \right. \\[2mm] \qquad \left. + (h_{\mathrm{p}} - h_{\mathrm{ps}})\tan 54.7° \, / \, \left[{}^{2}E_{\mathrm{PDMS}}a_{\mathrm{p}}(a_{\mathrm{p}}\tan 54.7° - 2h_{\mathrm{p}} + 2h_{\mathrm{ps}}) \right] \right\}, \\[2mm] \qquad \Delta l/h_{\mathrm{p}} \in [-0.8, -0.4) \\[2mm] k_f = 1/\left\{ h_{\mathrm{ps}}\tan 54.7°/\left({}^{1}E_{\mathrm{PDMS}}L_{\mathrm{p}}(L_{\mathrm{p}}\tan 54.7° - 2h_{\mathrm{ps}}) \right) \right. \\[2mm] \qquad \left. + (h_{\mathrm{p}} - h_{\mathrm{ps}})\tan 54.7° \, / \, \left[{}^{3}E_{\mathrm{PDMS}}a_{\mathrm{p}}(a_{\mathrm{p}}\tan 54.7° - 2h_{\mathrm{p}} + 2h_{\mathrm{ps}}) \right] \right\}, \\[2mm] \qquad \Delta l/h_{\mathrm{p}} \in (0.4, 0.7] \end{cases}$$

$$\tag{3-18}$$

式中，$\Delta l = W(X_\mathrm{p}, Y_\mathrm{p}, -1)$，其中 $(X_\mathrm{p}, Y_\mathrm{p})$ 为微四棱锥台在 X-Y 平面内的坐标。

式 (3-17) 和式 (3-18) 描述了微四棱锥台在上层 PET 压力作用下的变形行为。上层 PET 的变形情况由式 (3-10) 所示的位移场函数描述，下文将使用 Ritz 法对该位移场函数进行求解。根据弹性力学的基本原理，上层 PET 的位移和应变之间的关系可表示为

$$\begin{cases} \varepsilon_x = \dfrac{\partial u}{\partial x} = \dfrac{2}{a} \cdot \dfrac{\partial u}{\partial X} \\[2ex] \varepsilon_y = \dfrac{\partial v}{\partial y} = \dfrac{2}{a} \cdot \dfrac{\partial v}{\partial Y} \\[2ex] \varepsilon_z = \dfrac{\partial w}{\partial z} = \dfrac{2}{h} \cdot \dfrac{\partial w}{\partial Z} \\[2ex] \gamma_{xy} = \dfrac{\partial u}{\partial y} + \dfrac{\partial v}{\partial x} = \dfrac{2}{a} \cdot \dfrac{\partial u}{\partial Y} + \dfrac{2}{a} \cdot \dfrac{\partial v}{\partial X} \\[2ex] \gamma_{xz} = \dfrac{\partial u}{\partial z} + \dfrac{\partial w}{\partial x} = \dfrac{2}{h} \cdot \dfrac{\partial u}{\partial Z} + \dfrac{2}{a} \cdot \dfrac{\partial w}{\partial X} \\[2ex] \gamma_{yz} = \dfrac{\partial v}{\partial z} + \dfrac{\partial w}{\partial y} = \dfrac{2}{h} \cdot \dfrac{\partial v}{\partial Z} + \dfrac{2}{a} \cdot \dfrac{\partial w}{\partial Y} \end{cases} \tag{3-19}$$

式中，u, v, w 分别为 x、y、z 方向的位移分量函数；a 和 h 分别为上层 PET 的边长和厚度。

上层 PET 和微四棱锥台阵列的总能量包含两部分：上层 PET 的应变能和微四棱锥台阵列的弹性势能。其中，上层 PET 的应变能为

$$\begin{aligned} \Phi_1 = \frac{1}{2} \int_{-1}^{1} \int_{-1}^{1} \int_{-1}^{1} & \left\{ (\lambda + 2G)(\varepsilon_x^2 + \varepsilon_y^2 + \varepsilon_z^2) \right. \\ & \left. + 2\lambda(\varepsilon_x \varepsilon_y + \varepsilon_x \varepsilon_z + \varepsilon_y \varepsilon_z) + G(\gamma_{xy}^2 + \gamma_{xz}^2 + \gamma_{yz}^2) \right\} \frac{a^2 h}{8} \mathrm{d}X \mathrm{d}Y \mathrm{d}Z \end{aligned} \tag{3-20}$$

式中，$\lambda = E_\mathrm{PET} \nu / [(1 + \nu_\mathrm{PET})(1 - 2\nu_\mathrm{PET})]$；$G = E_\mathrm{PET} / [2(1 + \nu_\mathrm{PET})]$；其中 E_PET = 4000 MPa、ν_PET = 0.4 分别为 PET 的杨氏模量和泊松比。

微四棱锥台阵列的弹性势能等于所有微四棱锥台的弹性势能总和，可计算为

$$\Phi_2 = \sum_{i=1}^{N} \sum_{j=1}^{N} \frac{1}{2} K_f \left[w(X, Y, -1) \right]^2 \tag{3-21}$$

式中，$w(X, Y, -1)$ 表示上层 PET 底面或者微四棱锥台的顶面的变形。

如图 3.10 (a) 和 (b) 所示，作用在上层 PET 上的法向力和切向力可计算为

$$
\begin{cases}
q_0 = -F_{\mathrm{appl}}/L_{\mathrm{B}}^2 \\
q_{\mathrm{S}} = F_{\mathrm{appl}}/L_{\mathrm{B}}^2 \\
q_{\mathrm{N}} = -6aq_{\mathrm{S}}h_{\mathrm{B}}X/L_{\mathrm{B}}^2
\end{cases}
\tag{3-22}
$$

式中，F_{appl} 为施加在表面凸起上的外力。

施加法向力时，外力做的功为

$$
\mathcal{W}_{\mathrm{N}} = \int_{-\frac{3}{4}}^{\frac{3}{4}} \int_{-\frac{3}{4}}^{\frac{3}{4}} q_0 w\left(X,Y,1\right) \times \frac{a^2}{4} \mathrm{d}X\mathrm{d}Y
\tag{3-23}
$$

式中，$w(X,Y,1)$ 为上层 PET 上表面在 z 方向的变形。

同样的，切向力做的功可计算为

$$
\mathcal{W}_{\mathrm{S}} = \int_{-\frac{3}{4}}^{\frac{3}{4}} \int_{-\frac{3}{4}}^{\frac{3}{4}} \left[q_{\mathrm{S}}(X,Y)u\left(X,Y,1\right) + q_{\mathrm{N}}(X,Y)w\left(X,Y,1\right)\right] \times \frac{a^2}{4}\mathrm{d}X\mathrm{d}Y
\tag{3-24}
$$

法向力做的功一部分转化为上层 PET 的应变能，另一部分转化为微四棱锥台阵列的弹性势能，分别表示为 Φ_1 和 Φ_2。根据 Ritz 法 [141]，则有

$$
\frac{\partial(\Phi_1 + \Phi_2 - \mathcal{W}_{\mathrm{N}})}{\partial C_{ijk}^{\theta}} = 0
\tag{3-25}
$$

式中，C_{ijk}^{θ} $(\theta = u,v,w)$ 为式 (3-10) 中需求解的变量。

同理，施加切向力时，则有

$$
\frac{\partial(\Phi_1 + \Phi_2 - \mathcal{W}_{\mathrm{S}})}{\partial C_{ijk}^{\theta}} = 0
\tag{3-26}
$$

根据式 (3-10)，式 (3-18)~ 式 (3-26)，并设 $I = J = K = 20$，可将线性方程组整理为

$$
\begin{bmatrix}
[K^{uu}] & [K^{uv}] & [K^{uw}] \\
[K^{vu}] & [K^{vv}] & [K^{vw}] \\
[K^{wu}] & [K^{wv}] & [K^{ww}] + [K_f^{ww}]
\end{bmatrix}
\begin{bmatrix}
[C^u] \\
[C^v] \\
[C^w]
\end{bmatrix}
=
\begin{bmatrix}
[Q^{\mathrm{S}}] \\
0 \\
[Q^{\mathrm{N}}]
\end{bmatrix}
\tag{3-27}
$$

其中，C^u，C^v，C^w 的显式表达式为

$$\begin{cases} C^\theta = \left[C^\theta_{111}, C^\theta_{112}, \cdots, C^\theta_{11K}, C^\theta_{121}, C^\theta_{122}, \cdots, C^\theta_{12K}, \cdots, C^\theta_{1JK}, \cdots, C^\theta_{IJK} \right]^{\mathrm{T}} \\[2mm] Q^\beta = \left[Q^\beta_{111}, Q^\beta_{112}, \cdots, Q^\beta_{11K}, Q^\beta_{121}, Q^\beta_{122}, \cdots, Q^\beta_{12K}, \cdots, Q^\beta_{1JK}, \cdots, Q^\beta_{IJK} \right]^{\mathrm{T}} \end{cases}$$

$$(3\text{-}28)$$

式中, $\theta = u, v, w$, $\beta = \mathrm{N}, \mathrm{S}$。

式 (3-27) 中的刚度系数子矩阵 $(K^{uu}, K^{uv}, K^{uw}, K^{vu}, K^{vv}, K^{vw}, K^{wu}, K^{wv}, K^{ww}, K^{ww}_f)$ 计算式为

$$\begin{cases} K^{uu}_{\overline{ijk}ijk} = \frac{h}{2} D^{11}_{i\overline{i}} E^{00}_{j\overline{j}} F^{00}_{k\overline{k}} + \frac{h}{2} D^{00}_{i\overline{i}} E^{11}_{j\overline{j}} T^{00}_{k\overline{k}} + \frac{a^2}{2h} D^{00}_{i\overline{i}} E^{00}_{j\overline{j}} T^{11}_{k\overline{k}} \\[3mm] K^{uv}_{\overline{ijk}ijk} = \frac{h}{2} D^{10}_{i\overline{i}} E^{01}_{j\overline{j}} T^{00}_{k\overline{k}} + \frac{h}{2} D^{01}_{i\overline{i}} E^{10}_{j\overline{j}} S^{00}_{k\overline{k}} \\[3mm] K^{uw}_{\overline{ijk}ijk} = \frac{a}{2} D^{10}_{i\overline{i}} E^{00}_{j\overline{j}} T^{01}_{k\overline{k}} + \frac{a}{2} D^{01}_{i\overline{i}} E^{00}_{j\overline{j}} S^{10}_{k\overline{k}} \\[3mm] K^{vu}_{\overline{ijk}ijk} = \frac{h}{2} D^{01}_{i\overline{i}} E^{10}_{j\overline{j}} T^{00}_{k\overline{k}} + \frac{h}{2} D^{10}_{i\overline{i}} E^{01}_{j\overline{j}} S^{00}_{k\overline{k}} \\[3mm] K^{vv}_{\overline{ijk}ijk} = \frac{h}{2} D^{00}_{i\overline{i}} E^{11}_{j\overline{j}} F^{00}_{k\overline{k}} + \frac{a^2}{2h} D^{00}_{i\overline{i}} E^{00}_{j\overline{j}} T^{11}_{k\overline{k}} + \frac{h}{2} D^{11}_{i\overline{i}} E^{00}_{j\overline{j}} T^{00}_{k\overline{k}} \\[3mm] K^{vw}_{\overline{ijk}ijk} = \frac{a}{2} D^{00}_{i\overline{i}} E^{10}_{j\overline{j}} T^{01}_{k\overline{k}} + \frac{a}{2} D^{00}_{i\overline{i}} E^{01}_{j\overline{j}} S^{10}_{k\overline{k}} \\[3mm] K^{wu}_{\overline{ijk}ijk} = \frac{a}{2} D^{01}_{i\overline{i}} E^{00}_{j\overline{j}} T^{10}_{k\overline{k}} + \frac{a}{2} D^{10}_{i\overline{i}} E^{01}_{j\overline{j}} S^{01}_{k\overline{k}} \\[3mm] K^{wv}_{\overline{ijk}ijk} = \frac{a}{2} D^{00}_{i\overline{i}} E^{01}_{j\overline{j}} T^{10}_{k\overline{k}} + \frac{a}{2} D^{00}_{i\overline{i}} E^{10}_{j\overline{j}} S^{01}_{k\overline{k}} \\[3mm] K^{ww}_{\overline{ijk}ijk} = \frac{a^2}{2h} D^{00}_{i\overline{i}} E^{00}_{j\overline{j}} F^{11}_{k\overline{k}} + \frac{h}{2} D^{00}_{i\overline{i}} E^{11}_{j\overline{j}} T^{00}_{k\overline{k}} + \frac{h}{2} D^{11}_{i\overline{i}} E^{00}_{j\overline{j}} T^{00}_{k\overline{k}} \\[3mm] K^{ww}_{f\overline{ijk}ijk} = \sum_{m=1}^{N} \sum_{n=1}^{N} K_f \Big\{ \big\{ 1 - [-1 + 1/N + 2/N \times (m-1)]^2 \big\} \\[3mm] \qquad\qquad \times \big\{ 1 - [-1 + 1/N + 2/N \times (n-1)]^2 \big\} \\[3mm] \qquad\qquad \times P_i[-1 + 1/N + 2/N \times (m-1)] \times P_{\overline{i}}[-1 + 1/N + 2/N \times (m-1)] \\[3mm] \qquad\qquad \times P_j[-1 + 1/N + 2/N \times (n-1)] \\[3mm] \qquad\qquad \times P_{\overline{j}}[-1 + 1/N + 2/N \times (n-1)] \times P_k(1) \times P_{\overline{k}}(1) \Big\} \end{cases}$$

$$(3\text{-}29)$$

其中,

$$\begin{cases} D_{\sigma\delta}^{rs} = \displaystyle\int_{-1}^{1} \frac{\mathrm{d}^r\left[(1-X^2)P_\sigma(X)\right]}{\mathrm{d}X^r} \cdot \frac{\mathrm{d}^s\left[(1-X^2)P_\delta(X)\right]}{\mathrm{d}X^s}\mathrm{d}X \\[4mm] E_{\sigma\delta}^{rs} = \displaystyle\int_{-1}^{1} \frac{\mathrm{d}^r\left[(1-Y^2)P_\sigma(Y)\right]}{\mathrm{d}Y^r} \cdot \frac{\mathrm{d}^s\left[(1-Y^2)P_\delta(Y)\right]}{\mathrm{d}Y^s}\mathrm{d}Y \\[4mm] F_{\sigma\delta}^{rs} = \displaystyle\int_{-1}^{1} \frac{E(1-\nu)}{(1+\nu)(1-2\nu)} \cdot \frac{\mathrm{d}^r P_\sigma(Z)}{\mathrm{d}Z^r} \cdot \frac{\mathrm{d}^s P_\delta(Z)}{\mathrm{d}Z^s}\mathrm{d}Z \\[4mm] S_{\sigma\delta}^{rs} = \displaystyle\int_{-1}^{1} \frac{E\nu}{(1+\nu)(1-2\nu)} \cdot \frac{\mathrm{d}^r P_\sigma(Z)}{\mathrm{d}Z^r} \cdot \frac{\mathrm{d}^s P_\delta(Z)}{\mathrm{d}Z^s}\mathrm{d}Z \\[4mm] T_{\sigma\delta}^{rs} = \displaystyle\int_{-1}^{1} \frac{E}{2(1+\nu)} \cdot \frac{\mathrm{d}^r P_\sigma(Z)}{\mathrm{d}Z^r} \cdot \frac{\mathrm{d}^s P_\delta(Z)}{\mathrm{d}Z^s}\mathrm{d}Z \end{cases} \tag{3-30}$$

式中，$r,s=0,1$；$\sigma=i,j,k$；$\delta=\vec{i},\vec{j},\vec{k}$。

当施加法向力时，Q^{S} 为零，载荷向量 Q^{N} 的计算式为

$$Q_{ijk}^{\mathrm{N}} = \frac{a^2}{4} \int_{-0.75}^{0.75} q_0(1-X^2)P_i(X)\mathrm{d}X \cdot \int_{-0.75}^{0.75}(1-Y^2)P_j(Y)\mathrm{d}Y \cdot P_k(1) \tag{3-31}$$

当施加切向力时，载荷向量 Q^{S} 和 Q^{N} 的计算式为

$$\begin{cases} Q_{ijk}^{\mathrm{S}} = \dfrac{a^2}{4} \displaystyle\int_{-0.75}^{0.75} q_{\mathrm{S}}(1-X^2)P_i(X)\mathrm{d}X \cdot \int_{-0.75}^{0.75}(1-Y^2)P_j(Y)\mathrm{d}Y \cdot P_k(1) \\[4mm] Q_{ijk}^{\mathrm{N}} = \dfrac{a^2}{4} \displaystyle\int_{-0.75}^{0.75} q_{\mathrm{N}}(1-X^2)P_i(X)\mathrm{d}X \cdot \int_{-0.75}^{0.75}(1-Y^2)P_j(Y)\mathrm{d}Y \cdot P_k(1) \end{cases} \tag{3-32}$$

3.4.3 力学解析模型的求解方法

3.4.2 小节中，建立了微四棱锥台介电层触觉传感单元的力学解析模型，本小节将对该模型进行求解，其流程如图 3.13 所示。具体步骤描述如下：

(1) 设定施加在触觉传感单元上的总载荷为 $F_{\max}$，当前施加的载荷设为 F_{curr} $= F_{\mathrm{appl}} = 0.01$ N，并定义一个二维数组 $W[N][N]$ 用于记录微四棱锥台当前的变形，$W[m][n]$ ($m, n \leqslant N$) 代表第 m 行、第 n 列微四棱锥台的变形；

(2) 计算式 (3-27) 中的相关系数；

(3) 根据微四棱锥台当前的变形 $W[N][N]$，利用式 (3-18) 计算刚度系数 k_f 和刚度系数子矩阵 K_f^{ww}；

(4) 求解方程 (3-27)，获得 C^u, C^v, C^w 的值；

(5) 将 C^u, C^v, C^w 的值代入式 (3-10)，由此计算上层 PET(或上层电极) 的变形情况，并将计算得到的变形叠加到 $W[N][N]$，更新总变形。

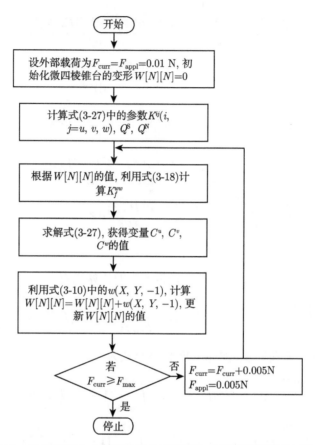

图 3.13   微四棱锥台介电层触觉传感单元的力学解析模型求解流程图

此时，若 F_{curr} 小于需要加载的力 F_{max}，则 F_{curr} 递增 0.005 N，F_{appl} 设为 0.005 N，然后重复计算流程 (3)~(5)，直至 F_{curr} 等于 F_{max}。在每次计算循环中，会求解得到不同的 C^u、C^v、C^w，从而计算得到 PET 不同的变形，将这些变形进行累加，则能得到施加 F_{max} 时上层 PET 的总变形。

3.4.4   触觉传感单元的变形计算与分析

为计算触觉传感单元的变形，取 $h_B = 0.5\,\text{mm}$，$L_B = 1.3\,\text{mm}$，$h_p = 10\,\mu\text{m}$，F_{max} = 0.01 N。根据建立的力学解析模型求解流程 (图 3.13)，计算得到触觉传感单元上层 PET 下表面的变形，如图 3.14 (a)、(b) 所示。因为上层 PET 下表面与上层电容极板在相同的平面内，所以两者具有相同的变形。图 3.14 (a)、(b) 分别为施加法向力和切向力时上层 PET 下表面的变形。当施加 0.01 N 法向力时，上层 PET 最大变形量为 $-0.82\,\mu\text{m}$，位于中间位置；当施加 0.01 N 切向力时，上层 PET 的一侧被拉伸 $1.11\,\mu\text{m}$，另一侧被压缩 $-1.11\,\mu\text{m}$。可见，施加法向力时触觉传感单元的四个电容具有相同的变化量；施加切向力时，四个电容的变化量不一致。此外，在 3.4.1 小节中提到，下层 PET 设为刚性基底，故下层电容极板的变形可忽略。因此，在计算电容变化时只需考虑上层 PET 的变形。

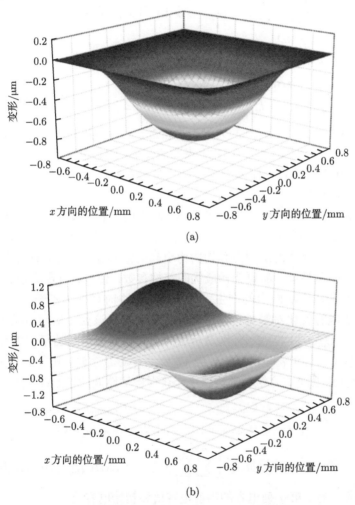

图 3.14 触觉传感单元上层 PET 下表面的变形

(a) 施加法向力; (b) 施加切向力

3.5 分布式柔性触觉传感阵列的结构参数优化

3.5.1 触觉传感单元的参数优化准则

触觉传感单元的电容值可根据上层 PET 下表面的变形进行计算，则有

$$\begin{cases} C_{11} = \dfrac{\varepsilon}{4\pi k} \displaystyle\int_{3/16}^{13/16} \int_{-13/16}^{-3/16} \dfrac{1}{(h_{\mathrm{p}} + 3 \times 10^{-6}) + w(X, Y, -1)} \mathrm{d}X\mathrm{d}Y \\[2.2em] C_{12} = \dfrac{\varepsilon}{4\pi k} \displaystyle\int_{3/16}^{13/16} \int_{3/16}^{13/16} \dfrac{1}{(h_{\mathrm{p}} + 3 \times 10^{-6}) + w(X, Y, -1)} \mathrm{d}X\mathrm{d}Y \\[2.2em] C_{21} = \dfrac{\varepsilon}{4\pi k} \displaystyle\int_{-13/16}^{-3/16} \int_{-13/16}^{-3/16} \dfrac{1}{(h_{\mathrm{p}} + 3 \times 10^{-6}) + w(X, Y, -1)} \mathrm{d}X\mathrm{d}Y \\[2.2em] C_{22} = \dfrac{\varepsilon}{4\pi k} \displaystyle\int_{-13/16}^{-3/16} \int_{3/16}^{13/16} \dfrac{1}{(h_{\mathrm{p}} + 3 \times 10^{-6}) + w(X, Y, -1)} \mathrm{d}X\mathrm{d}Y \end{cases} \tag{3-33}$$

式中，$k = 8.98 \times 10^9 \ \mathrm{N \cdot m^2/C^2}$ 为静电力常数；ε 为微四棱锥台介电层的相对介电常数；$w(X, Y, -1)$ 代表上层 PET 下表面的变形，同时也表示上层电容极板的变形。本章定义电容变化百分比为 $(C - C_0) / C_0 \times 100\%$，其中 C 和 C_0 分别为当前电容值和初始电容值。

在同等大小的法向力和切向力条件下，越大的电容值变化量意味着更高的触觉传感单元接触力检测灵敏度。为了权衡法向力灵敏度和切向力灵敏度的影响，定义系数 C_f 来综合考虑法向力和切向力引起的电容变化。为使触觉传感器具有更高的接触力检测性能，需要选择最优的结构参数，使 C_f 有最大值。在实际中，切向力产生时会伴有法向力的产生，而法向力产生时切向力不一定产生。因此，法向力引起的电容变化对触觉传感单元的性能影响应该要比切向力赋予更高的优先级。定义 C_{normal} 和 C_{shear} 分别表示法向力和切向力引起的平均电容变化。当 $C_{\mathrm{normal}} < C_{\mathrm{shear}}$ 时，$C_f = C_{\mathrm{normal}}$；当 $C_{\mathrm{normal}} > C_{\mathrm{shear}}$ 时，则 C_f 为 C_{normal} 和 C_{shear} 的平均值。因此，为使触觉传感单元获得最优性能，定义如下优化准则[199]：

$$\mathrm{Maximize}: \begin{cases} C_f = C_{\mathrm{normal}}, & C_{\mathrm{normal}} \leqslant C_{\mathrm{shear}} \\ C_f = (C_{\mathrm{normal}} + C_{\mathrm{shear}})/2, & C_{\mathrm{normal}} > C_{\mathrm{shear}} \end{cases} \tag{3-34}$$

式中，C_{normal} 和 C_{shear} 均计算为 $\dfrac{1}{4} \displaystyle\sum_{i=1}^{2} \sum_{j=1}^{2} |(C_{ij} - C_{ij0})/C_{ij0} \times 100\%|$，其中 C_{ij} 和 C_{ij0} 分别为第 i 行、第 j 列电容的当前电容值和初始电容值。

影响触觉传感单元接触力检测性能的结构参数主要包括微四棱锥台介电层和表面凸起的尺寸。为提高设计的分布式柔性触觉传感器的接触力检测性能，在 3.5.2 小节和 3.5.3 小节中，将利用微四棱锥台介电层触觉传感单元的力学解析模型分别对微四棱锥台介电层和表面凸起的结构参数进行分析与优化。

3.5.2　触觉传感阵列微四棱锥台介电层的结构参数优化

微四棱锥台介电层的结构参数有：微四棱锥台的行数或列数 (N)，单个微四棱锥台的底面边长 L_{p} 和高度 h_{p}。单个微四棱锥台高度越高，介电层的厚度越大，初始电容值越小，越不利于获得较高的信噪比[184]。对于单个微四棱锥台，其底部边长的尺寸范围为 $L_\mathrm{p} = 20 \sim 50$ μm，高度范围为 $h_\mathrm{p} = 0.3L_\mathrm{p} \sim 0.5L_\mathrm{p}$。对于整个微四棱锥台阵列，微四棱锥台排列越稀疏，触觉传感单元的动态响应速度会变慢，这是因为触觉传感单元在变形后的回弹力变小[198]，进而使其恢复变缓慢。因此，设相邻两个微四棱锥台的间距为 $0.6L_\mathrm{p}$，则整个微四棱锥台阵列的行数或列数可计算为 $N = a / (1.6L_\mathrm{p}) - a / L_\mathrm{p}$，如表 3.2 所示。在研究微四棱锥台介电层结构参数对触觉传感单元性能的影响时，表面凸起的边长取为 $L_\mathrm{B} = 1$ mm，高度取为 $h_\mathrm{B} = 0.5$ mm，施加的外力设为 $F_\mathrm{max} = 0.01$ N，并利用式 (3-10) 中的位移场函数来计算触觉传感单元上层 PET 下表面的变形分布。

在分析微四棱锥台的高度对触觉传感单元性能的影响时，设 $L_\mathrm{p} = 20$ μm，$N = 50$，微四棱锥台的高度 (h_p) 取值从 6 μm 到 10 μm，步长为 0.5 μm。采用图 3.13 所示的力学解析模型求解流程来计算不同微四棱锥台高度 (h_p) 下，上层 PET 在法向力和切向力作用下的变形情况。通过触觉传感单元电容极板中间的截面 A-A′(定义见图 3.10) 内的变形如图 3.15 (a) 所示。随着 h_p 增大，上层 PET 的变形增大。由此可知，微四棱锥台的顶端越尖其变形越容易，微四棱锥台的变形量越大。在分析微四棱锥台阵列的行数对触觉传感单元性能的影响时，设 $L_\mathrm{p} = 20$ μm，$h_\mathrm{p} = 8$ μm，微四棱锥台阵列的行数取值从 50 到 80，步长为 5，施加法向力和切向力时，上层 PET 在截面 A-A′ 和 B-B′ 内的变形如图 3.15 (b) 所示。可以看出，微四棱锥台阵列的行数越少，其变形越大。

当微四棱锥台的底部边长为 20 μm，并选取不同取值的 h_p 和 N 组合时，可分别计算得到这些参数值条件下的上层 PET 变形。基于此，使用式 (3-33) 计算触觉传感单元的电容值，可得到 h_p 和 N 同时变化时，电容值的变化情况，结果如图 3.16 所示。从图 3.16 (a) 和 (b) 可以看出，电容值变化随着 h_p 的增大而增大，随着 N 的增大而减小。因此，当 N 取最小值 50 和 h_p 取最大值 10 μm 时传感单元能获得最大的电容值变化。但在实际中，h_p 取值越大，微四棱锥台顶部的平台面积会变小，使微四棱锥台阵列与上层 PET 的接触面积减小。从上文的分析可知，施加切向力时传感单元中的其中两个电容所在的局部位置会被拉伸 (图 3.14 (b))，若微四棱锥台介电层与上层 PET 的接触面积过小，拉伸力可能使上层 PET 与微四棱锥台介电层脱离，造成触觉传感器的破坏。因此，需要设置约束条件，即定义上层 PET 和微四棱锥台阵列的接触面积应大于等于 $S_\mathrm{min} = (a/4)^2$。实际接触面积为每个微四棱锥台顶部平台的面积总和，计算为 $S = [N(L_\mathrm{p}\tan54.7° - 2h_\mathrm{p})/\tan54.7°]^2$。实际接触面积 S 需满足关系 $S \geqslant S_\mathrm{min}$。如图 3.16 所示，在此约束条件下，当微四棱锥台介电层的结构参数取值为 $h_\mathrm{p} = 8.5$ μm 和 $N = 50$ 时，触觉传感单元在施加法向力和切向力情况下均具有最大的电容值变化。

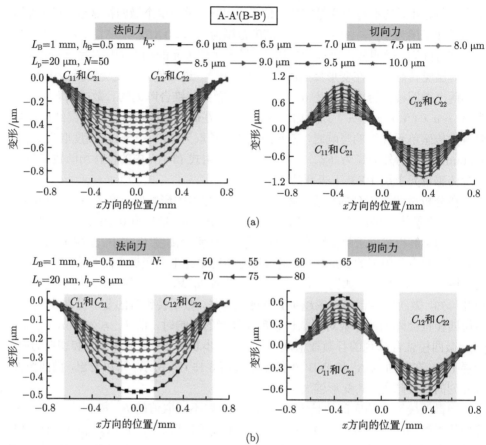

图 3.15　触觉传感单元上层 PET 下表面在截面 A-A′ 和 B-B′(定义见图 3.10) 内的变形分布

(a) 不同微四棱锥台高度 h_p; (b) 不同的微四棱锥台行数或列数 N

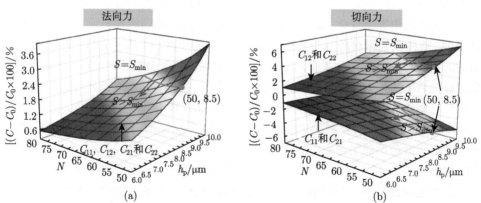

图 3.16　微四棱锥台高度和行数的取值不同时，触觉传感单元的电容值变化

(a) 施加法向力; (b) 施加切向力

同理，选取不同 L_p 值，可用相同的方法得到最优的微四棱锥台阵列的高度和行数组合。表 3.3 所示为选取 $L_p = 20 \sim 50$ μm 时，最优的微四棱锥台高度和阵列的行数。因此，设计微四棱锥台介电层时，可根据选定的微四棱锥台底部边长来选取最优的微四棱锥台阵列的高度值和行数。由于选取较小的微四棱锥台能减小介电层的厚度，增大传感器的初始电容值，故本论文选取 $L_p = 20$ μm，$h_p = 8.5$ μm 和 $N = 50$ 为微四棱锥台介电层的尺寸。

表 3.3　微四棱锥台底面边长 (L_p) 及对应的最优高度 (h_p) 和阵列行数 (N)

L_p/μm	h_p/μm	N	C_{normal} /%	C_{shear} /%	C_f/%
20	8.5	50	2.59	4.41	2.59
25	10.5	40	2.60	4.30	2.60
30	12.5	33	2.65	4.22	2.65
35	14.5	28	2.68	4.13	2.68
40	17.0	25	2.66	3.95	2.66
45	19.0	22	2.66	3.84	2.66
50	21.0	20	2.58	3.66	2.58

3.5.3　触觉传感阵列表面凸起的结构参数优化

表面凸起的结构参数为高度 h_B 和底面边长 L_B。在研究表面凸起高度对触觉传感单元性能影响时，设表面凸起的底面边长为 $L_B = 1$ mm，微四棱锥台介电层的结构参数采用 3.5.2 小节中已优化的数值：$L_p = 20$ μm，$h_p = 8.5$ μm，$N = 50$。假设施加的力为 $F_{max} = 0.01$ N。当表面凸起的高度 h_B 取值从 0.2 mm 到 0.8 mm 时，上层 PET 下表面在截面 A-A′ 和 B-B′ 内的变形分布计算结果如图 3.17(a) 所示。施加法向力时，上层 PET 的变形不随 h_B 的变化而变化；施加切向力时，表面凸起高度 h_B 增大会使上层 PET 的变形增大。这是因为触觉传感单元表面凸起的高度与施加到上层 PET 的法向力大小无关，而表面凸起高度的增大会使作用在上层 PET 上的法向力 q_N 增大，从而引起上层 PET 更大的变形。在研究表面凸起底面边长对触觉传感单元性能的影响时，设表面凸起的高度为 0.5 mm，上层 PET 在截面 A-A′ 和 B-B′ 内的变形如图 3.17(b) 所示。当 L_B 取值较小时，电容极板所在区域的变形较小，因为这时施加的力主要集中在上层 PET 的中间，即电容极板间的区域。当 L_B 变大，电容极板区域的变形增大，L_B 达到 0.8 mm 时电容极板变形有最大值。当 $L_B > 0.8$ mm 时，电容极板变形区域的面积持续变大，但是其变形值变小。这是因为表面凸起底面尺寸变大会使加载区域变大，但平均压力会变小，从而使电容极板的变形值减小。

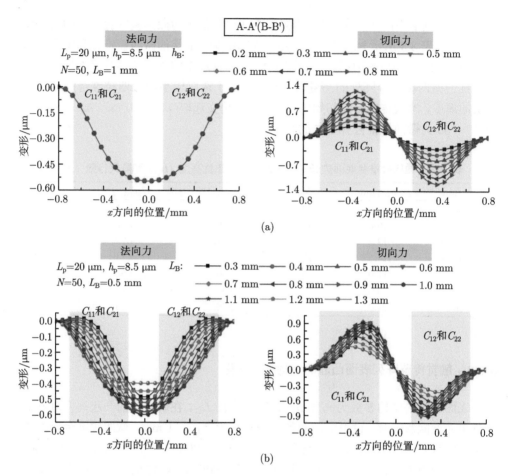

图 3.17　触觉传感单元上层 PET 下表面在截面 A-A′ 和 B-B′ 内的变形分布

(a) 不同表面凸起高度 h_B; (b) 不同表面凸起底面边长 L_B

　　表面凸起的不同高度 (h_B) 和不同底面边长 (L_B) 组合时，触觉传感单元的电容值变化如图 3.18 所示。施加法向力时，电容值变化不随表面凸起高度 (h_B) 的变化而改变，如图 3.18 (a) 所示。施加切向力时，h_B 越大会产生越大的电容值变化，如图 3.18(b) 所示。此外，对于给定的 h_B 值，均存在一个 L_B 取值，使得电容值变化有最大值。前文也分析得到，切向力作用下越大的 h_B 值会导致越大的电容值变化，这表示 h_B 越大，触觉传感单元对切向力的检测灵敏度越高。然而，h_B 增大时，触觉传感器整体厚度也会变大，降低触觉传感器的柔性。

　　选择不同的 h_B 值时，可获得对应的最优 L_B 值，如表 3.4 所示。表 3.4 提供了表面凸起的结构设计依据，对于选定的表面凸起高度，可得到最优的底面边长。可见，选择的 h_B 值越大，触觉传感单元拥有更高的灵敏度。但因为表面凸起的厚度增大，传感器的柔性受到影响。本论文权衡触觉传感器的灵敏度和柔性，选取 h_B = 0.5 mm 和 L_B = 1 mm 作为表面凸起的尺寸。

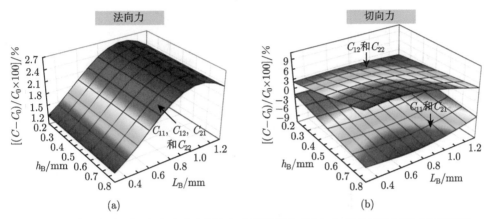

图 3.18 在不同表面凸起高度和表面凸起底面边长条件下，触觉传感单元的电容值变化

(a) 施加法向力; (b) 施加切向力

表 3.4 触觉传感单元表面凸起高度 (h_B) 及对应的优化底面边长 (L_B)

h_B/mm	L_B/mm	C_{normal}/%	C_{shear}/%	C_f/%
0.2	0.9	2.51	1.80	2.16
0.3	1.0	2.59	2.67	2.59
0.4	1.0	2.59	3.54	2.59
0.5	1.0	2.59	4.41	2.59
0.6	1.0	2.59	5.28	2.59
0.7	1.0	2.59	6.17	2.59
0.8	1.0	2.59	7.05	2.59

3.5.4 触觉传感阵列的三维接触力检测性能分析

优化的微四棱锥台介电层触觉传感单元的结构参数为：L_p = 20 μm，h_p = 8.5 μm，N = 50，h_B = 0.5 mm，L_B = 1 mm。基于该结构尺寸，利用 3.4 节中建立的力学解析模型对触觉传感单元的接触力检测性能进行了计算分析。当施加 0~100 mN 的 x 轴、y 轴切向力和 z 轴法向力时，计算得到的电容值变化如图 3.19 所示。施加 x 轴切向力时，C_{11} 和 C_{21} 变小，而 C_{12} 和 C_{22} 变大，且其减小量 (最小为 −24.3%) 和增大量 (最大为 89.1%) 不相等 (图 3.19(a))；施加 y 轴切向力的情况与施加 x 轴切向力时相似，减小的电容是 C_{21} 和 C_{22}，而增大的电容是 C_{11} 和 C_{12}(图 3.19(b))；施加 z 轴法向力时，四个电容的电容值变化相等，在 100 mN 的法向力作用下增大量为 34.4%(图 3.19(c))。

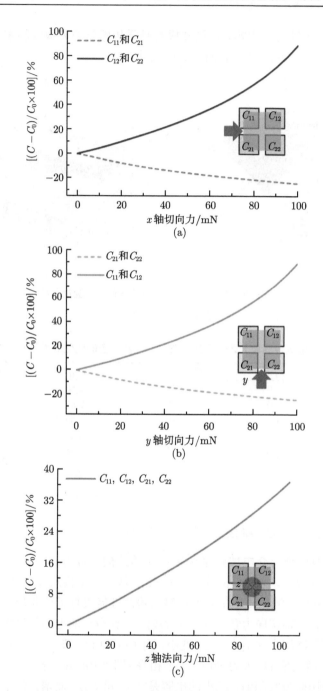

图 3.19　利用建立的微四棱锥台介电层触觉传感单元的力学解析模型计算传感单元的电容
值变化

(a) 施加 x 轴切向力; (b) 施加 y 轴切向力; (c) 施加 z 轴法向力

对图 3.19 中的数据进行线性拟合，即可计算得到电容的接触力检测灵敏度。触觉传感单元的灵敏度定义为四个电容的灵敏度的平均值。由此，计算可得触觉传感单元对切向力的灵敏度为 0.54 %/mN(1.38 %/kPa)，对法向力的灵敏度为 0.35 %/mN(0.90 %/kPa)。根据本章的力学模型计算结果可以看到，微四棱锥台介电层触觉传感单元的法向力灵敏度 (0.90 %/kPa) 比第 2 章的 PDMS 介电层触觉传感单元的法向力灵敏度 (0.0192 %/kPa) 提高了 0.90 / 0.0192 ≈ 47 倍。

3.6 本章小结

基于第 2 章 PDMS 薄膜介电层触觉传感单元的力学建模分析结果，本章针对高灵敏度触觉传感阵列的设计开发，将微四棱锥台阵列引入触觉传感阵列的介电层结构设计中，提出了内嵌微四棱锥台介电层的柔性触觉传感阵列结构设计，建立了柔性触觉传感阵列的三维力解耦模型，研究了上层 PET 和微四棱锥台介电层的受力变形规律，建立了微四棱锥台介电层触觉传感单元的力学解析模型，并对其传感单元的结构参数进行了优化，得到了如下结论。

(1) 微四棱锥台介电层的引入，可有效提高电容式柔性触觉传感器的接触力检测灵敏度；在微四棱锥台介电层触觉传感单元中，四个电容对应一个表面凸起的结构设计，可实现传感阵列的三维力检测功能。

(2) 建立的微四棱锥台介电层触觉传感器三维力解耦模型能较为准确地进行三维接触力的计算，在三维力的 x、y、z 方向上，施加外力值与模型计算值的误差分别为 14.0%、10.1% 和 11.2%，结果表明建立的三维力解耦模型能用于设计的触觉传感阵列的三维力解耦。

(3) 通过将触觉传感单元简化为上层 PET 层叠在微四棱锥台介电层上的双层结构，考虑上层 PET 的应变能和微四棱锥台阵列的弹性势能，建立了微四棱锥台介电层触觉传感单元的力学解析模型。

(4) 利用建立的微四棱锥台介电层触觉传感单元力学模型，分析了微四棱锥台介电层和表面凸起的结构参数对触觉传感单元接触力检测性能的影响规律。结果表明：微四棱锥台越尖锐、阵列数量越稀疏，电容变化越大；表面凸起越高，切向力作用下的电容变化量越大，且表面凸起底面尺寸存在使电容值有最大变化的最优值。

(5) 在研究了触觉传感单元结构参数对电容变化影响的基础上，综合考虑法向力和切向力对电容变化的影响，建立了传感单元结构参数的优化准则，并对其结构进行了结构优化设计。优化的触觉传感单元结构参数为：单个微四棱锥台底面边长、高度分别为 20 μm 和 8.5 μm，微四棱锥台阵列行数为 50，表面凸起高度和底面边长分别为 0.5 mm 和 1 mm。优化后的触觉传感单元具有较高的接触力检测灵敏度，x、y、z 方向的灵敏度分别为 1.38 ％/kPa、1.38 ％/kPa 和 0.90 ％/kPa，其中 z 方向灵敏度比第 2 章的 PDMS 介电层触觉传感单元的法向力灵敏度 (0.0192 ％/kPa) 提高了 0.90 / 0.0192 ≈ 47 倍。

第4章　电容式柔性触觉传感阵列的
曲面装载力学建模

4.1　引　　言

目前市面上的商业型假肢手，如英国 Touch Bionics 公司的 i-limb Hand[200]、日本高崎维康公司的原田假肢手[38]、美国 Steeper 公司的 Bebionic 假肢手[201]、英国 Shadow Robot 公司的灵巧假肢手[40] 等，其触觉感知功能较为欠缺。而在研究型假肢手方面 (美国芝加哥康复研究所设计的 Intrinsic Hand 智能假肢手[41]、美国 DEKA 公司研制的 "革命性假肢"LUKE Arm[42]、意大利比萨圣安娜高等学校的 SmartHand[43] 和 RTR 假肢手[44]、意大利帕维亚大学的 CyberHand[45]、上海交通大学的 SJT-5 型假肢手[46]、华中科技大学的灵巧假肢手[47] 和哈尔滨工业大学的 973 型假肢手[48] 等)，虽具备一定的触觉感知能力，但由于集成的触觉传感单元数量较少、分布较为稀疏，难以实现高密度的分布式接触力感知，不能为截肢患者提供丰富的触觉力信息，影响了假肢手抓握物体的稳定性。为满足智能假肢手的分布式三维接触力高灵敏检测要求，需在假肢手上集成装载具备三维接触力检测能力的分布式触觉传感器。

现有智能假肢手常具有平面和曲面表面特征的机械部件，因此触觉传感阵列存在着曲面装载的需求。曲面装载条件下触觉传感阵列发生弯曲变形，其接触力检测性能可能发生改变，因此，需对传感阵列在曲面上的性能进行定量分析。当前，虽然有研究者对电容式触觉传感器的力学建模进行了探究，但是对于曲面装载下的电容式触觉传感阵列的力学建模，尚无相关的报道。曲面装载时触觉传感阵列由于发生弯曲变形，其内部产生内应力，使得传感单元的初始状态跟平面装载时不同。在第 3 章中，对设计的微四棱锥台介电层触觉传感阵列进行了建模与优化，但建立的模型并未考虑传感阵列在弯曲时产生的应力和应变，因此无法直接用于传感阵列在曲面装载下的接触力检测性能分析。

因此，本章为了分析智能假肢手曲面装载对触觉传感阵列接触力检测性能的影响，开展曲面装载下微四棱锥台介电层触觉传感单元的力学建模研究，通过分析微四棱锥台受力与非线性变形的关系以及上层 PET 表面的应力分布，描述触觉传感单元的变形情况，并分析曲面装载条件下触觉传感单元的初始电容值变化以及不同受力条件下电容的变化情况，从而揭示曲面装载对分布式柔性触觉传感阵列接触力检测性能的影响规律[202]。

4.2　柔性触觉传感阵列的曲面装载几何模型

如图 4.1(a) 所示，设计的微四棱锥台介电层触觉传感阵列含有 8×8 个触觉传感单元，具有良好的柔性，可进行曲面装载。如图 4.1(b) 所示，传感阵列中的 16 行上层电容极板和 16 列下层电容极板交叉布置，共形成 256 个电容。每个触觉传感单元的结构如图 4.1(c) 所示。本章对第 3 章中优化的触觉传感单元进行研究，其尺寸为：单个微四棱锥台底面边长和高度分别为 20 μm 和 8.5 μm；微四棱锥台阵列行数 (或列数) 为 50；表面凸起高度和底面边长分别为 0.5 mm 和 1 mm；传感单元边长为 1.6 mm (即空间分辨率为 1.6 mm)，如图 4.1(d) 所示。

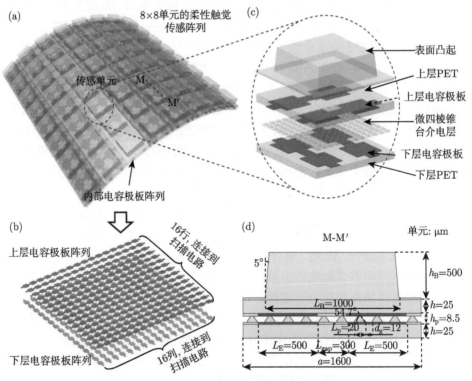

图 4.1　包含 8×8 个触觉传感单元的电容式触觉传感阵列 (a)、上层和下层电容极板阵列(b)、触觉传感单元的结构 (c) 和 M-M′ 截面图 (d)

为建立曲面装载时触觉传感单元的力学模型，需要对传感单元的装载和载荷施加时的受力状态进行分析。如图 4.2(a) 所示，当触觉传感单元处于初始状态时，微四棱锥台介电层未受到压缩，单元内部无应力产生。触觉传感阵列装载在圆柱面上时，每个传感单元均被弯曲。假设每个传感单元的弯曲情况相同，故本节只对单个触觉传感单元进行分析。触觉传感单元装载在曲率半径为 $R = 10$ mm 的圆柱面上时，其受力情况如图 4.2(b) 所示。可看出，微四棱锥台介电层被压缩，上层 PET 产生内应力。假设触觉传感单元装载在圆柱面上时下层 PET 的长度不变，则上层 PET 由于传感单元的弯曲受到拉伸，从而在上层 PET 的两端产生拉力 F_{PET}，如图 4.2(b) 所示。此外，被弯曲的表面凸起在上层 PET 上表面产生法向力和切向力，其分布函数分别记为 q_{BN} 和 q_{BS}。同时，施加的外力也会通过表面凸起在上层 PET 上产生法向和切向作用力，其分布函数分别设为 q_N 和 q_S。

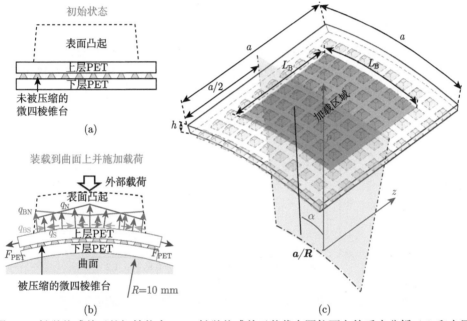

图 4.2　触觉传感单元的初始状态 (a)、触觉传感单元装载在圆柱面上的受力分析 (b) 和上层 PET 和微四棱锥台介电层的几何模型 (c)

由于 PET 的杨氏模量远大于 PDMS，则下层 PET 可看作是刚性基底。可在上层 PET 表面的中间区域内施加均布压力，以代替表面凸起，加载区域的大小为 $L_B \times L_B$。由于电容极板的厚度仅为 500 nm，可忽略不计。因此，可将传感单元简化为上层 PET 层叠在微四棱锥台介电层上的双层结构，如图 4.2(c) 所示。上层 PET 和微四棱锥台阵列被弯曲在半径为 $R = 10$ mm 的圆柱面上，微四棱锥台的底面和上层 PET 的四条边的边界条件设为固支，即位移为零。对上层 PET 和微四棱锥台介电层的几何模型建立如图 4.2(c) 所示的柱坐标系，其中，ρ 轴为半径方向，α 轴为角度方向，z 轴为边长方向，且 z 轴的零点位于距上层 PET 边缘 $a/2$ 的位置。

4.3　柔性触觉传感阵列的曲面装载力学建模

4.3.1　触觉传感单元的曲面装载力学解析模型

首先分析单个微四棱锥台在受力时的变形情况。本节对配比主剂–固化剂 20:1 的 PDMS 做了标准拉伸压缩的实验，获取了其材料特性，如图 4.3 所示。PDMS 的工程应变在 $-0.6 \sim 1.2$ 时，工程应力近似呈线性变化；当应变小于 -0.6 时，应力的绝对值急剧增大，呈现较强的非线性。根据图 4.3 和第 3 章 3.4.2 小节中计算微四棱锥台压缩量的方法 (式 (3-14))，可计算得到单个微四棱锥台受力–压缩量的关系，结果如图 4.4 所示。可以看到，微四棱锥台变形量在 $-4 \sim 4$ μm 范围内容易被压缩；当变形量小于 -4 μm 时，F_p 的绝对值快速增大，微四棱锥台难以被压缩。本小节在建立触觉传感单元的力学模型时，将使用图 4.4 所示的关系描述微四棱锥台的变形规律。

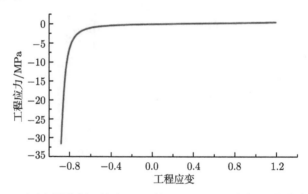

图 4.3　主剂–固化剂配比为 20:1 的 PDMS 工程应力–工程应变关系

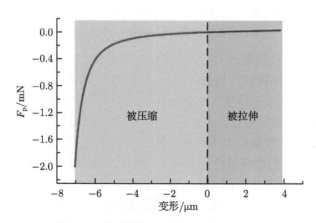

图 4.4　微四棱锥台受力–压缩量的关系

在 4.2 节中分析已知 F_{PET}、q_{BN}、q_{BS}、q_{N}、q_{S} (图 4.2(b)) 作用在上层 PET 上，会使触觉传感单元产生变形。下面将分别考虑各个作用力对触觉传感单元的影响。

如图 4.2(b) 所示，F_{PET} 作用在上层 PET 的两端，使微四棱锥台介电层受到压缩，从而造成触觉传感单元电容的变化。因此，需要计算微四棱锥台介电层在 F_{PET} 作用下的压缩量。假设下层 PET 在曲面上的长度不变，则有

$$L_0 = \frac{a}{R}\left(R + \frac{h}{2}\right) \tag{4-1}$$

式中，a 为触觉传感单元的边长；R 为曲面的曲率半径。

在曲面上，上层 PET 的边长被拉伸为

$$L_1 = \frac{a}{R}\left(R + h + h'_{\text{p}} + \frac{h}{2}\right) \tag{4-2}$$

式中，h'_{p} 为因 F_{PET} 而被压缩的微四棱锥台的高度。

拉伸力 F_{PET} 可表达为

$$F_{\text{PET}} = E_{\text{PET}}\varepsilon h a = \frac{E_{\text{PET}}ha(L_1 - L_0)}{L_0} \tag{4-3}$$

式中，$F_{\text{PET}} = 4000$ MPa 为 PET 的杨氏模量。

根据静力平衡，可得

$$2F_{\text{PET}}\sin\frac{a/R}{2} = \sum_{i=1}^{50}\sum_{j=1}^{50}F_{\text{p}}\cos\alpha_{ij} \tag{4-4}$$

式中，α_{ij} 为第 i 行、第 j 列的微四棱锥台的角坐标；F_{p} 为作用在微四棱锥台上表面的力。

根据微四棱锥台受力–压缩量的关系 (图 4.4) 和式 (4-1)~式 (4-4)，通过数值计算的方法容易得到在 F_{PET} 作用下微四棱锥台高度被压缩为 $h'_{\text{p}} = 6.34 \times 10^{-6}$ m。

对于 q_{BN}、q_{BS}、q_{N}、q_{S}，其应力分布可采用有限元的方法进行计算。因此，使用 ABAQUS(v6.13-4, SIMULIA Corp., Providence, RI, USA) 有限元建模软件，对触觉传感单元的表面凸起和加载棒建立了如图 4.5 所示的有限元模型。模型中，加载棒与表面凸起的上表面接触。使用 Solid186 单元对表面凸起和刚性加载棒分别划分了 18000 个和 20000 个网格，表面凸起的杨氏模量和泊松比分别设置为 2.03 MPa 和 0.49。模型计算过程如下：① 对表面凸起的底面施加位移，使其轮廓与曲率半径为 10 mm 的曲面吻合；② 对刚性加载棒施加 0.1 N 的力，使其压缩表面凸起。

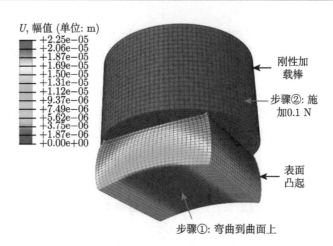

图 4.5　有限元模型: 将表面凸起弯曲到曲率半径为 10 mm 的圆柱面上, 然后利用刚性加载棒施加 0.1 N 的压缩力

　　在完成上述第 ① 步的计算后, 可获得表面凸起底面的所有有限元网格的法向应力和切向应力分布数据, 分别对其进行二维多项式的拟合, 即可计算得到 q_{BN} 和 q_{BS}, 分别如图 4.6(a) 和 (b) 所示; 在完成上述第 ② 步的计算后, 同理, 可计算得到 q_N、q_S, 分别如图 4.6(c) 和 (d) 所示。可以看到, 由于曲面装载的作用, 施加在表面凸起上的外力会在上层 PET 上产生非均布的应力分布。

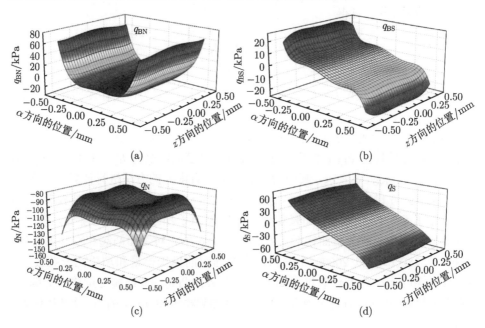

图 4.6　利用有限元计算并拟合得到 q_{BN} (a)、q_{BS} (b)、q_N (c) 和 q_S (d) 的应力分布

对于上层 PET, 其坐标归一化为 $P = 2(\rho - R)/h, A = 2\alpha/(a/R), Z = 2z/a$, 其中 $P, A, Z \in [-1, 1]$。根据 4.2 节中所描述的边界条件, 构造上层 PET 的位移场函数为

$$
\begin{cases}
u_\rho = (1 - A^2)(1 - Z^2) \sum_{i=1}^{I} \sum_{j=1}^{J} \sum_{k=1}^{K} C_{ijk}^{u_\rho} P_i(P) P_j(A) P_k(Z) \\
u_\alpha = (1 - A^2)(1 - Z^2) \sum_{i=1}^{I} \sum_{j=1}^{J} \sum_{k=1}^{K} C_{ijk}^{u_\alpha} P_i(P) P_j(A) P_k(Z) \\
u_z = (1 - A^2)(1 - Z^2) \sum_{i=1}^{I} \sum_{j=1}^{J} \sum_{k=1}^{K} C_{ijk}^{u_z} P_i(P) P_j(A) P_k(Z)
\end{cases}
\tag{4-5}
$$

式中, u_ρ、u_α、u_z 分别为 ρ 方向、α 方向、z 方向的位移场函数; $C_{ijk}^{u_\rho}, C_{ijk}^{u_\alpha}, C_{ijk}^{u_z}$ 为需求解的变量; i, j, k 为索引; $I = J = K = 20$ 为索引的最大值; $P_i(X), P_j(Y), P_k(Z)$ 为 Chebyshev 多项式[203]。

当触觉传感单元装载在曲面上时, 其位移–应变关系与平面状态下的不同。根据弹性力学的基本原理, 可知基于柱坐标的位移–应变关系为

$$
\begin{cases}
\varepsilon_\rho = \dfrac{\partial u_\rho}{\partial \rho} = \dfrac{2}{h} \cdot \dfrac{\partial u_\rho}{\partial P} \\[2mm]
\varepsilon_\alpha = \dfrac{u_\rho}{\rho} + \dfrac{1}{\rho} \cdot \dfrac{\partial u_\alpha}{\partial \alpha} = \dfrac{u_\rho}{Ph/2 + R} + \dfrac{2}{(Ph/2 + R)(a/R)} \cdot \dfrac{\partial u_\alpha}{\partial A} \\[2mm]
\varepsilon_z = \dfrac{\partial u_z}{\partial z} = \dfrac{2}{a} \cdot \dfrac{\partial u_z}{\partial Z} \\[2mm]
\gamma_{\rho\alpha} = \dfrac{1}{\rho} \cdot \dfrac{\partial u_\rho}{\partial \alpha} + \dfrac{\partial u_\alpha}{\partial \rho} - \dfrac{u_\alpha}{\rho} = \dfrac{2}{(Ph/2 + R)(a/R)} \cdot \dfrac{\partial u_\rho}{\partial A} \\[2mm]
\quad + \dfrac{2}{h} \cdot \dfrac{\partial u_\alpha}{\partial P} - \dfrac{u_\alpha}{Ph/2 + R} \\[2mm]
\gamma_{\rho z} = \dfrac{\partial u_\rho}{\partial z} + \dfrac{\partial u_z}{\partial \rho} = \dfrac{2}{a} \cdot \dfrac{\partial u_\rho}{\partial Z} + \dfrac{2}{h} \cdot \dfrac{\partial u_z}{\partial P} \\[2mm]
\gamma_{\alpha z} = \dfrac{1}{\rho} \cdot \dfrac{\partial u_z}{\partial \alpha} + \dfrac{\partial u_\alpha}{\partial z} = \dfrac{2}{(Ph/2 + R)(a/R)} \cdot \dfrac{\partial u_z}{\partial A} + \dfrac{2}{a} \cdot \dfrac{\partial u_\alpha}{\partial Z}
\end{cases}
\tag{4-6}
$$

如图 4.2(c) 所示的上层 PET 层叠在微四棱锥台阵列上的结构, 其能量包括了上层 PET 的应变能和微四棱锥台介电层的弹性势能。其中, 上层 PET 的应变能表示为

$$
\Phi_1 = \frac{1}{2} \int_{-1}^{1} \int_{-1}^{1} \int_{-1}^{1} \{(\lambda + 2G)(\varepsilon_\rho^2 + \varepsilon_\alpha^2 + \varepsilon_z^2)
$$

$$
+ 2\lambda(\varepsilon_\rho \varepsilon_\alpha + \varepsilon_\rho \varepsilon_z + \varepsilon_\alpha \varepsilon_z) + G(\gamma_{\rho\alpha}^2 + \gamma_{\rho z}^2 + \gamma_{\alpha z}^2)\} \frac{a(a/R)h}{8} \mathrm{d}P \mathrm{d}A \mathrm{d}Z
\tag{4-7}
$$

式中, $\lambda = E_{\text{PET}} \nu_{\text{PET}} / [(1 + \nu_{\text{PET}})(1 - 2\nu_{\text{PET}})]$; $G = E_{\text{PET}} / [2(1 + \nu_{\text{PET}})]$; 其中 PET 的杨氏模量 $E_{\text{PET}} = 4000$ MPa, 泊松比 $\nu_{\text{PET}} = 0.4$。

微四棱锥台阵列的总弹性势能为

$$\Phi_2 = \sum_{i=1}^{50} \sum_{j=1}^{50} F_\text{p} \cdot u_\rho(-1, A_{ij}, Z_{ij}) \tag{4-8}$$

式中，A_{ij} 和 Z_{ij} 表示第 i 行、第 j 列微四棱锥台的坐标。

当触觉传感单元装载在曲面上且不受外力作用时，应力 q_BN、q_BS 做的功可计算为

$$\mathcal{W}_\text{bending} = \int_{-\frac{3}{4}}^{\frac{3}{4}} \int_{-\frac{3}{4}}^{\frac{3}{4}} [q_\text{BN}(A,Z)u_\rho(1,A,Z) + q_\text{BS}(A,Z)u_\alpha(1,A,Z)] \times \frac{a(a/R)}{4} \mathrm{d}A\mathrm{d}Z \tag{4-9}$$

式中，$u_\rho(1,A,Z)$ 和 $u_\alpha(1,A,Z)$ 分别表示上层 PET 在 ρ 方向和 α 方向的位移。

对曲面上的触觉传感单元施加外力时，q_N、q_S 做的功可计算为

$$\mathcal{W}_\text{applied\_force} = \int_{-\frac{3}{4}}^{\frac{3}{4}} \int_{-\frac{3}{4}}^{\frac{3}{4}} [q_\text{N}(A,Z)u_\rho(1,A,Z) + q_\text{S}(A,Z)u_\alpha(1,A,Z)] \times \frac{a(a/R)}{4} \mathrm{d}A\mathrm{d}Z \tag{4-10}$$

使用 Ritz 法对式 (4-5) 所示的位移场函数进行求解，对于触觉传感单元装载到曲面上但未施加载荷的情况，有如下方程

$$\frac{\partial(\Phi_1 + \Phi_2 - \mathcal{W}_\text{bending})}{\partial C_{ijk}^\theta} = 0 \tag{4-11}$$

式中，C_{ijk}^θ $(\theta = u, v, w)$ 为式 (4-5) 中需求解的变量。

对曲面上的传感单元施加载荷，做的功包含了弯曲做的功 $\mathcal{W}_\text{bending}$ 以及外力做的功 $\mathcal{W}_\text{applied\_force}$，则有

$$\frac{\partial(\Phi_1 + \Phi_2 - \mathcal{W}_\text{bending} - \mathcal{W}_\text{applied\_force})}{\partial C_{ijk}^\theta} = 0 \tag{4-12}$$

联立式 (4-5)~式 (4-9) 和式 (4-11) 或式 (4-5)~式 (4-10) 和式 (4-12)，可得如下形式的线性方程组

$$\begin{bmatrix} [K^{\rho\rho}] & [K^{\rho\alpha}] & [K^{\rho z}] \\ [K^{\alpha\rho}] & [K^{\alpha\alpha}] & [K^{\alpha z}] \\ [K^{z\rho}] & [K^{z\alpha}] & [K^{zz}] \end{bmatrix} \begin{bmatrix} [C^{u_\rho}] \\ [C^{u_\alpha}] \\ [C^w] \end{bmatrix} = \begin{bmatrix} [Q^\rho] + [Q_f] \\ [Q^\alpha] \\ [0] \end{bmatrix} \tag{4-13}$$

其中，C^{u_ρ}、C^{u_α}、C^w 和 Q^β 表示为

$$\begin{cases} C^\theta = \left[C_{111}^\theta, C_{112}^\theta, \cdots, C_{11K}^\theta, C_{121}^\theta, C_{122}^\theta, \cdots, C_{12K}^\theta, \cdots, C_{1JK}^\theta, \cdots, C_{IJK}^\theta\right]^\text{T} \\ Q^\beta = \left[Q_{111}^\beta, Q_{112}^\beta, \cdots, Q_{11K}^\beta, Q_{121}^\beta, Q_{122}^\beta, \cdots, Q_{12K}^\beta, \cdots, Q_{1JK}^\beta, \cdots, Q_{IJK}^\beta\right]^\text{T} \end{cases} \tag{4-14}$$

式中, $\theta = u, v, w$ 和 $\beta = \rho, \alpha$。

式 (4-13) 的矩阵中元素的计算表达式为

$$
\begin{cases}
K^{\rho\rho}_{ijk\overline{ijk}} = \dfrac{a(a/R)}{2h}(\lambda + 2G)D^{00}E^{00}F^{11}_0 + \dfrac{a(a/R)\lambda}{4}D^{00}E^{00}F^{01}_1 \\
\qquad\quad + \dfrac{ahG}{2(a/R)}D^{11}E^{00}F^{00}_2 + \dfrac{(a/R)hG}{2a}D^{00}E^{11}F^{00}_0 \\[2mm]
K^{\rho\alpha}_{ijk\overline{ijk}} = \dfrac{a\lambda}{2}D^{10}E^{00}F^{01}_1 + \dfrac{aG}{2}D^{01}E^{00}F^{10}_1 - \dfrac{ahG}{4}D^{01}E^{00}F^{00}_2 \\[2mm]
K^{\rho z}_{ijk\overline{ijk}} = \dfrac{(a/R)\lambda}{2}D^{00}E^{10}F^{01}_0 + \dfrac{(a/R)G}{2}D^{00}E^{01}F^{10}_0 \\[2mm]
K^{\alpha\rho}_{ijk\overline{ijk}} = \dfrac{ah}{4}(\lambda + 2G)D^{01}E^{00}F^{00}_2 + \dfrac{a\lambda}{2}D^{01}E^{00}F^{10}_1 \\
\qquad\quad + \dfrac{aG}{2}D^{10}E^{00}F^{01}_1 - \dfrac{ahG}{4}D^{10}E^{00}F^{00}_2 \\[2mm]
K^{\alpha\alpha}_{ijk\overline{ijk}} = \dfrac{ah}{2(a/R)}(\lambda + 2G)D^{11}E^{00}F^{00}_2 + \dfrac{a(a/R)G}{2h}D^{00}E^{00}F^{11}_0 \\
\qquad\quad - \dfrac{a(a/R)G}{4}D^{00}E^{00}F^{10}_1 - \dfrac{a(a/R)G}{4}D^{00}E^{00}F^{01}_1 \\
\qquad\quad + \dfrac{a(a/R)hG}{8}D^{00}E^{00}F^{00}_2 + \dfrac{(a/R)hG}{2a}D^{00}E^{11}F^{00}_0 \\[2mm]
K^{\alpha z}_{ijk\overline{ijk}} = \dfrac{h\lambda}{2}D^{01}E^{10}F^{00}_1 + \dfrac{hG}{2}D^{10}E^{01}F^{00}_1 \\[2mm]
K^{z\rho}_{ijk\overline{ijk}} = \dfrac{(a/R)\lambda}{2}D^{00}E^{01}F^{10}_0 + \dfrac{(a/R)h\lambda}{4}D^{00}E^{01}F^{00}_1 + \dfrac{(a/R)G}{2}D^{00}E^{10}F^{01}_0 \\[2mm]
K^{z\alpha}_{ijk\overline{ijk}} = \dfrac{h\lambda}{2}D^{10}E^{01}F^{00}_1 + \dfrac{hG}{2}D^{01}E^{10}F^{00}_1 \\[2mm]
K^{zz}_{ijk\overline{ijk}} = \dfrac{(a/R)h(\lambda + 2G)}{2a}D^{00}E^{11}F^{00}_0 + \dfrac{a(a/R)G}{2h}D^{00}E^{00}F^{11}_0 + \dfrac{ahG}{2(a/R)}D^{11}E^{00}F^{00}_2
\end{cases}
$$

$$(4\text{-}15)$$

其中,

$$
\begin{cases}
D^{rs} = \displaystyle\int_{-1}^{1} \dfrac{\mathrm{d}^r\left[(1-A^2)P_j(A)\right]}{\mathrm{d}A^r} \cdot \dfrac{\mathrm{d}^s\left[(1-A^2)P_{\overline{j}}(A)\right]}{\mathrm{d}A^s}\mathrm{d}A \\[3mm]
E^{rs} = \displaystyle\int_{-1}^{1} \dfrac{\mathrm{d}^r\left[(1-Z^2)P_k(Z)\right]}{\mathrm{d}Z^r} \cdot \dfrac{\mathrm{d}^s\left[(1-Z^2)P_{\overline{k}}(Z)\right]}{\mathrm{d}Z^s}\mathrm{d}Z \\[3mm]
F^{rs}_\delta = \displaystyle\int_{-1}^{1} \dfrac{1}{(Ph/2+R)^\delta} \cdot \dfrac{\mathrm{d}^r P_i(P)}{\mathrm{d}P^r} \cdot \dfrac{\mathrm{d}^s P_{\overline{i}}(P)}{\mathrm{d}P^s}\mathrm{d}P
\end{cases}
$$

$$(4\text{-}16)$$

式中, $r, s = 0, 1$; $\sigma = i, j, k$; $\delta = 0, 1, 2$。

定义 Q^ρ_{ijk}、$Q_{f,\overline{ijk}}$ 和 Q^α_{ijk} 分别为矩阵 Q^ρ、Q_f 和 Q^α 中第 ijk 行的元素。对

于传感单元装载在曲面上但未施加外力的情况，Q^ρ、Q_f 和 Q^α 中的元素可计算为

$$
\begin{cases}
Q^\rho_{ijk} = \dfrac{a\beta}{4} P_{\bar{i}}(1) \int_{-\frac{3}{4}}^{\frac{3}{4}} \left\{ \int_{-\frac{3}{4}}^{\frac{3}{4}} q_{\mathrm{BN}}(A,Z)(1-A^2)P_{\bar{j}}(A)\mathrm{d}A \right\} (1-Z^2)P_{\bar{k}}(Z)\mathrm{d}Z \\[3mm]
Q^\alpha_{ijk} = \dfrac{a\beta}{4} P_{\bar{i}}(1) \int_{-\frac{3}{4}}^{\frac{3}{4}} \left\{ \int_{-\frac{3}{4}}^{\frac{3}{4}} q_{\mathrm{BS}}(A,Z)(1-A^2)P_{\bar{j}}(A)\mathrm{d}A \right\} (1-Z^2)P_{\bar{k}}(Z)\mathrm{d}Z \\[3mm]
Q_{f,\overline{ijk}} = \displaystyle\sum_{i=1}^{50}\sum_{j=1}^{50} F_p \cdot P_{\bar{i}}(-1)(1-A_{ij}^2)P_{\bar{j}}(A_{ij})(1-Z_{ij}^2)P_{\bar{k}}(Z_{ij})
\end{cases}
$$

$$(4\text{-}17)$$

对曲面上的传感单元施加载荷时，Q^ρ、Q_f 和 Q^α 中的元素可计算为

$$
\begin{cases}
Q^\rho_{ijk} = \dfrac{a\beta}{4} P_{\bar{i}}(1) \cdot \int_{-\frac{3}{4}}^{\frac{3}{4}} \left\{ \int_{-\frac{3}{4}}^{\frac{3}{4}} [q_{\mathrm{N}}(A,Z)+q_{\mathrm{BN}}(A,Z)](1-A^2)P_{\bar{j}}(A)\mathrm{d}A \right\} \\[2mm]
\qquad\quad \cdot (1-Z^2)P_{\bar{k}}(Z)\mathrm{d}Z \\[3mm]
Q^\alpha_{ijk} = \dfrac{a\beta}{4} P_{\bar{i}}(1) \cdot \int_{-\frac{3}{4}}^{\frac{3}{4}} \left\{ \int_{-\frac{3}{4}}^{\frac{3}{4}} [q_{\mathrm{S}}(A,Z)+q_{\mathrm{BS}}(A,Z)](1-A^2)P_{\bar{j}}(A)\mathrm{d}A \right\} \\[2mm]
\qquad\quad \cdot (1-Z^2)P_{\bar{k}}(Z)\mathrm{d}Z \\[3mm]
Q_{f,\overline{ijk}} = \displaystyle\sum_{i=1}^{50}\sum_{j=1}^{50} F_p \cdot P_{\bar{i}}(-1)(1-A_{ij}^2)P_{\bar{j}}(A_{ij})(1-Z_{ij}^2)P_{\bar{k}}(Z_{ij})
\end{cases}
$$

$$(4\text{-}18)$$

4.3.2　曲面装载力学解析模型的求解方法

本小节将对 4.3.1 小节中建立的曲面装载下微四棱锥台介电层触觉传感单元的力学解析模型进行求解，求解流程如图 4.7 所示。具体描述如下。

(1) 建立一个二维数组 $W[N][N]$ ($N \leqslant 50$) 用于记录微四棱锥台阵列顶面的变形，并定义 $W[m][n](m,n \leqslant 50)$ 为第 m 行、第 n 列微四棱锥台的变形。由于上层 PET 底面和微四棱锥台顶面位于同一平面，故该二维数组记录的也是上层 PET 下表面的变形。在 4.3.1 小节中已计算得到，在 F_{PET} 作用下微四棱锥台的高度被压缩为 6.34 μm，因此，将二维数组的值初始化为 $W[N][N] = 6.34 - 8.5 = -2.16$ (μm)；

(2) 利用式 (4-15) 和式 (4-16) 计算刚度系数 $K^{ij}(i,j=u,v,w)$；

(3) 根据曲面装载或施加载荷的情况计算 Q^ρ 和 Q^α，计算得到的值分别保存为 $Q^\rho_{\mathrm{Indicator}}$ 和 $Q^\alpha_{\mathrm{Indicator}}$，并设 $Q^\rho = 0.01Q^\rho$，$Q^\alpha = 0.01Q^\alpha$；

(4) 微四棱锥台已产生的压缩量 $(W[N][N])$ 影响到其继续变形的大小，因此，根据微四棱锥台的压缩量 $W[N][N]$，计算子矩阵 Q_f；

(5) 求解方程 (4-13)，得到 $C^{u\rho}$、$C^{u\alpha}$、C^w 的值；

(6) 将 $C^{u\rho}$、$C^{u\alpha}$、C^w 代入式 (4-5)，即可计算得到由 $0.01Q^\rho$ 和 $0.01Q^\alpha$ 引起的上层 PET 下表面的变形，并将该变形叠加到二维数组 $W[N][N]$ 中，以更新微四

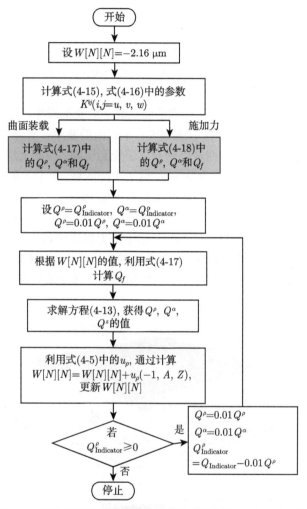

图 4.7   曲面装载下触觉传感单元的力学解析模型求解流程图

棱锥台的已压缩量。

若此时 $Q^\rho_{\text{Indicator}}$ 不为零，则 $Q^\rho_{\text{Indicator}}$ 递减 $0.01Q^\rho$，设 $Q^\rho = 0.01Q^\rho$，$Q^\alpha = 0.01Q^\alpha$，并重复上述步骤 (4)~步骤 (6)，直到 $Q^\rho_{\text{Indicator}}$ 为零则计算结束，最终的 $W[N][N]$ 为上层 PET 下表面的变形。此外，使用每次计算循环中得到的 $C^{u\rho}$、$C^{u\alpha}$、C^w 计算上层 PET 下表面的当前变形并进行累加，亦可获得上层 PET 下表面的最终变形。

4.4　曲面装载对触觉传感阵列检测性能的影响

4.4.1　触觉传感单元的变形计算与分析

触觉传感单元的上层 PET 下表面和上层电容极板处于同一平面内，因此具有相同的变形。本小节利用如图 4.7 所示的力学模型求解方法计算上层 PET 下表面的变形情况，从而探究触觉传感单元在曲面装载下的变形规律。当触觉传感单元装载到曲率为 10 mm 的曲面上时，上层 PET 下表面的变形计算结果如图 4.8(a) 所示。触觉传感阵列的弯曲使微四棱锥台介电层受到压缩，因此上层 PET 下表面产生了相应的变形，其最大值为 $-2.56\ \mu\mathrm{m}$，位于中间区域。并且，在中间区域周围出现了环状的隆起，这是由于表面凸起的弯曲对上层 PET 有中心对称的牵拉的作用（图 4.6(a) 和 (b)）。对装载在曲面上的触觉传感单元施加 0.1 N 外力时，上层 PET 下表面的变形计算结果如图 4.8(b) 所示。由于外力的压缩作用，上层 PET 中间区域四周的隆起消失，且整个上层 PET 下表面的变形增大，最大值为 $-4.43\ \mu\mathrm{m}$。可以看出，对于曲面装载的触觉传感单元，施加外力使传感单元产生非均布的变形，且四个边缘具有固定的变形值。

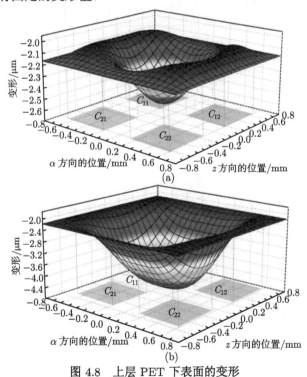

图 4.8　上层 PET 下表面的变形

(a) 触觉传感单元装载在半径为 10 mm 曲面上; (b) 同时施加 0.1 N 外力

4.4.2 触觉传感单元的电容变化规律

微四棱锥台介电层的压缩会引起上、下电容极板间的距离变小，使触觉传感单元的电容值发生变化，其计算式为

$$\begin{cases} C_{11} = \dfrac{\varepsilon}{4\pi k} \displaystyle\int_{3/16}^{13/16} \int_{-13/16}^{-3/16} \dfrac{1}{h_p + u_\rho(-1, A, Z)} \mathrm{d}A\mathrm{d}Z \\[3mm] C_{12} = \dfrac{\varepsilon}{4\pi k} \displaystyle\int_{3/16}^{13/16} \int_{3/16}^{13/16} \dfrac{1}{h_p + u_\rho(-1, A, Z)} \mathrm{d}A\mathrm{d}Z \\[3mm] C_{21} = \dfrac{\varepsilon}{4\pi k} \displaystyle\int_{-13/16}^{-3/16} \int_{-13/16}^{-3/16} \dfrac{1}{h_p + u_\rho(-1, A, Z)} \mathrm{d}A\mathrm{d}Z \\[3mm] C_{22} = \dfrac{\varepsilon}{4\pi k} \displaystyle\int_{-13/16}^{-3/16} \int_{3/16}^{13/16} \dfrac{1}{h_p + u_\rho(-1, A, Z)} \mathrm{d}A\mathrm{d}Z \end{cases} \tag{4-19}$$

式中，$k = 8.98 \times 10^9$ N·m^2/C^2 为静电力常数；ε 为微四棱锥台介电层的相对介电常数；$u_\rho(-1, A, Z)$ 为上层 PET 下表面在 ρ 方向的变形。

触觉传感单元内嵌的四个电容 C_{11}、C_{12}、C_{21}、C_{22} 的投影区域如图 4.8 所示。这四个电容关于外力施加点中心对称，则有 $C_{11} = C_{12} = C_{21} = C_{22}$，即四个电容在外力施加的条件下具有相同的电容值变化。定义电容值变化百分比为 $\Delta C = (C - C_0)/C_0 \times 100\%$，其中 C 和 C_0 分别表示当前电容值和初始电容值。根据图 4.8 所示的上层 PET 下表面变形，使用式 (4-19) 计算得到：当触觉传感单元装载到半径 10 mm 的曲面上时，初始电容值增大 $\Delta C = 33.4\%$；当继续施加 0.1 N 的外力时，电容值继续增大了 $\Delta C = 11.3\%$。

图 4.9 为利用曲面装载下触觉传感单元的力学解析模型计算得到的触觉传感单元的电容随受力的变化情况。可以看到，当施加的外力较小时，电容值增加较快；随着外力的不断增大，电容值的增加量逐渐减小。此外，图 4.9 对比了平面装载和曲面装载时触觉传感单元的接触力检测性能变化。平面装载时传感单元的性能变化曲线取自图 3.19(c)。图 4.9 可看出，装载在曲面上后，触觉传感单元的电容值变化减小；受 100 mN 的外力时，电容值变化量仅为平面下的 32.8%。对图 4.9 中的数据点进行线性拟合可计算得出传感单元的接触力检测灵敏度，平面装载下灵敏度为 0.33%/mN，曲面装载下为 0.096%/mN。由此可知：曲面装载使触觉传感单元的初始电容值变大，灵敏度降低为平面装载时的 30%。

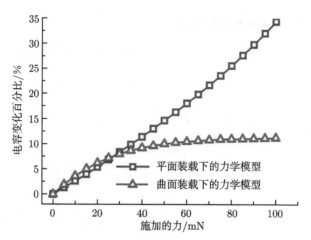

图 4.9　触觉传感单元的电容随受力的变化

4.5　本 章 小 结

针对触觉传感阵列在弯曲状态下的解析建模与性能分析难题，开展了曲面装载下触觉传感单元的力学解析建模的研究，分析了曲面装载下触觉传感阵列接触力检测性能的变化规律，具体总结如下。

(1) 为探究曲面装载对触觉传感阵列接触力检测性能的影响，建立了曲面装载条件下微四棱锥台介电层触觉传感单元的力学解析模型，分析了触觉传感单元在曲面装载下的受力变形规律，发现曲面装载会使触觉传感单元的微四棱锥台介电层产生预变形，施加的外力会使传感单元产生非均布的变形。

(2) 利用曲面装载下触觉传感单元的力学模型，揭示了曲面装载对触觉传感单元接触力检测性能的影响规律。触觉传感阵列装载到半径为 10 mm 的曲面上时，传感阵列的初始电容值增大了 33.4%；随后施加 100 mN 的力，电容值继续增大 11.3%；曲面装载时传感单元的接触力检测灵敏度降为平面装载时的 30%。结果表明，曲面装载使触觉传感单元的初始电容值变大，灵敏度降低。

第5章 电容式柔性触觉传感阵列的微制造工艺
与性能测试

5.1 引　　言

微四棱锥台介电层触觉传感阵列的制造过程中所涉及的微纳加工工艺包括：光刻、磁控溅射、深反应离子刻蚀、各向异性湿法刻蚀、旋转涂覆（旋涂）等。基于上述微纳加工工艺，结合本章设计的微四棱锥台介电层触觉传感阵列的多层结构特点，可知该触觉传感阵列制造过程中包括了以下关键工艺步骤：电容极板的光刻与磁控溅射、微四棱锥台阵列硅模具的刻蚀制造、PDMS 微四棱锥台介电层的注模制造、PDMS 表面凸起的注模制造等。可见具有多层结构的触觉传感阵列其加工制造过程较为复杂。对于具有多层连续（非离散）结构的触觉传感阵列，其制造流程可采用由下层至上层依次进行层叠加工的方法，该制造方法可有效降低制造流程的复杂度。但是对于具有离散微四棱锥台的传感阵列，由下至上的加工方法难以实现微四棱锥台阵列的制造，因为直接在微四棱锥台阵列上旋涂上层电容极板的PDMS 保护层时，会破坏微四棱锥台的结构。此外，触觉传感阵列的多层结构由于采用了不同的材料，存在着层间连接强度较低的问题。因此，需结合设计的微四棱锥台介电层触觉传感阵列的结构特点，设计一种工艺流程，以实现该触觉传感阵列的加工制造。

本章将对研制的触觉传感阵列的接触力检测性能进行实验研究，来验证传感阵列结构设计的合理性与理论分析的正确性。触觉传感阵列采用扫描测量原理，通过依次对每个传感单元的电容进行测量来实现整个传感阵列接触力分布情况的检测。因此，需设计选通电路来对触觉传感阵列的单元进行选择，并需设计电容测量电路来对选择的传感单元的电容值进行测量。此外，还需设计数据传输电路将电容数据传输到计算机进行后续的处理。为了测试触觉传感阵列每个单元的接触力检测性能，需搭建性能测试平台与接触力实时显示系统，以实现对触觉传感单元静态接触力检测性能的标定、动态指标的测量以及实时显示触觉传感阵列受到的分布式接触力。基于测试的数据，与第 3 章中平面装载条件下的力学解析模型以及第 4 章中曲面装载条件下的力学解析模型的计算结果进行对比，以验证模型是否正确，进而验证对触觉传感单元结构优化的合理性和曲面装载下触觉传感阵列性能变化规律的正确性。最后，对于设计制造的触觉传感阵列，将其装载在假肢手上进行实验，对其三维接触力检测的能力进行验证。

5.2　柔性触觉传感阵列的分层制造与集成封装工艺设计

设计的微四棱锥台介电层触觉传感阵列其分层结构由下至上分别为：下层 PET、下层电容极板、下层 PDMS 保护层、微四棱锥台介电层、上层 PDMS 保护层、上层电容极板、上层 PET 和 PDMS 表面凸起。根据上述分层结构，可将下层 PET、下层电容极板和下层 PDMS 保护层的层叠结构称为下层电容极板层；将上层 PDMS 保护层、上层电容极板和上层 PET 的层叠结构称为上层电容极板层。那么，触觉传感阵列可重新划分为四层，分别为：下层电容极板层、微四棱锥台介电层、上层电容极板层和表面凸起。根据优化得到的触觉传感阵列结构参数，PDMS 表面凸起采用独立制造完成后再贴合在上层 PET 上的工艺，其高度为 0.5 mm。对于上层和下层电容极板层来说，两者具有相同的结构 (即在 PET 上覆盖有电容极板)。因此，上、下层电容极板层可采用相同的工艺进行制造。微四棱锥台介电层的厚度仅为 8.5 μm，对微四棱锥台介电层进行转移操作时容易使其产生变形与撕裂。因此，将直接在下层电容极板层上制造微四棱锥台介电层。

综上分析，设计的微四棱锥台介电层触觉传感阵列的分层制造和集成封装工艺流程如图 5.1 所示，具体描述如下：首先，利用光刻、磁控溅射和旋涂的方法制

(1) 制造上、下层电容极板层(光刻，磁控溅射，旋涂)

上层电容极板层　　　　　　　下层电容极板层

(2) 在下层电容极板层上直接制造微四棱锥台(光刻，ICP刻蚀，KOH湿法刻蚀，PDMS浇注)

下层电容极板层上的微四棱锥台

(3) 制造PDMS表面凸起(PDMS浇注)

PDMS表面凸起

(4) 集成封装(未完全固化PDMS的交联作用)

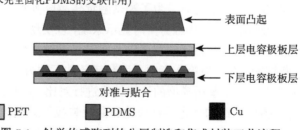

表面凸起

上层电容极板层

下层电容极板层

对准与贴合

□ PET　　　■ PDMS　　　■ Cu

图 5.1　触觉传感阵列的分层制造和集成封装工艺流程

造上层和下层电容极板层; 然后, 采用光刻、反应耦合等离子体 (Inductively Coupled Plasma, ICP) 刻蚀、氢氧化钾 (KOH) 刻蚀和 PDMS 浇注的方法, 在下层电容极板层上制造微四棱锥台介电层; 接着, 利用 PDMS 浇注的方法制造表面凸起的阵列; 最后, 利用未完全固化 PDMS 的交联作用, 按照由上到下为表面凸起、上层电容极板层、制造有介电层的下层电容极板层的顺序对各层进行对准与集成封装, 实现多层结构的紧密连接, 最终完成触觉传感阵列的制造。5.3 节将分别针对图 5.1 每个步骤中涉及的具体工艺进行分析与讨论。

5.3 柔性触觉传感阵列的微制造工艺

5.3.1 柔性触觉传感阵列的电容极板微制造工艺

1) 基于 PET 基底的电容极板图案光刻工艺设计与分析

触觉传感阵列的电容极板层使用 PET 作为基底来支撑电容极板。为了在 PET 上制造电容极板图案, 首先使用光刻技术在 PET 上形成图案化的掩模。光刻技术是指在光照作用下, 借助光刻胶将掩模版上的图形转移到基片上的技术, 通常使用紫外光作为光源。光刻工艺利用紫外光通过掩模版照射到旋涂有一层光刻胶薄膜的基片表面, 使得曝光区域的光刻胶发生化学反应, 再通过显影技术溶解去除曝光区域或未曝光区域的光刻胶 (前者称正胶, 后者称负胶), 使掩模版上的图形被转移到光刻胶薄膜上, 使得光刻胶图案化, 然后利用图案化的光刻胶作为掩模对基片进行后续处理 [204]。对于 PET 基底的光刻来说, 涉及的基本工艺步骤包括了 PET 表面的匀胶、前烘、曝光、显影。

在 PET 基底的光刻过程中, 采用 Cr 掩模版对光刻的图案进行控制, 其线条精度通常可达 1 μm 以下, 图案精度高 [205]。针对触觉传感阵列的电容极板结构, 设计了如图 5.2(a) 所示的电容极板掩模版图案。为了在每次光刻中制造尽可能多的电容极板图案, 在掩模版内设计了四个相同的电容极板图案, 每次光刻能同时制造四个电容极板, 提高制造速度和制造成功率。委托中国电子科技集团公司第五十五研究所在 5 in* 的玻璃片上制造 Cr 掩模版, 实物如图 5.2 (b) 所示。图 5.2 (c) 为放大的电容极板掩模图案, 共有 256 个正方形极板和 16 条引线电极, 这些图案为透光设计, 其余区域被 Cr 薄膜遮挡。光刻过程中将会把电容极板图案转移到 PET 基底上。

使用商用 25 μm 厚度的 PET 薄膜作为电容极板的支撑。基于 PET 基底的电容极板图案光刻工艺流程如图 5.3 所示, 具体描述如下。

(1) 使用 3 in 玻璃圆片作为制造过程中的衬底, 首先, 将玻璃圆片先后放入丙

---

*: 1 in = 2.54 cm。

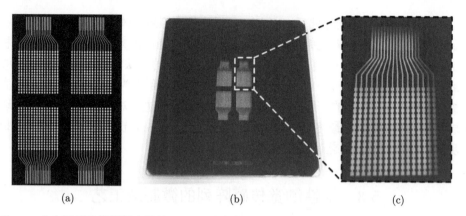

(a)　　　　　　　　　　(b)　　　　　　　　　　(c)

图 5.2　电容极板掩模版图案设计 (a)、电容极板 Cr 掩模版实物图 (b) 和 Cr 掩模版单个电容极板放大图 (c)

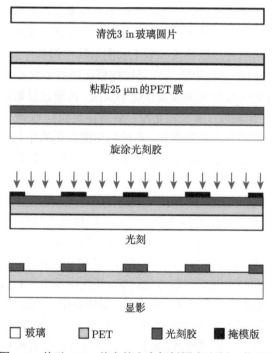

清洗3 in玻璃圆片

粘贴25 μm的PET膜

旋涂光刻胶

光刻

显影

□玻璃　▨PET　▨光刻胶　■掩模版

图 5.3　基于 PET 基底的电容极板图案光刻工艺流程

酮、乙醇溶液中各超声清洗 10 min, 去除有机污染物。

(2) 取 25 μm 厚的 PET 膜, 裁剪后放置在洁净的玻璃圆片上, 并用 PI 胶带固定。

(3) 在 PET 膜上旋涂光刻胶。由于掩模版图案为透光的设计, 因此选用了 RZJ-

304 正性光刻胶,被紫外光照射到的光刻胶区域可在显影液中溶解。设置旋涂光刻胶的初始转速为 500 rpm*,目标转速为 4000 rpm,维持 40 s,从而将厚度约为 1 μm 的光刻胶旋涂在 PET 表面上。

(4) 对 PET 膜上的光刻胶薄膜进行前烘。虽然 PET 的熔点为 250 ℃,但在 100 ℃时 PET 仍会因热胀冷缩发生起皱,影响光刻的精度。因此,在前烘阶段,设定前烘温度为 90 ℃,相应地把前烘时间延长。设置热板温度为 90 ℃,待温度稳定后将玻璃圆片连同 PET 放置在热板上加热 5 min。通过前烘,光刻胶中的溶剂挥发,使光刻胶更加坚固,减小其黏性,有助于接下来曝光过程中的光化学反应。

(5) 使用 SUSS MicroTec MA6 光刻机进行接触式光刻。设定紫外光照量为 40 mJ/cm^2,曝光时间设置为 2.2 s。

(6) 配置正胶显影液 RZX-3038,对 PET 上的图案进行显影,从而使电容极板的图案从掩模版复制到 PET 上。

对于一般的光刻工艺来说,显影完毕之后需对基片上的光刻胶进行坚膜处理,即把基片放置在热板上以 110 ℃后烘 2 min,以增强光刻胶的机械性能和提高其抗腐蚀能力,消除显影时造成的图案变形。但是对于 PET 材料来说,若对其加热后烘,热胀冷缩会导致已成型的图案遭到破坏,因此在本节中并没有采用后烘的步骤,而是采取在室温、干燥环境下放置 24 h 的方法使光刻胶内的残余水分充分蒸发,达到坚膜的目的。

根据上述工艺步骤,制造了两片相同的电容极板,分别作为触觉传感阵列的上、下层电容极板层。

2) 电容极板图案的磁控溅射工艺设计与分析

完成 PET 的光刻后,下面将利用 PET 膜上的图案化光刻胶作为掩模,制造 PET 上的电容极板。电容极板采用金属电极,其制造工艺有热蒸发、溶液镀膜、电镀、物理气相沉积、化学气相沉积、离子镀膜等。磁控溅射属于物理气相沉积中的一种,具有溅射镀膜密度高、膜层纯度较高、溅射的薄膜与基片间的附着力较好等优点,其工作原理为:电子在电场的作用下飞向基片,过程中与氩原子发生碰撞,因碰撞而电离产生出 Ar$^+$ 和新的电子 (二次电子);Ar$^+$ 在电场作用下加速飞向阴极靶材,并以高能量轰击靶表面,使靶材发生溅射,在溅射粒子中,中性的靶原子或分子沉积在基片上形成薄膜;而二次电子则在磁场作用下被束缚在靠近靶表面的等离子体区域内,并且在该区域中电离出大量的 Ar$^+$ 来轰击靶材,从而使溅射的速率加大,实现很高的材料沉积率。因此,本节采用磁控溅射的方法在 PET 膜上沉积金属薄膜。

在金属材料中,Au 因其延展性好且在拉力和弯曲力下不容易断裂的特性,被

---

*: 1 rpm = 1 r/min。

广泛用于触觉传感阵列的电极制备，但是其价格昂贵，限制了它的应用。因此，本节采用 Cu 作为电容极板的材料。为了增加 Cu 电容极板与 PET 的黏附力，在 Cu 与 PET 之间设计了一层 50 nm 厚的 Cr 作为黏结层。为了精确控制在 PET 上的 Cr 和 Cu 的溅射厚度，进行了试溅射。设置溅射真空度为 1×10^{-4} Pa，起溅压力为 1 Pa，氩气流量为 30 sccm *，溅射 Cr 和 Cu 的功率均为 100 W，时间为 10 min。利用 KLA Tensor D-100 台阶仪测量溅射的膜厚，Cr 和 Cu 的厚度分别约为 200 nm 和 250 nm。因此，为制造 50 nm 的 Cr 和 500 nm 的 Cu，设定溅射 Cr 与 Cu 的时间分别为 2.5 min 和 20 min。

使用沈阳聚智科技的 JZCK-420C 型号溅射机来进行触觉传感阵列电容极板的制造。在覆盖有图案化光刻胶的 PET 膜上溅射电容极板的具体工艺流程如图 5.4 所示，具体步骤如下：首先，将 Cu 靶和 Cr 靶分别安装在两个不同的直流电源靶位，并安装光刻后的 PET 试样；然后，设置磁控溅射的工艺参数，将 50 nm 的 Cr 和 500 nm 的 Cu 先后溅射到 PET 试样上；最后，将 PET 试样浸没在丙酮溶液中，去除光刻胶。

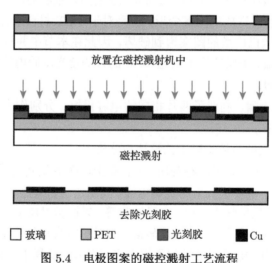

放置在磁控溅射机中

磁控溅射

去除光刻胶

□ 玻璃　■ PET　■ 光刻胶　■ Cu

图 5.4　电极图案的磁控溅射工艺流程

此时，设计的 Cu 电容极板图案已制造在 PET 薄膜上，实物见图 5.5。如图 5.5 所示，PET 薄膜上制造有四个相同的电容极板图案，每个电容极板图案由 256 个电容极板和 16 条引出电极组成。经测试，Cu 电容极板在受到物体刮擦时，较难造成大面积的破坏，说明 Cu 电容极板与 PET 膜的黏结强度较好。用万用表测量电容极板的电阻，其阻值为零，说明极板具有良好的导电性。因此，无论从机械性能还是电学性能来说，制造的 Cu 电容极板均能满足电容检测的功能要求。

＊: sccm 为标准毫升/分钟。

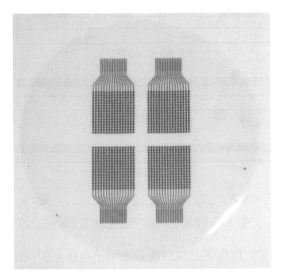

图 5.5 触觉传感阵列的电容极板实物

3) PDMS 保护层的旋涂工艺设计与分析

在前述过程中使用磁控溅射在 PET 上制造了电容极板,但电容极板暴露在空气中,容易受到氧化的影响,需在其表面覆盖一层保护层。此外,在 PET 上涂覆了 PDMS 膜后,能增大传感阵列各层间的黏附力,有利于贴合封装。因此,本节选择使用旋涂的方法在 PET 上覆盖一层 PDMS 薄膜以保护电容极板。旋涂是指在高速旋转圆盘上的基片滴上液体,液体由于离心作用会在基片上由内而外流动平铺开,液面在持续的转速下达到稳定,此时在基片上就形成一层液体薄膜。为了使得上、下电容极板之间的距离尽量小,以获得更大的初始电容,覆盖 PET 的 PDMS 薄膜厚度设定为小于 1 μm。本节使用主剂: 固化剂: 正己烷 =20:1:20 的 PDMS 溶液在 8000 rpm 下旋涂 60 s,可获得厚度小于 1 μm 的 PDMS 薄膜。

根据上述分析,在 PET 膜上旋涂 PDMS 保护层的工艺流程如图 5.6 所示,具体描述如下。

(1) 将磁控溅射完成的 PET 试样粘贴在经超声清洗的玻璃圆片上,并用 PI 胶带进行固定,如图 5.6 所示。

(2) 使用道康宁公司的 Sylgard 184 胶,按主剂: 固化剂: 正己烷 =20:1:20 的配比配置 PDMS 溶液,充分搅拌后真空脱泡;将 PET 试样放置在 KW-4A 型匀胶机上,设定初始转速为 500 rpm,目标转速为 8000 rpm,使用配置的 PDMS 溶液旋涂 60 s。

(3) 去除电容极板引出电极处的 PDMS。旋涂会使所有电容极板图案上均覆盖有 PDMS 薄膜,需去除引出电极上的 PDMS,才能使其与检测电路相连,因此,

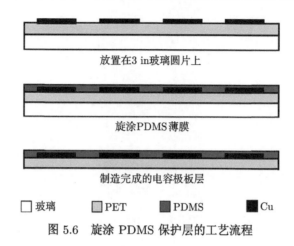

放置在3 in玻璃圆片上

旋涂PDMS薄膜

制造完成的电容极板层

□ 玻璃　　　■ PET　　　■ PDMS　　　■ Cu

图 5.6　旋涂 PDMS 保护层的工艺流程

在 PDMS 尚未固化前，使用正己烷对覆盖在引出电极上的局部 PDMS 进行溶解去除。

(4) 将 PET 试样放入保温箱中，在 60 ℃下放置 1 h，使 PDMS 膜处于半固化状态。

半固化状态的 PDMS 薄膜具有固体的性质，但因未完全固化，其黏度很高。下文将利用未完全固化的 PDMS 进行触觉传感阵列各层间的集成封装。重复上述 (1)~(4) 的工艺步骤，即可分别制造出上层和下层电容极板层。

5.3.2　柔性触觉传感器微四棱锥台介电层微制造工艺

如 5.2 节所述，微四棱锥台介电层将直接制造在下层电容极板层上。首先，利用光刻、干法刻蚀、湿法刻蚀来制造具有倒微四棱锥台凹坑阵列的硅模具；然后，利用该硅模具制造 PDMS 微四棱锥台介电层。

1. 微四棱锥台介电层硅模具的微纳制造工艺设计与分析

微四棱锥台介电层硅模具的关键制造工艺包括了硅片的光刻、干法刻蚀、湿法刻蚀等。整体工艺流程为：首先，使用表面热生长了 SiO_2 薄膜的硅片进行光刻，在硅片氧化层表面形成正方形阵列的图案；然后，利用光刻胶作为掩模进行干法刻蚀，去除相应的 SiO_2，将 SiO_2 层图案化，暴露出 Si 材料；最后，利用图案化的 SiO_2 层作为掩模进行基于 KOH 溶液的各向异性湿法刻蚀，制造出具有倒微四棱锥台凹坑的阵列。以下将详述相关工艺流程。

1) 基于 (100) 晶面硅片的阵列图案光刻工艺

本节采用 (100) 晶面的 3 in 硅片进行光刻，硅片的表面通过热生长的方式覆盖有 1 μm 厚的 SiO_2 薄膜，该硅片可通过商业渠道购买。由于微四棱锥台具有向上凸起的形貌，对应的硅模具应具有向下凹陷的相反形貌，且硅模具的凹坑顶面的矩形尺寸等于 PDMS 微四棱锥台的底面尺寸，即为 20 μm × 20 μm，因此需要在硅片上光刻 20 μm × 20 μm 大小的正方形阵列图案。设计的 Cr 掩模版图案，如图 5.7 所示。

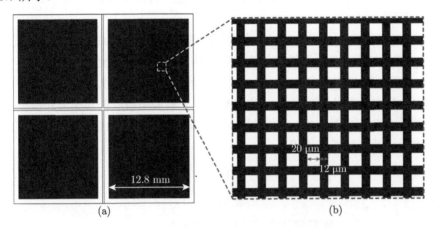

(a)　　　　　　　　　　　　(b)

图 5.7　20 μm × 20 μm 正方形阵列 Cr 掩模版的图案设计

8 × 8 触觉传感阵列的传感区域尺寸为 12.8 mm × 12.8 mm，因此设计单个正方形阵列的大小为 12.8 mm × 12.8 mm，如图 5.7 所示。为了在一次工艺步骤中制造出更多的硅模具，在掩模版中设计了四个相同的阵列，从而能在一片 3 in 的硅片上同时制造四个微四棱锥台介电层硅模具。正方形阵列的放大图如图 5.7(b) 所示，其中 20 μm × 20 μm 的正方形阵列为透光区域，正方形之间的 12 μm 间距为不透光区域。委托中国电子科技集团公司第五十五研究所制造了 Cr 掩模版，实物如图 5.8 所示。

图 5.8　微四棱锥台介电层硅模具的 Cr 掩模版

(100) 晶面硅片的阵列图案光刻工艺流程如图 5.9 所示，具体工艺步骤为：

(1) 取一片 3 in 的表面有 1 μm 厚 SiO$_2$ 氧化层的 (100) 晶向硅片，先后放入丙酮、乙醇溶液中各超声清洗 10 min；

(2) 在硅片上旋涂 1 μm 厚的 RZJ-304 正性光刻胶，并将硅片放置在 120 ℃的热板上，前烘 2 min；

(3) 设定 SUSS MicroTec MA6 光刻机的紫外光照量为 40 mJ/cm^2，曝光时间为 2.2 s，使用如图 5.8 所示的光刻掩模版对硅片进行接触式光刻；

(4) 使用正胶显影液 RZX-3038 对硅片上的图案进行显影，并将显影后的硅片放置在 110 ℃的热板上后烘 120 s，去除显影时光刻胶所吸收的显影液和残留水分，改善胶膜与基片间的黏附性，增加胶膜的抗蚀能力，以及消除显影时所引起的图形变形，为后续的刻蚀工艺打下基础。

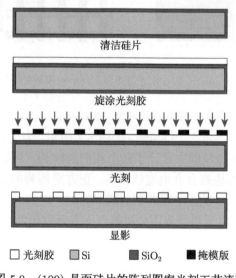

图 5.9　(100) 晶面硅片的阵列图案光刻工艺流程

2) 硅片图案化氧化层的干法刻蚀工艺

如图 5.9 所示，经过显影之后，正方形阵列区域内的 SiO$_2$ 层暴露出来，而其余部分则覆盖有图案化的光刻胶。本小节利用图案化的光刻胶作为掩模，对暴露出来的 SiO$_2$ 区域进行刻蚀，以暴露出 Si 材料。刻蚀是按照掩模图形对半导体衬底表面或表面覆盖薄膜进行选择性腐蚀或剥离的技术，可分为湿法刻蚀和干法刻蚀，其中湿法刻蚀是将刻蚀材料浸没在腐蚀液内进行腐蚀，而干法刻蚀常使用等离子体进行薄膜刻蚀[204]。相比湿法刻蚀，干法刻蚀具有图案尺寸控制精确的优点。深反应离子刻蚀 (Deep Reactive Ion Etching, DRIE) 作为一种干法刻蚀的方法，是基于氟基气体的高深宽比硅刻蚀技术，与普通的反应离子刻蚀 (Reactive Ion Etching, RIE) 不同，DRIE 利用了刻蚀气体 C$_4$F$_8$ 和 SF$_6$ 对 Si 和光刻胶有较大选择比的特性,使得 1~2 μm 的光刻胶可作为几百微米厚度 Si 或 SiO₂ 的掩模,并且刻蚀速度很高 [204]。因此本节利用 DRIE 对硅片表面的 SiO₂ 薄层进行刻蚀。

使用 OXFORD Instruments 公司的 Plasmalab System 100 型深硅刻蚀机对硅片的 SiO₂ 氧化层进行刻蚀,工艺流程如图 5.10 所示。具体工艺步骤描述如下:首先,将试样放入深硅刻蚀机中,设定工艺参数;接着,利用光刻胶作为掩模,刻蚀 2.5 min,将 1 μm 的 SiO₂ 层刚好刻蚀完,使 Si 材料暴露出来;最后,将刻蚀好的硅片取出,放入丙酮溶液中去除残余的光刻胶。

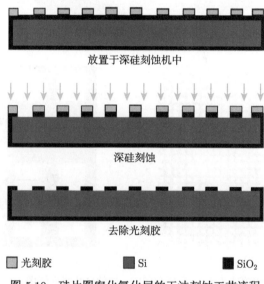

放置于深硅刻蚀机中

深硅刻蚀

去除光刻胶

□ 光刻胶　　■ Si　　■ SiO₂

图 5.10　硅片图案化氧化层的干法刻蚀工艺流程

图 5.11(a) 为深硅刻蚀完成的硅片,图 5.11 (b) 和 (c) 为图案化 SiO₂ 的放大图。可见,刻蚀的正方形阵列边界清晰,棱角处的圆角较小。从图 5.11 (c) 可看出正方形处的区域为 Si 材料,其余区域为 SiO₂ 材料。对比图 5.7 所设计的掩模版图案,制造的图案跟设计的较为吻合。下面将在如图 5.11 所示硅片的基础上,利用图案化的 SiO₂ 作为掩模,对暴露出来的 Si 材料进行湿法刻蚀。

3) 倒微四棱锥台凹坑阵列的各向异性湿法刻蚀工艺

本节设计的微四棱锥台的侧面为倾斜面而非垂直面,难以用干法刻蚀的方法进行刻蚀,因为大多数干法刻蚀具有各向同性,在各个方向的刻蚀速率相同。本节采用基于 KOH 溶液的各向异性刻蚀工艺,利用 KOH 溶液在 (100) 硅片不同晶向上具有不同刻蚀速率的特点,制造出具有倾斜侧面的倒微四棱锥台凹坑结构。SiO₂ 的刻蚀速率远远小于 Si 的刻蚀速率,在 KOH 溶液中 SiO₂ 与 Si 的刻蚀速率之比能达到 1:100,因此 SiO₂ 是常用的 KOH 刻蚀单晶 Si 的掩模材料 [206,207]。对于晶面为 (100) 的硅片,KOH 溶液在 (100) 和 (111)Si 晶面上的腐蚀速率差别最大,高

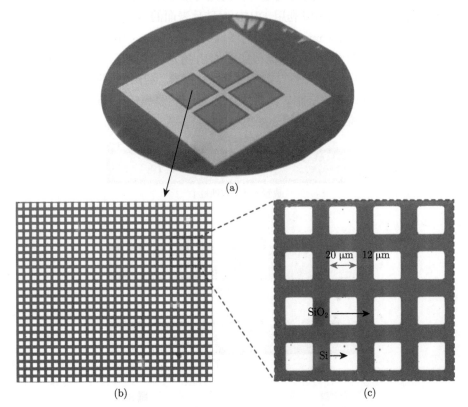

图 5.11　深硅刻蚀完成的硅片 (a)、图案化 SiO_2 层的硅片显微镜图 (b) 和图案化 SiO_2 层的硅片显微镜放大图 (c)

达 600:1，(111) 面的刻蚀速率最小，所以刻蚀最后终止于 (111) 面，最终形成 "V" 形的凹坑。若在刻蚀的时候不将 (100) 晶面刻蚀到底，则会形成带有底部平台的倒微四棱锥台凹坑。由于 (100) 晶面和 (111) 晶面的夹角为 54.7°，所以刻蚀的倾斜面与硅片平面的夹角也为 54.7°，即微四棱锥台侧面的倾角为 54.7°。

　　可知，KOH 与 Si 的反应方程式为 [208]

$$Si + H_2O + 2KOH \Longrightarrow K_2SiO_3 + 2H_2 \uparrow \tag{5-1}$$

　　从式 (5-1) 可知，Si 与 KOH 反应生成不可溶解的粗糙残留物 K_2SiO_3，该残留物会覆盖在刻蚀面表面，使刻蚀面变得粗糙不光滑，影响刻蚀精度。此外，生成的氢气会团聚在刻蚀表面，阻止刻蚀液与 Si 表面的接触，使其反应变慢。解决该问题常用的做法是增加物理搅拌从而及时地带走氢气，因此，在刻蚀过程中将对 KOH 溶液进行磁力搅拌。此外，加入异丙醇到 KOH 溶液中，一方面能利用异丙醇的挥

发性带走刻蚀界面的氢气；另一方面，异丙醇本身也会发生如下反应 [209]

$$Si + 2OH^- + 2H_2O \longrightarrow SiO_2(OH)_2^{2-} + 2H_2 \uparrow \tag{5-2}$$

$$Si(OH)_6^{2-} + 6(CH_3)_2CHOH \Longrightarrow [Si(OC_3H_7)]^{2-} + 6H_2O \tag{5-3}$$

式中，KOH 将 Si 氧化成 Si 的化合物，与异丙醇发生反应，形成可溶解的 Si 络合物，这种络合物不断离开 Si 的表面，从而使刻蚀面变得光滑。

在影响刻蚀速率的因素中，KOH 溶液的浓度和温度是影响较大的因素。配合磁力搅拌，在 80 ℃的条件下，30%浓度的 KOH 溶液能对硅片的 (100) 晶面的刻蚀速率为 1 μm/min[210]。因此，对于高度为 8.5 μm 的微四棱锥台，刻蚀时间约为 8.5 min。

将上文中深硅刻蚀完毕的硅圆片 (图 5.11(a)) 切割成四片正方形硅片试样，对其中一片试样进行湿法刻蚀。微四棱锥台硅模具的湿法刻蚀工艺流程示意图如图 5.12 所示，具体工艺步骤为：首先，将已经图案化 SiO$_2$ 层的 (100) 硅片试样分别放入丙酮和乙醇溶液中超声清洗 10 min，去除表面的有机物污垢；接着，以去离子水:KOH 粉末:异丙醇 =7:3:1.5 的质量比配置 KOH 溶液，并放置在带有加热功能的磁力搅拌器上，待溶液的温度稳定在 80 ℃时，将硅片试样放入溶液中，并竖直放置，刻蚀 8.5 min；刻蚀完毕后，将硅模具放入 HF 溶液中浸泡 20 min，去除在湿法刻蚀过程中充当掩模作用的 SiO$_2$ 薄层。

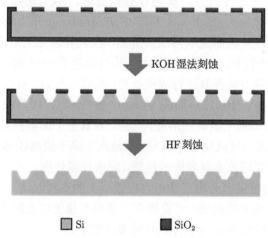

图 5.12　倒微四棱锥凹坑阵列的各向异性湿法刻蚀示意图

为观测制造的倒微四棱锥台凹坑质量，利用光学显微镜和激光共聚焦显微镜对硅模具的局部进行观测，结果如图 5.13 所示。可见，微四棱锥台凹坑的一致性好，且轮廓清晰，符合设计的要求。

图 5.13　光学显微镜下拍摄的硅模具局部图 (a)、激光共聚焦显微镜下扫描获得的硅模具局部平面图 (b) 和激光共聚焦显微镜下扫描获得的硅模具局部立体图 (c)

2. PDMS 微四棱锥台介电层的制造工艺设计与分析

本小节利用制造完成的硅模具，直接在下层电容极板层上制造 PDMS 微四棱锥台介电层，涉及的关键工艺包括了硅模具的脱模处理以及 PDMS 的浇注。

1) 微四棱锥台介电层硅模具的脱模处理工艺

具有微结构的硅模具表面需要与液态 PDMS 直接接触，并与固化后的 PDMS 进行分离，而 PDMS 与硅模具的表面间存在黏性，会给脱模带来困难。因此，需要对硅模具的表面进行改性，即进行脱模处理。本节选择全氟辛基三氯硅烷 ((tridecafluoro-1,1,2,2,-tetrahydrooctyl)- 1-trichlorosilane) 作为脱模剂。该试剂是一种氟化试剂，其与硅片表面交联形成共价键，在硅片表面上形成单分子层的氟化层。由于氟化层表面能低，表现出疏水性，从而能使 PDMS 容易与硅模具脱离。

本节使用蒸汽法对硅模具进行脱模处理，具体过程为：首先，将硅模具先后放在丙酮和乙醇溶液中，分别超声清洗 10 min；接着，将硅模具放入真空干燥器，并放入 0.5 ml 的全氟辛基三氯硅烷溶液；然后，对真空干燥器抽真空 2 min，在真空的作用下，全氟辛基三氯硅烷加速蒸发，其蒸汽充满干燥器腔体。硅模具在此蒸汽环境下放置 12 h，即可改变其表面的性质，完成脱模处理。

2) PDMS 微四棱锥台介电层在电容极板层上的直接制造

通过对硅模具的脱模处理，可直接在下层电容极板层上制造 PDMS 微四棱锥台介电层，工艺流程如图 5.14 所示，具体描述如下。

(1) 配置主剂:固化剂 =20:1 的 PDMS 溶液，充分搅拌均匀后真空脱泡。

(2) 取 300 μl 的 PDMS 溶液滴在已经脱模处理的硅模具上，让 PDMS 完全浸没硅模具的微结构，然后将硅模具放入真空干燥箱，对硅模具上的 PDMS 溶液再次进行真空脱泡，使 PDMS 完全填充硅模具中的凹坑。

(3) 裁剪制造好的其中一片电容极板层 (图 5.5) 倒置放在硅模具上，施加适当的力挤出多余的 PDMS 溶液，放入加热炉以 80 ℃加热 3 h，使 PDMS 完全固化。在固化过程中，在电容极板层上盖上玻璃片和加 1 kg 砝码，以保证电容极板层与硅模具之间的良好接触。

(4) PDMS 固化结束后，小心地将电容极板层剥离硅模具。由于 PDMS 微四棱锥台阵列对电容极板层上的 PDMS 保护层的黏附性强于对硅模具的黏附性，因此在剥离过程中 PDMS 微四棱锥台介电层会直接贴合在电容极板层上。

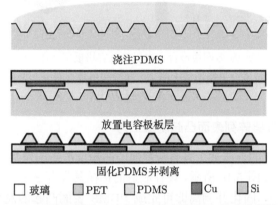

图 5.14　PDMS 微四棱锥台介电层在电容极板层上的直接制造工艺流程

图 5.15(a) 为表面制造了 PDMS 微四棱锥台介电层的电容极板层，可隐约看出覆盖在电容极板阵列上的微四棱锥台阵列薄层。图 5.15(b) 为电容极板在光学显微镜下的局部视图，可清晰看到制造在电容极板和 PET 上的微四棱锥台阵列。图 5.15(c) 为放大更高倍数下的微四棱锥台图片，可见其轮廓较为清晰，具有良好的一致性。图 5.15(d) 为使用激光共聚焦显微镜扫描得到的微四棱锥台形貌轮廓，其高度大约为 8.5 μm，与设计值相吻合。

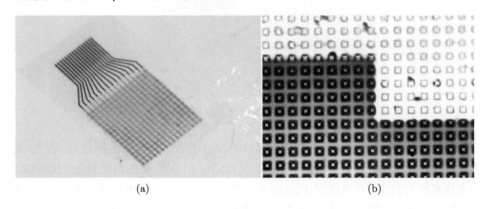

(a)　　　　　　　　　　　　　　(b)

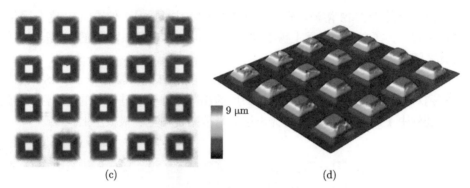

(c)　　　　　　　　　　　　　　(d)

图 5.15　制造了 PDMS 微四棱锥台介电层的电容极板层 (a)、电容电极显微镜放大
图(b)、PDMS 微四棱锥台显微镜放大图 (c) 和微四棱锥台激光共聚焦显微镜扫描图 (d)

5.3.3　柔性触觉传感阵列表面凸起制造工艺

首先，使用铣削的方法加工具有与表面凸起相反形貌的模具，用于 PDMS 表面凸起的注模制造。如图 5.16 所示，设计制造的铝模具具有 8 × 8 的凹坑。将 PDMS 溶液浇注在模具中，固化并剥离即可完成 PDMS 表面凸起的制造。在 5.3.2 小节中，为了让介电层更为柔软，使传感阵列灵敏度更高，微四棱锥台使用了主剂:固化剂 =20:1 的 PDMS 来进行制造。本小节中，表面凸起采用 10:1 的 PDMS 配比，在该配比下，PDMS 的杨氏模量更高，有利于将外力均匀作用在触觉传感单元上。

图 5.16　表面凸起铝模具

触觉传感阵列表面凸起的工艺流程如图 5.17 所示，具体工艺描述为：首先，配置主剂：固化剂 =10:1 的 PDMS 溶液，取 0.5 ml PDMS 滴在铝模具上，使 PDMS 完全填充所有凹坑，并再次对 PDMS 真空脱泡，使其能完全填充模具中的凹坑；然后，取一片 PET 薄膜，将其覆盖在模具的 PDMS 液滴上，挤压出多余的 PDMS 溶液，并加热固化 PDMS；最后，将 PET 剥离模具，PDMS 连同 PET 被剥离。PDMS

表面凸起实物如图 5.18 所示。

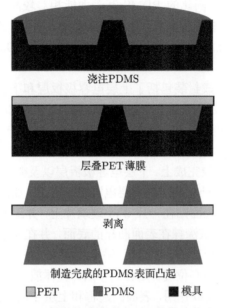

浇注PDMS

层叠PET薄膜

剥离

制造完成的PDMS表面凸起

☐PET ■PDMS ■模具

图 5.17 触觉传感阵列表面凸起的工艺流程

图 5.18 制造的表面凸起

5.3.4 柔性触觉传感阵列的集成封装工艺

触觉触感阵列各层的集成封装涉及的工艺步骤有：PDMS 与 PDMS 的贴合，以及 PDMS 与 PET 的贴合。常用的方式是使用氧等离子体对 PDMS 或 PET 表面进行活化处理 [204]，使其表面亲水性增强，再进行贴合。但是，经氧等离子体处理的表面其黏度会随着时间的流逝逐渐降低，限制了氧等离子体活化的应用。根据文献 [211] 所述，未完全固化的 PDMS 其表面能相对较高，相互贴合之后再完全固化，则接触面的分子链发生交联，使贴合强度大大增强，其连接强度甚至高于采用氧等离子活化的情况。因此，本节利用未完全固化的 PDMS 来进行传感阵列的贴合。

　　触觉传感阵列的集成封装包括了上层电容极板层和下层电容极板层之间的贴合，以及上层电容极板层与表面凸起的贴合，其工艺流程如图 5.19 所示。第一步，利用上层电容极板层中处于未完全固化状态的 PDMS 保护层的黏性，将上层电容极板层与微四棱锥台介电层在光学显微镜下进行对准贴合，并将整体放入加热炉使 PDMS 完全固化，即能完成上、下层电容极板层以及微四棱锥台介电层的装配。第二步，将 PDMS 表面凸起装配到上层电容极板层上，如图 5.19 所示。首先，将制造好的表面凸起的上表面贴在一片 3 in 玻璃片上，并配置 10:1 的 PDMS 溶液；然后，取适量 PDMS 溶液涂抹在表面凸起的底面，并在光学显微镜下将表面凸起对准贴合在上层电容极板层的 PET 上。贴合过程中，保证每个表面凸起均位于对应传感单元四个电容的中心位置。贴合完毕后，整体放入加热炉中，在 80 ℃下固化 3 h，由于 PDMS 的交联作用，表面凸起将和上层 PET 紧密连接，从而完成整个触觉传感阵列的集成封装。

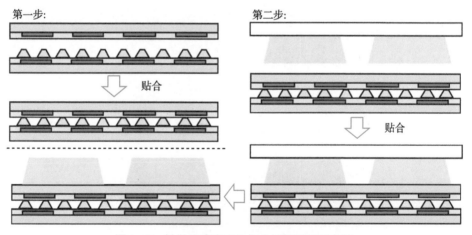

图 5.19　触觉传感阵列的集成封装流程示意图

　　如图 5.20(a) 所示，制造完成的触觉传感阵列包含了 8 × 8 个触觉传感单元，相邻单元的中心距离为 1.6 mm，即空间分辨率为 1.6 mm。触觉感知区域大小为 12.8 mm × 12.8 mm，外围的引出电极总宽度为 8 mm，每根电极之间的间距为 0.5 mm。如图 5.20(b) 所示，触觉传感阵列能用手进行弯曲，可见其具有较高的柔性。

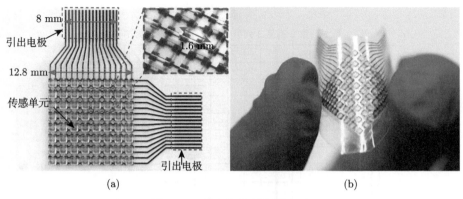

图 5.20 制造的触觉传感阵列

(a) 平面状态; (b) 弯曲状态

5.4 柔性触觉传感阵列的检测原理及性能测试实验

5.4.1 分布式柔性触觉传感阵列的检测原理

1. 基于 AD7153 的扫描电路原理及实现

1) 扫描测量系统原理

触觉传感阵列包含多个传感单元, 每个传感单元中包含四个电容。本节使用扫描测量的方式对触觉传感阵列中的每个电容依次进行测量。触觉传感阵列的扫描测量系统原理如图 5.21 所示。整个 8×8 的触觉传感阵列包含了 16×16 个电容, 每个电容的上、下电容极板分别通过行引出电极和列引出电极连接到 16 个行模拟开关和 16 个列模拟开关上。模拟开关为单刀双掷型开关, 其单端与行、列引出电极相连, 其双端与电容转换芯片和 "虚拟地" 相连。当对模拟开关的控制端输入低电平和高电平, 电容的行、列引出电极分别与电容转换芯片相连和 "虚拟地"。若模拟开关将某一行或列引出电极与电容转换芯片连通, 则称该行或列被选通。在测量过程中, 同一时间里只有一个行引出电极和一个列引出电极被选通, 其余行、列引出电极均通过模拟开关连接到 "虚拟地" 上。如图 5.21 所示, 选通的行和列使得对应的电容被选通, 且被连接到电容转换芯片上进行电容值的测量。由于 "虚拟地" 电势为零, 因此除了被选通的电容, 其余的电容均被连接到零势能点, 可减小电容间的干扰。

如图 5.21 所示, 电容值的测量使用商业化的电容数字转换芯片, 测量获得的电容值数据通过 I^2C 协议传输到单片机进行处理。单片机除了接收测量数据外, 还需对电容数字转换芯片进行控制, 并传送开始和停止测量的指令。此外, 单片机

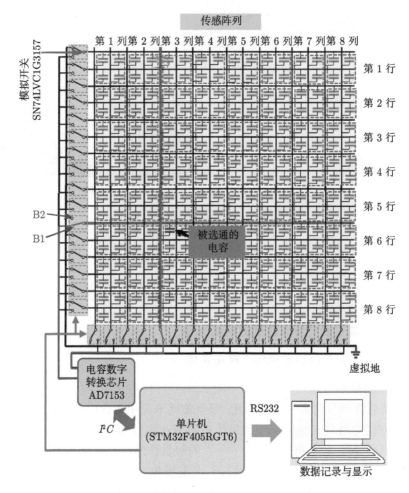

图 5.21　触觉传感阵列的扫描测量系统原理图

对连接行、列引出电极的 32 个模拟开关输出低电平或高电平，以控制引出电极连接到电容数字转换芯片或"虚拟地"。通过编写单片机程序对行、列引出电极依次进行选通，即可依次选通不同电容，使其与电容数字转换芯片相连，从而实现电容阵列的扫描测量。单片机从电容数字转换芯片接收到的电容数据通过 RS232 接口传输到电脑，进行数据的记录、处理以及三维力的解耦和可视化。

触觉传感阵列中传感单元的扫描优先级为：① 先扫描行数小的单元；② 先扫描列数小的单元。总共需要扫描的触觉传感单元数量为 $8 \times 8 = 64$。在单个触觉传感单元内，四个电容的扫描顺序如图 5.22 所示。首先，模拟开关选通传感单元内的第一行和第一列引出电极，则选通电容 C_{11}；接着，选通第一行和第二列引出电极，则选通电容 C_{12}；然后，选通第二行和第一列引出电极，则选通电容 C_{21}；最后，选通第二行和第二列引出电极，选通电容 C_{22}。采用先把一个传感单元内的所有电容扫描完再扫描下一个传感单元的方法，有利于保证每个传感单元测量到的电容值的准确性。若直接对 16×16 的电容阵列进行顺序扫描，则一个传感单元内每个电容测量的时间间隔将变大。在这个时间间隔内，传感阵列受到的外力可能发生变化，影响测量的准确性。

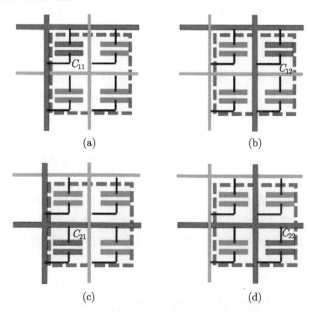

图 5.22 触觉传感单元内电容的扫描测量顺序

(a) 扫描 C_{11} 电容; (b) 扫描 C_{12} 电容; (c) 扫描 C_{21} 电容; (d) 扫描 C_{22} 电容

2) 扫描电路设计

整个扫描电路系统包括了 AD7153 电路模块、单片机电路模块、模拟开关电路模块、串行通信电路模块与稳压电路模块。

(1) AD7153 电路设计。电容检测可采用的方法有谐振式、振荡器式、电桥式、脉冲式、运算放大器式等，但是这些电路较为复杂，且容易受到外界的干扰。直接使用电容测量芯片是一种高效的方式，能大大加快电路研发的进程。本节采用 ADI 公司的 AD7153 型电容数字转换芯片，将电容信号转化为 12 位的数字信号，能达到 0.25 fF 的测量精度，测量范围为 $0 \sim 4\,\mathrm{pF}$，与设计的触觉传感阵列的电容值在同一数量级内。AD7153 的电容测量速度为 200 次/s。AD7153 芯片内部有一个脉冲信号发生器，通过芯片端口向电容发出激励信号，然后通过 12 位的模数转换器测量得到电容值的原始数据，并通过 I^2C 协议传送到上位机。

(2) 单片机电路设计。单片机选用的是 STMicroelectronics 公司的 STM32F405-RGT6 型单片机，其具有 168 MHz 的时钟频率，64 个引脚，其中 51 个引脚可作为通用 I/O 使用。设计的触觉传感阵列具有 16 行和 16 列共 32 个引出电极，需要 32 个模拟开关，因此单片机的通用 I/O 数量足以控制这 32 个模拟开关。并且，单片机的 168 MHz 运行频率也有利于触觉传感阵列的快速扫描。单片机的每个 I/O 端口可输出高电平或低电平，根据就近原则，选取 32 个通用 I/O 端口控制 32 个模拟开关。选取两个 I/O 端口连接 AD7153 的串行通信数据线，作为电容数据的传输通道。

(3) 模拟开关电路设计。模拟开关选择的是 TI 公司的 SN74LVC1G3157 单刀双掷型模拟开关，采用 3.3 V 直流电源供电。当控制端输入低电平时，单端与 B1 连通；当控制端输入高电平时，单端与 B2 连通。因此，设计单端与行、列引出电极相连，B1 与电容转换芯片相连，B2 与 "虚拟地" 相连。当单片机 I/O 端口向某个模拟开关输出低电平时，对应的行或列引出电极被连通到 AD7153；当单片机 I/O 端口输出高电平时，对应的行或列引出电极连到 "虚拟地"。

(4) 串行通信电路模块设计。STM32F405RGT6 单片机内部集成了全双工的串行通信接口，能方便地将电容测量数据传送到电脑。本节采用 CH340G 型 USB 转串口芯片，将单片机与电脑通过 USB 连接起来，实现电容数据从单片机到电脑的传输，并进行后续的处理。

(5) 稳压电路模块设计。为简化电路的连线，使用 USB 通信接口中的 5 V 直流电源为整个扫描电路供电。由于扫描电路中使用的电子元器件能耗较小，所以电脑的 USB 接口能驱动扫描电路的正常运行。根据选用的芯片和元器件，除了串行通信芯片 CH340G 需要 5 V 直流电源供电外，其余芯片均需采用 3.3 V 直流电源供电。因此，使用线性稳压芯片将 USB 接口提供的 5 V 电压降到 3.3 V，以保证电路的正常运行。

3) 扫描电路印刷电路板的小型化设计与制造

使用 Altium Designer 对扫描电路进行了小型化设计，设计的印刷电路板 (Printed Circuit Board, PCB) 整体尺寸为 35 mm × 35 mm。如图 5.23 所示，PCB 采用四层板设计，在顶层中放置与传感阵列直接相连的柔性印刷电路 (Flexible Printed Circuit, FPC) 插座、模拟开关、电容数字转换电路以及稳压电路；中间两层为电源层；底层放置单片机电路模块、串口通信模块等。

如图 5.23 所示，在顶层中，与触觉传感阵列相连的引线尽量远离其他电路模块的引线，以免其他引线的信号对电容的测量造成干扰。此外，虽然覆铜工艺能减小电路中的信号干扰，但会增大 PCB 的寄生电容，而此电路是用于测量传感阵列中的微小电容，覆铜所造成的寄生电容会降低所测电容信号的信噪比，使触觉传感阵列的微小电容淹没在 PCB 的噪声中。因此，设计的 PCB 没有进行覆铜处理，而是采用了引线间尽量远离的设计。

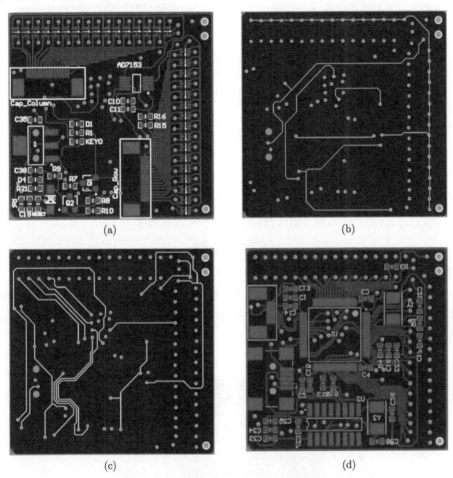

(a) (b)

(c) (d)

图 5.23 扫描电路四层 PCB 分层设计图

(a) 顶层; (b) 中间层 VCC; (c) 中间层 GND; (d) 底层

根据图 5.23 的设计进行 PCB 加工, 并焊接相关的芯片和元器件, 得到的扫描电路如图 5.24 所示, PCB 整体尺寸为 35 mm × 35 mm, 32 个模拟开关整齐排布在 PCB 上表面, 并与 FPC 插座相连, 两个 FPC 插座用于连接触觉传感阵列的引出电极。单片机电路排布在 PCB 的背面。直观上看, 芯片和元器件在 PCB 上整齐地排布, 有利于抑制噪声的产生与减小噪声对电容测量的干扰。

2. 触觉传感阵列外围引出电极的柔性连接

本节设计制造的触觉传感阵列厚度较薄, 其上、下电容极板层厚度只有 25 μm。只有具有一定厚度的连接线才能牢固地连接到扫描电路的 FPC 插座中, 因此需对

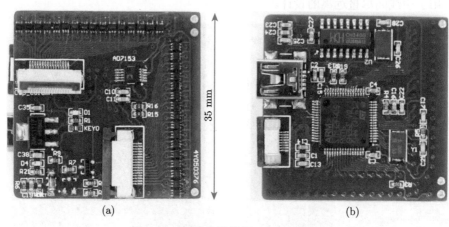

(a)　　　　　　　　　　　　　　(b)

图 5.24　扫描电路四层 PCB 实物图

(a) 正面; (b) 背面

传感阵列的引出电极进行厚度的补强。利用 PI 胶带对传感阵列的引出电极部分进行粘贴，使其厚度增大到 300 μm 以上，即可满足引出电极与 FPC 插座紧密连接的要求。采用在引出电极的背面上粘贴 PI 胶带的方法对其进行补强，如图 5.25 所示。

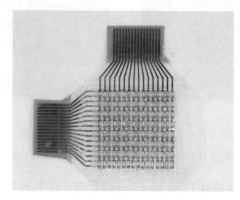

图 5.25　触觉传感阵列的引出电极补强

将触觉传感阵列的引出电极连接到双头 FPC 插座的一端，再由 FPC 将双头 FPC 插座的另一端与扫描电路的 FPC 插座连接起来，即完成了触觉传感阵列与扫描电路的电气连接，如图 5.26 所示。使用的 FPC 长度越长，引入的寄生电容越大，因此，应根据实际装载需要选择尽量短的 FPC。

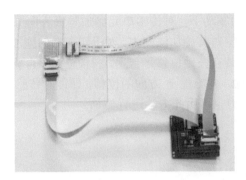

图 5.26 触觉传感阵列与扫描电路的电气连接

5.4.2 柔性触觉传感阵列的实验平台构建

1) 柔性触觉传感阵列接触力检测性能测试平台

搭建的触觉传感阵列接触力检测性能测试平台如图 5.27 所示。触觉传感阵列放置在商用力传感器 (INTERFACE 120A) 上。该力传感器能测量 x、y、z 三个方向的力，其测量精度为 10 mN，量程为 100 N。触觉传感阵列通过 FPC 与扫描电路相连。如图 5.27 所示，三轴位移平台 (NEWPORT 460P) 上安装有加载棒，可对触觉传感阵列施加三维力。

图 5.27 触觉传感阵列接触力检测性能测试平台

为进行触觉传感单元的接触力检测性能标定，设计了法向力和切向力施加的方案，分别如图 5.28 (a) 和 (b) 所示。对于法向力的施加，采用了直径为 1.5 mm 的圆形加载棒，其头部能完全覆盖单个传感单元的表面凸起，如图 5.28(a) 所示。加载棒在三轴位移平台的驱动下，对传感单元施加竖直方向 (z 方向) 的位移，并接触传感单元的表面凸起，对其施加法向力。对于切向力的施加，采用了如图 5.28(b) 所示的薄壁拨片，其安装在三轴位移平台上，三轴位移平台驱动薄壁拨片与传感单元表面凸起的侧面接触，并施加 x 方向的位移，即能对传感单元施加 x 方向切向力。同理，y 方向切向力也可用此方法进行施加。

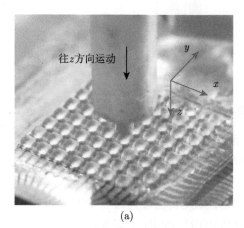 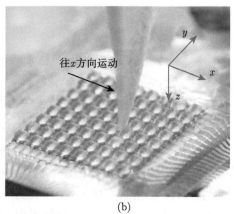

(a)　　　　　　　　　　　　　　　　(b)

图 5.28　触觉传感单元接触力的施加方式

(a) z 方向法向力; (b) x 方向切向力

2) 柔性触觉传感阵列接触力实时显示系统

为了计算与显示触觉传感阵列受到的接触力分布，搭建了接触力实时测量与显示系统，如图 5.29 所示。触觉传感阵列通过 FPC 连接到扫描电路，扫描电路通过 USB 接口连接到电脑。扫描电路测量得到的电容数据通过串行接口传输到电脑，电脑根据接收到的数据进行三维力的计算与保存，并将电容变化量和计算的三维力分量显示在屏幕上，以实现对三维接触力分布情况的实时观测。

扫描电路对每个电容的测量会产生两个字节的数据，因此每对触觉传感阵列完整扫描一次会有 512 个字节的数据产生。对于电脑接收到的传感阵列的测量数据，本节使用 Matlab 进行处理，Matlab 程序流程图如图 5.30 所示。首先，程序接收 512 个字节的电容数据，计算并转化为初始电容值 C_0；接着，再接收 512 个字节的电容数据，计算得到当前的电容值 C；然后，计算两次电容值的差值 $\Delta C = C - C_0$，即电容值变化量，并使用建立的三维力解耦模型 (根据传感单元的性能标定数据拟合获得) 进行三维力分量的计算；最后，将电容值增量和三维力分量显示在电脑屏幕上，如图 5.29 所示。若需继续测量，则重复接收 512 个字节的电容数据，继续进行三维力的计算，更新电脑屏幕上的三维力信息。

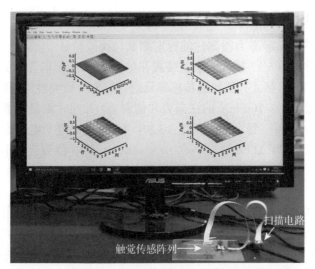

图 5.29 柔性触觉传感阵列接触力实时测量与显示系统

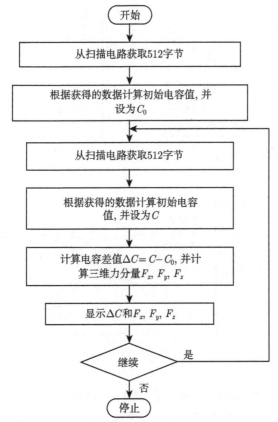

图 5.30 触觉传感阵列电容原始数据处理与三维力显示的 Matlab 程序流程图

5.4.3　柔性触觉传感阵列的平面装载下触觉力的检测性能测试

1) 触觉传感单元静态力检测性能标定测试与模型验证

下面将利用如图 5.27 搭建的实验装置和如图 5.28 所示的法向力、切向力加载方式,对位于第 4 行、第 4 列的触觉传感单元进行静态力检测性能的标定测试。对选定的传感单元施加 $0 \sim 100$ mN 的法向力和切向力,并同时测量触觉传感单元的电容值变化。测试过程中,每个电容测量 10 次,并取其平均值。电容值变化量采用百分比形式表示,计算为 $\Delta C\% = (C-C_0)/C_0 \times 100\%$,其中 C 为当前电容值,C_0 为初始电容值。触觉传感单元内四个电容的初始电容值分别测量为 0.268 pF、0.272 pF、0.271 pF 和 0.272 pF。

触觉传感单元的静态力检测性能标定结果如图 5.31 所示。如图 5.31(a) 所示,施加 x 方向切向力时,C_{11} 和 C_{21} 减小,其值分别为 -32% 和 -26%;C_{12} 和 C_{22} 增大,其值分别为 72% 和 67%。理论上,C_{11} 和 C_{21} (或 C_{12} 和 C_{22}) 有相等的电容值变化,但由于力加载和传感阵列制造的误差,使两者产生小量的电容值差异。

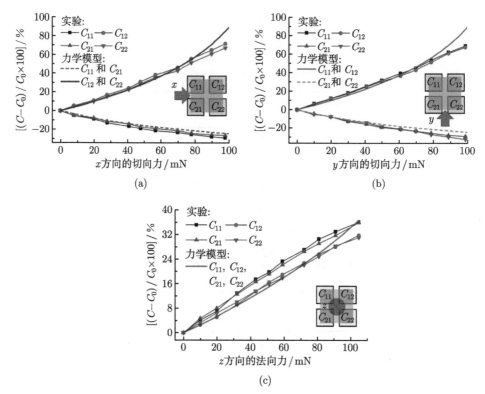

图 5.31　触觉传感单元 (位于第 4 行、第 4 列) 在施加外力情况下电容的变化

(a) x 方向切向力; (b) y 方向切向力; (c) z 方向法向力

从四个电容的整体变化看，误差在可接受的范围内。如图 5.31(b) 所示，施加 y 方向切向力时，触觉传感单元的电容变化规律与施加 x 方向切向力时相似，不同的地方在于，施加 y 方向切向力时，变大的电容为 C_{11} 和 C_{12}，变小的电容为 C_{21} 和 C_{22}。图 5.31(c) 为对触觉传感单元施加 z 方向法向力时电容的变化情况。理论上四个电容应具有相等的电容值变化，但测量结果存在误差，施加 100 mN 的法向力时，四个电容增大量在 31%～36% 的范围内变化。对图 5.31(a) ～ (c) 中的实验数据进行线性拟合即可计算得到传感单元的接触力检测灵敏度，触觉传感单元对 x 方向、y 方向、z 方向外力的灵敏度分别为 $(0.49\pm0.01)\%/\text{mN}$、$(0.50\pm0.02)\%/\text{mN}$ 和 $(0.32\pm0.01)\%/\text{mN}$。

为验证第 3 章中建立的微四棱锥台介电层触觉传感单元力学解析模型，将本章中触觉传感单元的静态力标定实验数据 (图 5.31) 与力学模型计算的结果 (数据取自图 3.19) 进行对比，如图 5.31(a) ～ (c) 所示。施加 x 方向和 y 方向切向力时，在 $0 \sim 80$ mN 的范围内力学模型计算值与实验测量值能很好地吻合；施加的力超过 80 mN 后，两者的差异开始增大，在 100 mN 时误差达到了 17%，如图 5.31 (a)、(b) 所示。当施加 z 方向法向力时，可看到力学模型预测值与实验数据较为吻合，最大误差为 5%，出现在约为 60 mN 的位置，如图 5.31(c) 所示。根据力学模型计算得到的电容变化曲线，同样可拟合得到触觉传感单元的灵敏度，在 x 方向、y 方向、z 方向分别为 0.54 %/mN、0.54 %/mN、0.35 %/mN，与实验测量的灵敏度之间的误差分别为 x 方向：$(9.26\pm1.85)\%$，y 方向：$(7.41\pm3.70)\%$，z 方向：$(7.41\pm3.70)\%$，结果总结如表 5.1 所示。误差的产生一方面是因力学模型对传感单元内微四棱锥台介电层变形预测的误差所造成；另一方面，传感阵列制造和测量系统的误差也会导致力学模型预测值与实验测试值间的误差。但从整体上看，在 x、y、z 三个方向上的误差均在 10% 内，在可接受的范围内。结果表明：建立的微四棱锥台介电层触觉传感单元的力学解析模型能较好地预测传感单元的接触力检测性能，可用于触觉传感单元结构的优化设计。

表 5.1 触觉传感单元的接触力检测灵敏度比较：微四棱锥台介电层触觉传感单元力学解析模型计算值与实验测试值

	x 方向	y 方向	z 方向
实验/(%/mN)	0.49 ± 0.01	0.50 ± 0.02	0.32 ± 0.01
力学模型/(%/mN)	0.54	0.54	0.35
误差/%	9.26 ± 1.85	7.41 ± 3.70	8.57 ± 2.86

采用空气层 [193]、纳米针 [179]、顶端尖锐微四棱锥台 [184] 等微结构作为介电层的电容式触觉传感阵列其灵敏度高，但量程均在 20 kPa 以下。对比这些采用图案化介电层的电容式触觉传感阵列，本节研制的传感阵列在灵敏度上较低，但其量程经测试达到了 0 ~ 200 kPa。此外，对比采用橡胶实心介电层的触觉传感阵列 [212] (灵敏度为 0.00025 kPa⁻¹)，　研制的传感阵列在接触力检测灵敏度 (计算为 0.014 kPa⁻¹) 上提高了 0.014/0.00025 = 56 倍。结果表明，研制的触觉传感阵列具有较高的灵敏度和较大的量程。

2) 触觉传感单元的三维力解耦模型

基于如图 5.31 所示的触觉传感单元静态力检测性能标定数据，采用 3.3.2 小节中所描述的触觉传感单元三维力解耦模型的拟合计算方法，可容易计算得到研制的分布式柔性触觉传感阵列的传感单元三维力解耦模型为

$$F_x = \begin{cases} -0.00065d_x^5 + 0.0054d_x^4 - 0.015d_x^3 + 0.02d_x^2 + 0.019d_x, & d_x \geqslant 0 \\ 0.00065d_x^5 + 0.0054d_x^4 + 0.015d_x^3 + 0.02d_x^2 - 0.019d_x, & d_x \leqslant 0 \end{cases} \tag{5-4}$$

$$F_y = \begin{cases} 0.00017d_y^5 - 0.0054d_y^4 + 0.014d_y^3 - 0.012d_y^2 + 0.03d_y, & d_y \geqslant 0 \\ -0.00017d_y^5 - 0.0054d_y^4 - 0.014d_y^3 - 0.012d_y^2 - 0.03d_y, & d_y \leqslant 0 \end{cases} \tag{5-5}$$

$$F_z = -0.029d_z^5 + 0.14d_z^4 - 0.14d_z^3 + 0.069d_z^2 + 0.073d_z, \quad d_z \geqslant 0 \tag{5-6}$$

当触觉传感单元受到三维力时，将测量获得的电容值依次代入式 (3-1) ~ 式 (3-4)，然后再代入式 (5-4) ~ 式 (5-6)，即能计算得到三维力的分量 F_x、F_y、F_z。采用建立的触觉传感单元三维力解耦模型，结合 5.4.2 小节的触觉传感阵列接触力实时测量与显示系统，即可实现三维接触力的实时测量。

3) 物体接触位置识别

为验证分布式柔性触觉传感阵列对接触位置分布情况的检测能力，利用 5.4.2 小节中搭建的触觉传感阵列接触力实时测量与显示系统对传感阵列进行了物体接触位置识别的实验。将字母 Z、J、U 分别放置在触觉传感阵列上，并在字母上施加均匀的压力，利用传感阵列识别字母的形状，测量得到的电容值变化情况如图 5.32(a)~(c) 所示。可见，触觉传感阵列能较好地识别各种形状物体的接触位置。从实验结果可看出，主要接触位置周围的电容值发生了较小的变化，这是由于受力的传感单元会对相邻的传感单元产生应力与干扰。但是这种干扰在可接受的范围内，随着接触位置的远离，触觉传感单元的电容值迅速减小，在远端没有产生明显的电容变化。实验结果表明，研制的触觉传感阵列能较好地检测与物体接触时的位置分布，实现分布式接触力的测量。

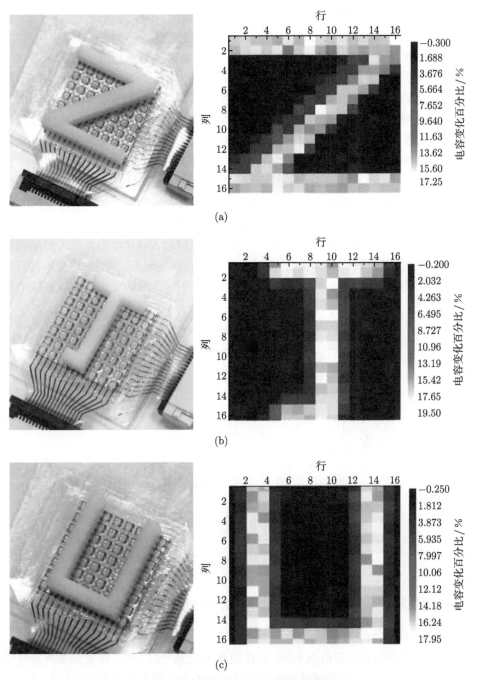

图 5.32 触觉传感阵列对字母接触位置的识别

(a) 字母 Z; (b) 字母 J; (c) 字母 U

4) 动态响应速度测试

为测试触觉传感阵列中的单元对接触力的响应速度, 现对传感单元施加重物, 并同时测量单元内单个电容的电容值变化。扫描电路的测量速度为每秒测量 200 次, 因此相邻两个数据点间的时间间隔为 5 ms(最小测量间隔)。如图 5.33 所示, 第一次施加重物时, 触觉传感单元在 5 ms 内发生了明显的电容变化, 并在最高值稳定; 撤去重物时, 电容经过 15 ms 后其电容值恢复, 且恢复值比施加重物前的初始值略大。重复加载与卸载, 可看到施加重物的过程中, 触觉传感单元均能在最小测量间隔内产生反应; 而在卸载过程中, 电容值恢复的时间逐渐延长到 30 ms。此外, 随着加载、卸载次数增多, 卸载后的电容值缓慢上移, 如图 5.33 所示。这是因为 PDMS 微四棱锥台介电层具有迟滞特性, 使得撤去外力后上、下电容极板间的距离需要一定的时间进行恢复。随着加载和卸载次数的增多, 这种迟滞效应越来越明显。但总体来看, 触觉传感单元对外力的响应速度较快, 且在外力撤去后能较好地恢复初始的电容值。为提高触觉传感单元的动态响应速度, 可在 PDMS 材料中掺杂 SiO_2 颗粒, 以降低 PDMS 材料的黏弹性, 同时, 提高触觉传感阵列扫描电路的测量速度。

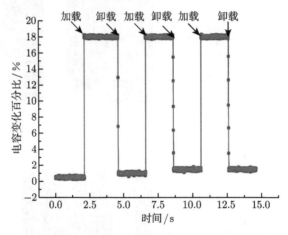

图 5.33　触觉传感单元动态响应特性测试

5.4.4　柔性触觉传感阵列的曲面装载下触觉力的检测性能测试

1) 触觉传感阵列的曲面装载

触觉传感阵列装载在曲面上时, 其传感单元受到弯曲变形, 在未施加外力时便已产生内应力, 从而影响传感阵列的接触力检测性能。为揭示曲面装载对传感阵列的性能影响规律, 本节采用常见的圆柱面对传感阵列进行装载, 并使用搭建的触觉传感阵列性能测试平台 (图 5.27) 进行相关的实验研究。

首先，利用 3D 打印技术制造曲率半径为 10 mm 的圆柱面，其表面光滑度良好；然后，将圆柱面固定在性能测试平台的商用力传感器 (INTERFACE 120A) 上；最后，将研制的触觉传感阵列通过双面胶带粘贴在圆柱面上，使第 4 行触觉传感单元位于圆柱面的最顶端，如图 5.34 所示。触觉传感阵列通过 FPC 与扫描电路相连，从而对传感阵列的电容值进行测量。

图 5.34　触觉传感阵列的曲面装载

2) 触觉传感阵列的曲面装载触觉传感阵列接触力检测性能测试与模型验证

为研究触觉传感阵列因曲面装载导致的初始电容值变化，首先测量了平面状态下的传感阵列的电容值，然后测量了传感阵列装载在曲面上 (图 5.34) 的电容值，并由此计算了曲面装载相比平面装载下触觉传感阵列的初始电容值变化，结果如图 5.35 所示。从图中可看出，曲面装载使触觉传感阵列的初始电容值增大。整个

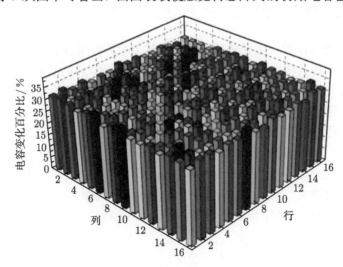

图 5.35　曲面装载条件下触觉传感阵列的初始电容值变化

传感阵列的初始电容值增大量较为均匀，说明传感阵列在曲面上的装载状况良好，各个区域受力均匀。触觉传感阵列初始电容值变化的具体数值总结如表 5.2 所示，电容值变化在 28.5% 到 33.4% 之间，平均值约为 31.1%，标准偏差为 1.0%。利用第 4 章中曲面装载下的触觉传感单元力学模型进行电容值的计算，得出曲面装载时初始电容值变化量为 $\Delta C = 33.4\%$，与实验值的误差为 2.3%。结果表明，建立的力学解析模型能较好地预测曲面装载对传感阵列初始电容值的影响。

表 5.2　曲面装载下触觉传感阵列的初始电容值变化　　　　（单位：%）

列＼行	1	2	3	4	5	6	7	8	9	10	11	12	13	14	15	16
1	31.7	32.6	31.7	30.6	31.9	33.4	30.0	32.2	33.3	30.6	30.5	31.7	30.4	32.1	31.4	30.6
2	32.5	30.6	32.0	30.3	30.2	31.0	31.6	30.0	29.3	30.9	30.3	29.6	31.0	33.4	32.2	32.2
3	31.0	31.2	32.3	31.9	30.8	29.9	31.2	30.8	31.8	32.1	30.2	32.1	30.4	28.5	30.7	32.2
4	32.1	30.4	32.0	30.8	30.4	30.5	31.4	31.0	31.4	30.3	33.0	31.1	31.1	31.2	30.8	30.5
5	30.3	28.9	32.1	32.9	31.1	31.5	31.0	30.4	30.2	31.3	30.7	30.8	32.6	31.9	31.1	31.4
6	31.2	31.0	32.9	31.0	31.6	32.0	30.3	30.0	32.0	29.1	29.4	29.4	30.8	30.2	30.8	31.1
7	30.8	32.7	32.5	32.9	31.7	30.5	30.9	32.3	30.1	30.1	31.9	30.7	30.3	31.1	29.7	33.1
8	32.6	30.7	31.2	28.6	31.1	31.0	29.7	31.7	29.1	31.9	31.0	30.9	32.4	31.2	31.5	30.0
9	31.3	29.8	30.5	31.4	30.1	32.2	30.7	30.1	30.9	29.3	30.6	31.1	31.9	30.4	29.6	29.4
10	31.8	30.0	30.7	31.3	30.2	31.2	33.3	29.9	31.6	32.4	31.5	30.6	30.5	31.7	30.7	31.3
11	30.7	31.4	31.7	32.9	31.3	31.1	32.7	31.4	31.0	31.9	31.4	30.3	32.2	29.6	30.0
12	30.4	30.6	32.2	31.3	28.8	30.7	31.9	30.3	32.0	31.5	30.4	32.6	32.4	31.2	32.3	30.4
13	31.4	32.0	30.8	32.8	29.8	30.6	31.4	29.8	31.5	29.8	31.1	32.2	31.0	31.4	31.1	31.3
14	30.2	30.7	32.5	32.9	29.4	32.1	31.8	30.8	32.3	31.8	30.7	30.8	31.2	30.5	31.5	29.7
15	29.6	28.9	30.3	30.4	30.7	30.5	31.4	30.0	29.0	31.0	30.4	31.3	31.3	32.1	30.7	32.1
16	30.7	30.6	30.5	29.8	31.5	31.0	31.9	31.8	30.7	32.3	31.5	31.4	30.4	30.9	32.6	31.4

为进一步研究曲面上触觉传感阵列的接触力检测性能变化，利用加载棒对位于第 4 行、第 4 列的传感单元施加 $0 \sim 100$ mN 的压力，并同时测量和记录传感单元的电容值变化。由于加载棒施加的力位于选定的传感单元表面凸起的正中间，故传感单元中的四个电容关于施加的力对称。因此，理论上传感单元中四个电容在加载棒的压力作用下具有相同的电容值变化。在实际测量中，四个电容的电容值的差异在 5% 以内，因此，对这四个电容值进行平均计算。曲面装载时，触觉传感单元的电容值变化百分比与受力的关系如图 5.36 所示。当施加的外力增加时，触觉传感单元的电容值增大，但其增大量随着力的增大而逐渐减小，呈现较强的非线性。施加的外力为 100 mN 时，电容值增大百分比为 13.4%。

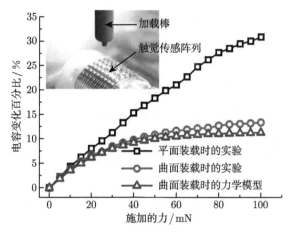

图 5.36　曲面装载条件下触觉传感单元在外力作用下电容值的变化情况

此外，本节对平面和曲面装载条件下触觉传感单元的接触力检测性能进行了比较，如图 5.36 所示。可以看到，与曲面装载时不同的是，平面装载下的传感单元其电容值变化线性度较好，并且在同等大小的力作用下电容值变化量更大，尤其是在施加的力相对较大时。可计算得到，平面装载和曲面装载条件下，触觉传感单元的接触力检测灵敏度分别为 0.34 %/mN 和 0.12 %/mN。通过比较得知，装载在曲率半径为 10 mm 的曲面上时触觉传感阵列的灵敏度下降为平面装载时的 35%。这是因为将触觉传感阵列装载在曲面上时，其微四棱锥台介电层受到预压缩，初始电容值已增大约 30%。此时对触觉传感单元施加外力，需更大的压力才能使介电层继续压缩。并且由于 PDMS 的非线性，介电层的压缩越来越困难，从而造成电容值变化的非线性以及传感单元灵敏度的下降。

由此，可得以下结论：曲面装载使得研制的触觉传感阵列的初始电容增大；外力施加时，传感单元的非线性度增大，灵敏度降低。此外，可容易推理得出，若曲面的曲率越大，初始电容将有更大的增加量，电容值变化的非线性度也会越高，传感单元的灵敏度也会更低。

为验证第 4 章中建立的曲面装载下触觉传感单元的力学解析模型，将该力学模型计算得到的电容值变化与图 5.36 中曲面装载时的实验数据进行了对比。可见，力学模型计算的电容值变化与实验数据大体吻合。其中，在 $0 \sim 50$ mN 范围内，力学模型预测值与实验结果吻合程度较好；在 $50 \sim 100$ mN 范围内，两者的差异逐渐增大。力学模型计算结果显示，100 mN 下电容值增大量为 11.3%，而实验结果为 13.4%，因此力学模型预测的误差可计算为 $(13.4 - 11.3) / 13.4 \times 100\% = 15.7\%$。由此表明，第 4 章中曲面装载下触觉传感单元的力学解析模型能较好地预测触觉传感阵列在曲面上的接触力检测性能变化情况，从而验证了建立的模型的正确性。

5.5　柔性触觉传感阵列的假肢手装载及抓取实验

5.5.1　柔性触觉传感阵列的假肢手装载

为验证研制的分布式柔性触觉传感阵列能用于智能假肢手的接触力检测，本小节将触觉传感阵列装载在假肢手的手指上，并使用假肢手进行物体抓取的实验，利用触觉传感阵列测量抓握过程中产生的分布式接触力。使用的假肢手为美国 Right-hand Robotics 公司生产的 ReFlex 三指假肢手，其运动通过 ROS(机器人操作系统)进行控制。结合触觉传感阵列接触力实时显示系统，搭建了如图 5.37 所示的实验装置。如图 5.37 (a) 所示，该实验装置由假肢手、触觉传感阵列、扫描电路和电脑组成。其中，假肢手用于物体的抓握，触觉传感阵列和扫描电路用于接触力的测量，电脑则用于接触力信息的处理与实时显示。触觉传感阵列装载在假肢手的其中一个具有平面表面的指头上，如图 5.37 (b) 所示。

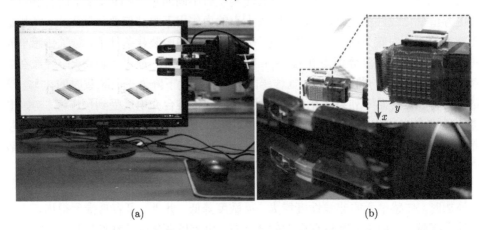

(a)　　　　　　　　　　　　　　　　　　　　(b)

图 5.37　假肢手进行物体抓取的实验装置 (a) 和触觉传感阵列在假肢手上的装载 (b)

5.5.2　假肢手抓取物体过程中的触觉力检测实验

利用装载有触觉传感阵列的假肢手进行物体抓取的实验，实验过程描述如下：利用 ROS 控制假肢手抓取物体，假肢手指上的触觉传感阵列与物体发生接触；同时，触觉传感阵列通过扫描电路测量电容的变化，将其传送到电脑的 Matlab 程序进行三维力的计算与数据的保存，并将三维力信息 F_x、F_y、F_z 实时显示在屏幕上。本节选取了纸杯、魔方和鸡蛋进行假肢手抓取，分别如图 5.38 (a)~(c) 所示。其中，纸杯具有圆柱面特征，魔方具有平面特征，而鸡蛋则具有自由曲面特征。

图 5.38 利用装载了触觉传感阵列的假肢手进行物体的抓取

(a) 纸杯; (b) 魔方; (c) 鸡蛋

当假肢手抓取纸杯时，触觉传感阵列测量得到的三维力分量如图 5.39 所示。可以看出，由于杯子重力的方向与传感阵列的 x 方向 (定义见图 5.38) 一致，检测到了 x 方向的切向力，最大值为 0.05 N；由于假肢手的夹持作用，在 z 方向检测到了法向力的分布，最大值为 0.5 N。为了进一步验证切向力的检测，在抓取稳定的纸杯内放入一个鸡蛋，检测到的三维接触力的分布如图 5.40 所示。可以看到，鸡蛋的放入使 x 方向切向力 (F_x) 明显增大，其最大值增大为 0.14 N；由于假肢手没有进一步地握紧运动，所以法向力 (F_z) 没有明显增大，其最大值仍为 0.5 N；此外，鸡蛋的加入使得 y 方向的受力产生了最大值为 0.04 N 的扰动。由此可知，接触力中的法向力分量是由假肢手的抓握力产生，切向力是由物体自身重力产生。若改变触觉传感阵列装载的角度或者改变假肢手安装固定的角度，抓握物体的重力可能会在 x 和 y 方向同时产生切向力分量。

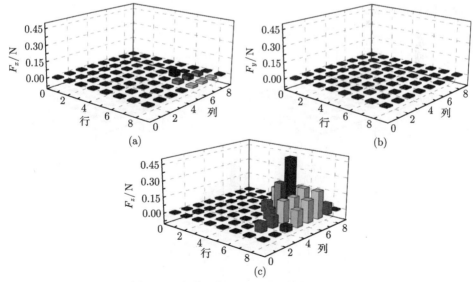

图 5.39 假肢手抓取纸杯时的接触力分布

(a) F_x; (b) F_y; (c) F_z

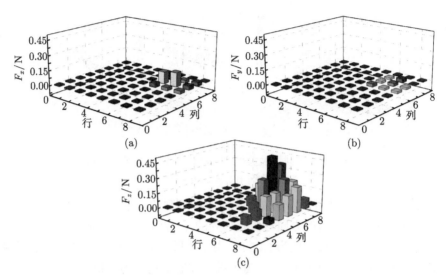

图 5.40　假肢手抓取纸杯后, 在纸杯中加入鸡蛋时的接触力分布

(a) F_x; (b) F_y; (c) F_z

假肢手稳定抓取魔方时的接触力分布如图 5.41 所示。由于触觉传感阵列与魔方接触的位置跟抓取纸杯时不同, 分布力所处的位置也不同。同样的, 在抓取过程中检测到了 x 方向的切向力和 z 方向的法向力, 切向力和法向力分布的最大值分别为 0.25 N 和 0.65 N。对比抓取纸杯的情况, 抓取魔方时触觉传感阵列检测到的接触力更大。这是因为魔方比纸杯质量更大, 假肢手需要施加更大的抓握力才能完成魔方的稳定抓取。

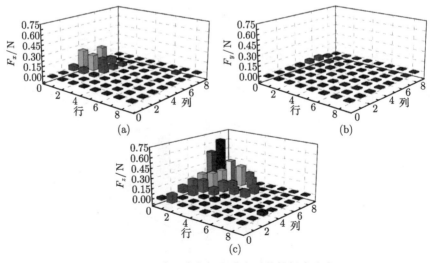

图 5.41　假肢手稳定抓取魔方时的接触力分布

(a) F_x; (b) F_y; (c) F_z

此外，装载了触觉传感阵列的假肢手能实现对具有自由曲面的鸡蛋等物体的稳定抓取，检测到的接触力分布如图 5.42 所示。对比抓取纸杯和魔方的情况，抓取鸡蛋时力的分布区域较小，因为触觉传感阵列与鸡蛋表面接触面积相对更小。检测到的 F_x、F_y、F_z 最大值分别为 0.2 N、0.19 N 和 0.7 N，比抓取纸杯和魔方时更大。可见，为了稳定抓取具有自由曲面特征的物体，假肢手需要施加相对较大的抓握力。

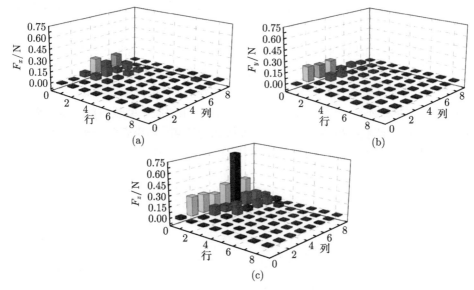

图 5.42　假肢手稳定抓取鸡蛋时的接触力分布

(a) F_x; (b) F_y; (c) F_z

5.6　本　章　小　结

针对优化后的微四棱锥台介电层触觉传感阵列，本章提出了传感阵列的分层制造、各层集成封装的整体工艺流程，完成了触觉传感阵列的加工制造。对设计制造的分布式柔性触觉传感阵列进行了实验研究，设计了触觉传感阵列的扫描测量电路，搭建实验平台对触觉传感单元的相关性能指标进行了测量标定，并进行了假肢手装载的实验。具体总结如下。

(1) 采用光刻、磁控溅射、旋转涂覆、深硅刻蚀、各向异性湿法刻蚀等 MEMS (微机电系统，Micro-Electro-Mechanical System) 加工技术对触觉传感阵列的电容极板层、微四棱锥台介电层和表面凸起进行了分层制造，并将制造的各层进行了集成封装，从而完成了触觉传感阵列的加工制造。

(2) 实现了设计的微四棱锥台介电层触觉传感阵列的加工制造,验证了提出的分层制造、集成封装工艺方法的有效性和工艺设计与分析的合理性,制作的触觉传感阵列为后续的实验测试做好准备。

(3) 针对分布式柔性触觉传感阵列的测量问题,建立了基于 AD7153 芯片的电容阵列扫描测量原理,设计制造了小型化的扫描电路,从而实现了触觉传感阵列的扫描测量;构建了触觉传感阵列的接触力检测性能测试平台和接触力实时显示系统,实验研究了触觉传感阵列的接触力检测性能、物体接触位置识别能力和动态响应速度,测试结果表明研制的触觉传感阵列具有良好的三维接触力检测性能,并验证了第 3 章中建立的微四棱锥台介电层触觉传感单元力学解析模型的正确性。

(4) 实验研究了触觉传感阵列在曲面装载条件下的接触力检测性能变化规律,结果表明,曲面装载条件下传感阵列的初始电容值增大,灵敏度降低,与第 4 章中理论分析的结果吻合;实验研究了触觉传感阵列在假肢手装载时的三维接触力检测性能,实现了假肢手抓握物体时的三维接触力检测。结果表明,研制的触觉传感阵列能应用于智能假肢手的分布式三维接触力实时检测。

第6章 基于导电橡胶的柔性触滑觉复合传感阵列

6.1 引　言

对于智能机器人和假肢而言，物体的稳定抓取是一项较为复杂的任务。机器人手往往因为受到外界扰动而无法稳定地抓取物体，并且可能会因抓取操作不当而损伤被抓物体。因此，机器人手需要装载和集成柔性的触觉传感器，来获得物体抓取过程中的三维触觉力信息的感知与反馈。同时，为了使机器人手能在多种应用中实现对物体的软抓取，克服易碎、易变形物体的抓取操作时困难，装载集成的触觉传感器还应具有滑移的检测功能[213,214]。本章针对智能机器人的抓取操作需求，开展柔性触滑觉复合传感阵列的结构设计，并研制高灵敏的柔性触滑觉复合传感阵列，以实现智能机器人抓取过程中的三维触觉力和滑移检测功能。

近年来，随着机器人技术的发展，国内外诸多学者相继提出了面向机器人手的触觉传感器应具备的设计思路和要求[49-51]。针对本章的机器人手机电本体结构特点，对设计的柔性触滑觉复合传感阵列提出了如下 8 点技术要求：

(1) 可以匹配手指外形，便于装载于指尖或者中间指节处；

(2) 具有检测三维力大小、方向和接触位置的能力；

(3) 可以检测、识别接触物体是否滑移；

(4) 具有阵列结构，可任意扩展，空间分辨率在 5 mm 以内；

(5) 法向力的测量范围为 0 ~ 20 N，切向力测量范围为 −5 ~ 5 N；

(6) 力的分辨率为 0.1 N；

(7) 结构可靠，寿命满足使用要求；

(8) 信号采集电路简单稳定，能有效消除电路串扰，便于与触滑觉传感阵列集成。

要实现抓取过程中触觉力和滑移的检测，敏感材料的选取与传感结构的设计是关键。近年来，新型聚合物功能材料的发展，极大地扩宽了柔性触觉传感器的研制思路。聚合物基敏感材料由于其弹性好、柔性高、压阻特性优良等特点，广泛应用于柔性电子器件与传感器中。在柔性触觉传感器设计中，以柔性导电橡胶为敏感材料的压阻式触觉传感器虽存在一定的迟滞现象，但由于其良好的柔性与可延展性、测量范围可调、对动静态触觉力均较为敏感，加之传感器的结构设计简单、成本低等优势，已被研究者用于滑移检测为对象的传感器的结构设计与制备中。

6.2　柔性触滑觉复合传感阵列的结构设计及测试原理

6.2.1　柔性触滑觉复合传感阵列的结构设计

　　在设计传感阵列结构之前,首先要开展电极的排布方式设计。基于电极与力敏材料的位置关系,可以分为在力敏材料上下表面布置电极、同一表面布置电极以及嵌入材料内部布置电极三种方式,分别如图 6.1(a)~(c) 所示。总电阻 R 由电极与材料的接触电阻 R_c、敏感材料电阻 R_b 构成。采用在敏感材料上下两侧布置电极的方式走线简单,制作方便,但是由于黏合层多,而电极与导电材料的弹性以及延展性差别巨大,所以在按压、弯曲等反复变形的过程中接触界面两侧的材料伸缩率不一致而降低使用寿命。采用内嵌的方式布置电极连接可靠,但是工艺复杂,往往需要在敏感材料未完全成形时嵌入电极。因此,采用在敏感材料同侧布置电极的方式,虽然增加了走线难度,但是可以有效改善因不同材料变形不一致而导致的传感器寿命缩短问题,同时也能降低电极制作的复杂程度。以目前国内常见柔性电路板的制作工艺:导线间距 $\geqslant 0.2$ mm,线宽 $\geqslant 0.1$ mm,制作的电路板可保证相互之间没有明显的干扰。

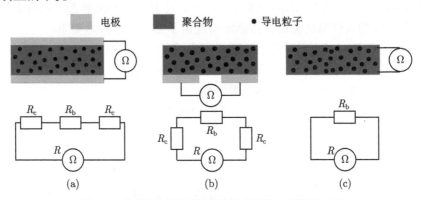

图 6.1　基于导电橡胶的触觉传感器的电极设计方案

　　为了得到空间分辨率高、柔性好且便于与机器人手集成的分布式柔性触滑觉传感阵列,最终设计的柔性触觉传感阵列结构如图 6.2(a) 所示。该触觉传感阵列为 $3 \times 3 = 9$ 个感知单元,每个单元采用直径为 3.0 mm 的圆柱形导电橡胶作为敏感材料,相邻两个单元的圆心距为 6.12 mm(即空间分辨率为 6.12 mm),以满足两个单元中间引线排布的距离需求。每个传感单元由三层结构组成,由上至下分别为:半球形表层凸起、导电橡胶层、柔性电极层,其厚度分别为 0.6 mm, 0.6 mm, 0.2 mm。因此,所设计的柔性触觉传感阵列的整体厚度为 1.4 mm,具体尺寸如图 6.2(b) 所示。为了检测三维力,将每个传感单元下面的电极分为五个区域,如图 6.2(c) 所示。中心电极作为一个公用负电极，四个周边电极作为四个独立的正电极，从而将导电橡胶分成 R_1，R_2，R_3 和 R_4 四个电阻。根据传感阵列中的位置分布，定义传感单元为 $U_{ij}(i = 1, 2, 3; j = 1, 2, 3)$。

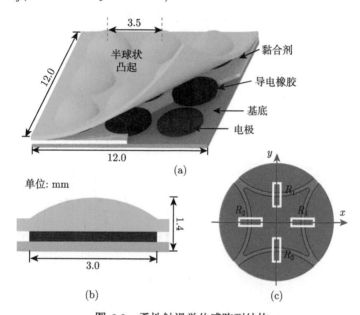

图 6.2　柔性触滑觉传感阵列结构

(a) 阵列结构; (b) 单元截面; (c) 图案化电极

6.2.2　三维触觉力检测原理

以顶部覆盖半球状突起的传感单元为例说明三维力的检测原理。当外力施加到传力凸起半球上时，位于下方的压阻导电橡胶将发生形变，电阻值因此也会发生变化。如图 6.3(d) 所示，图案化电极将力敏导电橡胶分为五个区域，可以等效为 R_1，R_2，R_3，R_4 四个电阻，在受到压力情况时，四个电阻阻值会发生改变，通过信号处理电路将其转化为电压的变化从而方便采集。进而可以建立这四个电压输出值与每个单元受到外界机械刺激的三个方向力分量 F_x、F_y 和 F_z 之间的关系。

为了便于对传感单元的受力情况进行理论分析以求解三维力与电压的关系，建立如图 6.3(a) 所示的坐标系。定义 x、y 方向为切向力方向，z 方向为法向力方向。当传力凸起半球仅受到 z 方向的力时，四个电阻所对应的力敏导电橡胶受压情况一致，$R_1 \sim R_4$ 均变小且电阻值变化情况相近；而施加切向力前必须有法向力，即传感器预先已受到压力而四个电阻值已经减小到一定程度，此时当传力凸起半球受到 x 正方向的切向力时，传力凸起半球产生 x 正方向的扭矩，如图 6.3(b) 所示，使 R_1 对应的导电橡胶区域受挤压情况明显大于 R_3 的对应区域，其至使 R_3 对应区域的受压减小，表现为 R_1 的电阻值继续减小，R_3 的电阻值有所增大，而电阻 R_2 和 R_4 对应的区域由于关于 y 轴对称，电阻值基本不变；当传力凸起半球受到 y 正方向的切向力时，传力凸起半球产生 y 正方向的扭矩，如图 6.3(c) 所示，R_2 对应的导电橡胶区域受挤压情况大于 R_4 对应的区域，R_2 的阻值将变小而 R_4 阻值增大，R_1 和 R_3 对应的区域关于 x 轴对称，电阻值基本不变。因此，传感单元受到的切向力与对应两个电阻的差值有一定的关系，具体分析如下。

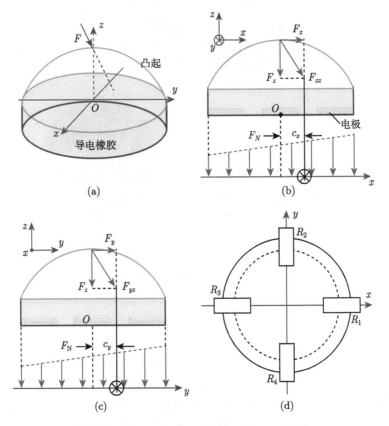

图 6.3　触觉传感单元三维力测试原理示意图

(a) 建立三维坐标系; (b) x 向施力; (c) y 向施力; (d) 等效电阻

　　假设施加的外界三维力为集中力，其接触点均为传力凸起半球的最高点。三维力的分布与正向压力的分布中心坐标有关。定义传感单元的受力中心在 x-y 平面内的坐标为 (c_x, c_y)。因此，水平受力情况如图 6.3(b) 与 (c) 所示，利用力矩定理可推出三维力的分量 F_x、F_y、F_z 具有以下关系：

$$F_z = F_{z1} + F_{z2} + F_{z3} + F_{z4} \tag{6-1}$$

$$(F_{z1} - F_{z3}) \cdot \frac{\mathrm{d}}{2} = F_x \cdot c_x \tag{6-2}$$

$$(F_{z2} - F_{z4}) \cdot \frac{\mathrm{d}}{2} = F_y \cdot c_y \tag{6-3}$$

定义一个单元等效的四个电阻 R_1, R_2, R_3, R_4 输出的电压分别为 V_1, V_2, V_3, V_4。假设施加的正向压力与输出电压之间存在正相关的线性关系，定义线性比例值为 t，则每个测力单元上的正向压力有

$$F_{zi} = t \cdot V_i \quad (i = 1, 2, 3, 4) \tag{6-4}$$

推导可得

$$F_x = k_1 V_1 - k_3 V_3 \tag{6-5}$$

$$F_y = k_2 V_2 - k_4 V_4 \tag{6-6}$$

$$F_z = \alpha_1 V_1 + \alpha_2 V_2 + \alpha_3 V_3 + \alpha_4 V_4 \tag{6-7}$$

式中，系数 α_i 为法向分量的标定系数；k_i 为切向力的标定系数 $(i = 1, 2, 3, 4)$。由于电极、导电橡胶块、传力凸起半球存在的加工和装配误差均可能改变每个传感单元的性能，因此需要通过标定实验来得到 k_1、k_2、k_3、k_4 和 $\alpha_1, \alpha_2, \alpha_3, \alpha_4$ 的值。

由此，根据式 (6-5) ~ 式 (6-7)，建立了传感单元受到的三维力与四个等效电阻的输出电压之间的关系。完成标定之后，仅需测量四个电阻的输出电压，即可获得加载到该传感单元的三维力分量。

6.2.3 滑移检测原理

意大利博洛尼亚大学 Marconi 和荷兰代尔夫特理工大学的 Holweg[215] 等发现，以导电聚合物作为敏感材料的传感器在接触物体发生滑移时，产生的电学信号中含有高频成分，可以作为滑移的判断依据。导电橡胶在稳定的不受力状态时，聚合物内部导电粒子基本没有接触，导电通路较少，电阻较大；当受到压力时，导电粒子互相靠近、接触，在隧穿效应与渗流效应等物理作用下，形成新的导电通路，电阻减小[216]。平衡状态下，聚合物内部导电路径的数目基本稳定，复合材料电阻值应在某一定值附近很小波动；如果突然受到外界干扰导致接触对象滑动，将引起导电聚合物发生剪切、压缩等一系列弹性变形，导电橡胶出现微小的局部振动，同时也使得聚合物内部传导路径的数目发生了不可预测的大幅动态变化，而这种快速且随机的变化造成了传感器输出的电参数包含了高频成分[217]。

为保证实时性，需要快速提取这种高频信号。常见的方法包括高通滤波器、快速傅里叶变换、小波变换等。高通滤波器算法最简单，但是设定合适的截止频率较为困难，而且无法分辨干扰频率与滑移特征频率；快速傅里叶变换可以在频域上提

供最佳的分辨率，但是损失了时域信息，无法同时在时域与频域准确定位。小波变换作为一种新的变换分析方法，继承和发展了短时傅里叶变换局部化的思想，同时又克服了窗口大小不随频率变化等缺点，能够提供一个随频率改变的"时间–频率"窗口，是进行信号时频分析的理想工具。

小波变换真正开始广泛用于工程是在 1988 年 Mallat 给出提高小波变换计算速度的 Mallat 算法之后，该算法基于多分辨率分析的多采样率滤波器组将信号分为离散平滑分量和离散细节分量。

一般来讲，原始信号 $s(t)$ 的连续小波变换为

$$W(a, \tau) = \frac{1}{\sqrt{a}} \int \psi\left(\frac{t - \tau}{a}\right) s(t)\mathrm{d}t, \quad a > 0 \tag{6-8}$$

式中，$\psi(t)$ 为基本小波函数，做时移 τ 后除以尺度因子 a。若将尺度因子 a 按幂级数离散化，并取底数为 2，τ 则取作 $a \cdot k$，$(k \in Z)$。这样就将连续的尺度因子 a、τ 离散，可极大降低计算量，称为离散小波变换。

在此基础上的小波变换 Mallat 算法流程如图 6.4 所示。其中，输入 $S(z)$ 是 $s(t)$ 离散后的信号；$g(z)$ 相当于低通滤波器，仅输出信号的低频部分；$h(z)$ 相当于高通滤波器，输出信号的高频部分；2 相当于降频滤波器，对信号作因子为 2 的下采样过程，使输出信号的频率变成输入信号采样频率的 $1/2$；$c_k^{(i)}$ 为原始信号在第 i 阶小波变换下的近似系数，可以近似反映原始信号的整体形状；$d_k^{(i)}$ 为原始信号在第 i 阶小波变换下的细节系数，包含了原始信号中的高频成分。

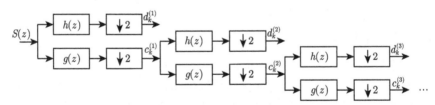

图 6.4　Mallat 算法流程图

为了验证物体滑移会导致导电橡胶产生高频信号并且可以通过小波变换提取出来，本节对导电橡胶受压滑动过程中的原始电压信号进行离散小波变换。具体实验流程为：将传感阵列固定在实验平台上，5 s 开始下压，为各单元施加法向力，加载 2 s 后保持 3 s，等待系统稳定，以 0.5 mm/s 的速度控制传感阵列在实验平台上滑动 2 s，滑动结束后卸载。

图 6.5(a) 显示了传感单元 U_{11} 的原始电压信号，可以明显看出加载、保持、滑动、卸载动作所导致的电压变化。同时，在保持过程中，电压也会有小幅度波动，可以视作干扰信号。图 6.5(b)、(c)、(d) 分别为原始电压信号的一阶、二阶与三阶离散小波变换的系数，可以看到，随着小波变换阶数的增加，滑移时刻的小波系数

峰值越来越明显，更容易与加载、卸载以及干扰信号的小波系数峰值区分。但是，小波变换阶数越多，信号处理时间越长，不利于滑移检测的实时性要求，而三阶小波变换的滑移峰值已经足够明显，因此，本节选用三阶小波变换来提取滑移过程中的高频信息。

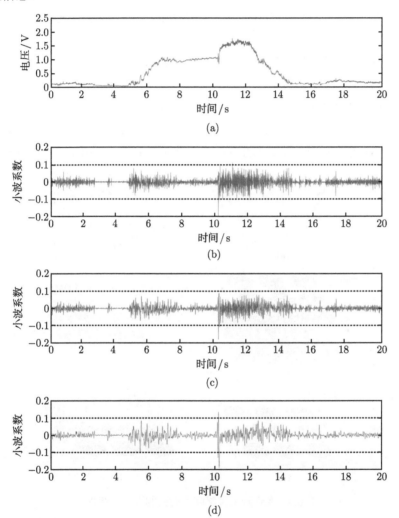

图 6.5　柔性触觉传感阵列的滑移检测原理

(a) 原始电压信号; (b) 一阶小波变换系数; (c) 二阶小波变换系数; (d) 三阶小波变换系数

综上，基于小波分析的机器人手抓取过程中滑移判定的流程可描述如下：

(1) 将力学原始信号离散处理得到 $S(z)$，令其通过低通、高通滤波器并作因子为 2 的下采样；

(2) 观察输出 $c_k^{(i)}$、$d_k^{(i)}$ 是否满足判定需求，若否，则将 $c_k^{(i)}$ 作为输入信号，再次通过低通、高通滤波器并作因子为 2 的下采样；

(3) 重复步骤 (2) 至输出信号满足要求，即代表滑移的高频特征信号与其他信号区别明显；

(4) 输出滑移判定结果，如滑动发生时刻及此时的小波系数值等。

6.3　柔性触滑觉复合传感阵列的微制造工艺

6.3.1　柔性触滑觉复合传感阵列的微制造工艺流程

根据 6.2 节所设计的柔性触觉传感阵列结构，采用逐层制作加工的流程进行传感阵列原理样机的制作。所建立的微制造工艺流程如图 6.6 所示，具体方法如下。

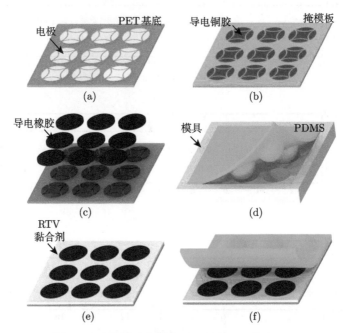

图 6.6　柔性触觉传感阵列的微制造工艺流程

第 1 步：以 PET 为基底，印刷制造柔性电路，其上分布 3×3 的电极阵列，每个单元圆心距为 6.12 mm，并采用图案化五电极结构，如图 6.6(a) 所示。

第 2 步：制作钢网掩模版，采用丝网印刷技术，用刮刀在图案化电极上均匀涂覆 0.1 mm 厚的导电铜胶，如图 6.6(b) 所示，要求掩模版的镂空与图案化电极对应，但是每个孔略小于电极 0.1 mm，以防刮覆导电铜胶时挤出至电极间隙，导致短路。

第 3 步：将压阻导电橡胶对齐贴合在电极阵列上方，固化导电橡胶，如图 6.6(c) 所示，此步骤要求导电橡胶与电极精确对齐，需要设计辅助的装配模具；同时，由于导电橡胶一般为膏状，需要在上方轻压才可保证贴合紧固，但配重又不能过大，以免将膏状导电橡胶挤压至电极间隙；也需要控制合适的固化温度与时间，温度过高或者时间过长可能会损伤导电橡胶性能。

第 4 步：利用模具浇筑硅胶凸起并加热固化，如图 6.6(d) 所示，浇筑以及固化前需分别对液态硅胶材料真空脱泡两次，严格避免固化后凸起中残留气泡，影响三维力传递。

第 5 步：在导电橡胶周围涂覆 RTV 硅胶塑料黏合剂，将顶层凸起与下两层贴合，如图 6.6 (e)、(f) 所示，此过程为传感阵列最后的装配步骤，进一步使压阻导电橡胶与电极连接牢固，避免弯曲或者切向力过大时橡胶脱落，也需要设计辅助定位模具保证凸起与导电橡胶的精确对齐。

6.3.2 柔性触觉传感阵列的样机制作

为了实现三维力检测功能，在每个单元下方设计了如图 6.7 所示的图案化柔性电极结构。因此，3×3 的阵列结构共需 45 根引线，导线间距不得小于 0.2 mm，线宽不小于 0.1 mm，以避免信号间的相互干扰。所设计的底层柔性电极如图 6.7(a) 所示，为方便连接，在三个末端设计有标准接线数量的金手指接口。与 3×3 阵列同侧的两个 24 脚金手指将通过 FPC 连接器连接，使触觉传感阵列组成环形，便于与智能机器人手集成。右侧 50 脚的金手指将与信号采集电路连接，实现传感阵列电信号传输。采用柔性电路印刷技术定制的传感阵列柔性电极实物如图 6.7(b) 所示，为保证柔性，阵列区域 PET 基底厚度 0.06 mm，导线区域上表面再覆盖一层 PET 做绝缘处理，3 处金手指因为需要连接 FPC 连接器，做补强处理，总厚度 0.35 mm，为减小接触电阻，裸露电极沉金。

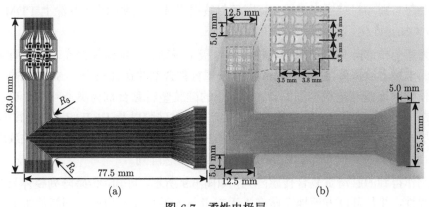

图 6.7 柔性电极层

(a) 设计图; (b) 电极层样品

　　利用丝网印刷版在点电极表面涂敷一层 0.1mm 厚的导电铜胶,如图 6.8 所示。再利用定位模具定位图案化电极,并从圆孔中放入直径 3 mm 的导电橡胶,保证导电橡胶与电极对齐,之后取下圆孔定位模具,将贴上导电橡胶的电极层在加热台上 70 ℃加热 5 h,固化中间的铜粉导电胶,固化过程中需要在导电橡胶上表面压上质量为 150 g 的铜块,在保证黏合效果的同时也不会将铜粉导电胶挤压到电极之间形成短路。

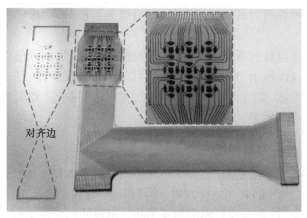

图 6.8　涂覆导电铜胶

　　由于 PDMS 预先为黏稠液体,需要在特定形状的模具中固化才能成型为所需要的结构。但是,在固化过程中也会与模具黏结,不易脱模。为了解决此问题,用主要成分为十二烷基苯磺酸钠的表面活性剂溶解到工业酒精中 (质量比 1:10),将模具浸没在该溶液中并利用超声清洗机处理 15 min,蒸干表面残留酒精。将准备好的改性 PDMS 混合液倒入模具中并用刀片刮平表面,放入真空干燥箱内抽真空脱泡 30 min,之后加热到 80 ℃保持 6 h 固化,小心脱模后可以得到充分固化的 PDMS 表面凸起与圆环封装层半成品。将圆环封装层半成品两端扣合,并涂上 PDMS 再次 80 ℃加热固化,得到最终的 PDMS 圆环。

　　为避免传感阵列弯曲时导电橡胶从电极上脱落,使用涂膜器在表面贴有导电橡胶的电极上涂覆厚度为 0.5 mm 的硅胶塑料黏合剂并在加热台上 80 ℃加热 6 h,从而使导电橡胶与电极牢固贴合。所使用的硅胶塑料黏合剂为奥斯邦 441 硅胶胶水,是一种无色透明且弹性良好的硅胶类产品,对硅胶以及 PET 的连接极其牢固。保护层固化后,将电极层环成圆圈,利用 PDMS 将圆形封装层及凸起层按顺序固化黏合,切除边缘不规整区域得到最终的触觉传感阵列。

　　制作得到的触滑觉复合传感阵列,如图 6.9 所示。可知,传感阵列整体具有较好的柔性,并且可以方便地穿戴在人手或者与人手尺寸类似的不同智能机器人手上并适应其表面形状。

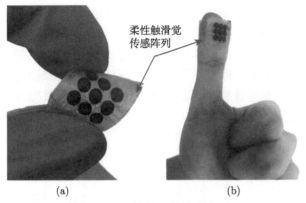

图 6.9　柔性触滑觉传感阵列

6.4　柔性触滑觉复合传感阵列的性能测试

6.4.1　触滑觉复合传感阵列的性能测试标定

为了初步确定传感阵列的实用性，首先考察传感器的递增加载特性。控制位移平台循环上升下降，第一次从接触传感单元上顶点的下压距离为 0.2 mm 保持 5 s 再抬升到初始位置，共循环 5 次，每次循环间隔 5 s，下压距离相比上一次递增 0.1 mm。三维力测试平台得到的压力与传感单元四个电阻的输出电压变化如图 6.10 所示。随着下压距离的递增，传感单元受到的法向力逐渐增加，而四个电阻的输出电压也会随着受力的增加而增加。当受力保持不变时，传感单元的输出依然会有一定的缓慢上升，这是由于无论导电橡胶还是 PDMS 封装都采用了有机硅橡胶材料，其形变与受到的压力必然存在一定的迟滞。但是相比受力增加过程中电阻的增大，这个上升速度不仅很慢且幅度也较小，可以认为传感单元的输出电压能够较好地反映所受压力。

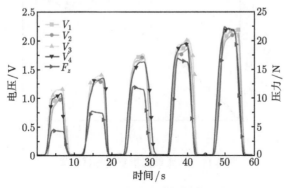

图 6.10　传感单元递增加载测试

　　进一步考察传感器的动态响应性能，在不同速度下进行反复加载实验，结果如图 6.11 所示。三个阶段加载棒下压或上升的速度分别为 0.12 mm/s、0.24 mm/s 和 0.36 mm/s，下压距离为 0.6 mm，同一速度下反复加载 5 次。传感单元的四个电阻电压同步随着力的增加减少而上升下降，同一速度下的电压最大值基本一致，证明传感器无论在快速还是慢速加载下都具有较好的响应。计算电压上升时刻与法向力增大时刻的时间间隔，最大延迟 63 ms。这个时间间隔主要是由于敏感材料死区以及橡胶类材料对受力的迟滞效应造成的。

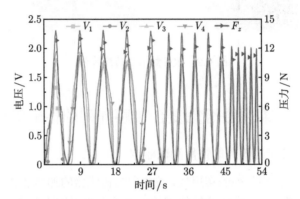

图 6.11　传感单元循环加载测试

　　传感器重复性是指：在输入量做同一方向全量程的多次相同测试时，得到的特性曲线不一致程度。对传感单元的重复性测试结果如图 6.12 所示，最大偏差为 0.07 V，由式 (6-9) 计算可得，重复性为 3.89%，其中 $V_{\max}$ 为最大输出电压。

$$\delta_{k} = \frac{\Delta V_{\max}}{V_{\max}} \times 100\% = \frac{0.07}{1.80} \times 100\% \approx 3.89\% \tag{6-9}$$

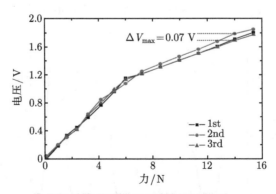

图 6.12　传感单元重复性测试结果

　　传感器迟滞性是指：在相同的工作条件下，对同一方向做全量程反复测试时，正行程和反行程所对应输出值的最大偏差程度。对传感单元的迟滞性测试结果如图 6.13 所示,最大偏差为 0.10V,由式 (6-10) 计算可得,迟滞性约为 5.56%。

$$\delta_H = \frac{\Delta V_{\max}}{V_{\max}} \times 100\% = \frac{0.10}{1.80} \times 100\% \approx 5.56\% \tag{6-10}$$

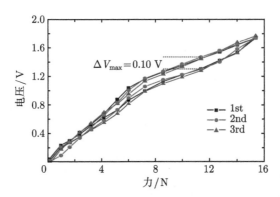

图 6.13 传感单元的迟滞性测试结果

为了建立输出电压与受力的关系,需要对传感阵列进行标定。对于 z 向力,通过三维运动平台带动加载棒竖直下降,给传感单元施加法向力,同时检测该单元四个电阻的输出电压即可;而对于切向力,需要先施加一定的压力,本节根据法向力标定结果施加约 3.7 N 的预压力,之后通过另外两个轴的运动带动加载棒在平面内运动,为受力单元施加相应方向的力。

标定结果如图 6.14 所示,左侧为传感单元四个电阻输出电压与受力的关系,随着 z 向力的施加,四个输出电压以相近的速度同步上升;而当施加单侧切向力时,同一方向的两个电阻对应的电压一个上升一个下降,而同一平面另一垂直方向的两个电阻对应电压仅有小幅波动。

利用线性回归方法按照式 (6-5)~式 (6-7) 的形式拟合力与电压的关系,可以得到标定系数 k_1、k_2、k_3、k_4 和 α_1, α_2, α_3, α_4 的值。通过实验,x 方向的标定系数为 $k_1 = k_3 = 1.98$ N/V,y 方向的标定系数为 $k_2 = k_4 = 1.73$ N/V。对于法向力,从标定结果来看有一个明显的拐点,采用分段拟合的方式得到,当 z 向力小于 6 N 时,标定系数为 $\alpha_1 = 4.84$ N/V, $\alpha_2 = 5.28$ N/V, $\alpha_3 = 4.31$ N/V, $\alpha_4 = 5.21$ N/V;当 z 向力为 6 $\sim$ 15 N 时,标定系数为 $\alpha_1 = 14.81$ N/V, $\alpha_2 = 12.79$ N/V, $\alpha_3 = 17.91$ N/V, $\alpha_4 = 17.36$ N/V。

这里,定义传感单元的灵敏度为每施加单位牛顿力时电压的增大值。由于每个单元有四个电压,为了方便得到灵敏度,将同一单元四个电阻的电压等效为三维力方向的电压,关系为

$$V_z = V_1 + V_2 + V_3 + V_4 \tag{6-11}$$

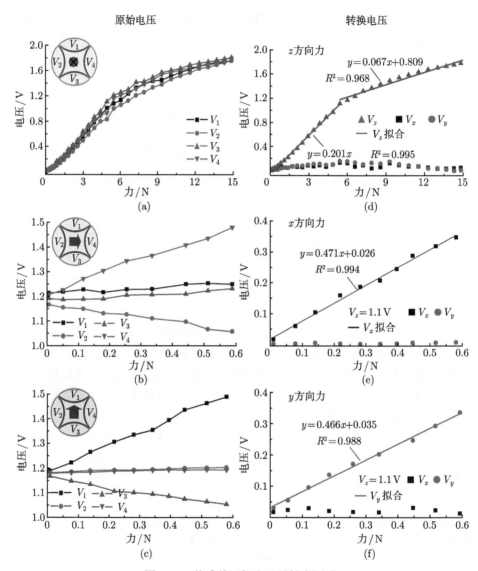

图 6.14　传感单元标定及灵敏度测试

$$V_y = V_1 - V_3 \tag{6-12}$$

$$V_x = V_2 - V_4 \tag{6-13}$$

其中，V_z 代表施加法向力时四个电阻电压的等效变化电压；V_y、V_x 为施加切向力时相应的等效电压。则灵敏度如图 6.14(d)~(f) 所示。可以看到传感器输出的等效电压与受力为良好的线性关系，其斜率可以代表传感单元的灵敏度。对于 x 方向

和 y 方向来说，传感器的灵敏度相近，分别为 0.471 V/N 和 0.466 V/N；对于 z 方向力而言，当受力范围在 0~6 N 时，灵敏度为 0.201 V/N，当受力范围在 6~15 N 时，灵敏度为 0.067 V/N。

由图 6.14(d)~(f) 的数据可以看出，当单独增大法向力时，切向力的数据点会有随机起伏，而单独增大某个方向的切向力时，另一方向的切向力以及法向力也是不规则波动，说明传感单元存在多维力耦合作用。此现象可以通过静态耦合率反映，其定义为某分量无作用力时所测得的力的绝对值相对于该分量量程的百分比。它代表了某分量力没有改变的情况下，其他分量力的改变对此分量力的影响。由标定与灵敏度测试的图可得，当仅对 z 方向加载时，x 方向和 y 方向的静态耦合率分别为 14.0% 和 13.2%；当仅对 x 方向加载时，y 方向和 z 方向的静态耦合率分别为 1.5% 和 2.7%；当仅对 y 方向加载时，x 方向和 z 方向的静态耦合率分别为 3.5% 和 1.2%。

将测试所得的触觉传感阵列性能指标总结如表 6.1 所示，可以看出所设计制作的触觉传感阵列具有良好的稳定性、重复性与动态响应特性，满足设计目标。

表 6.1　触觉传感阵列性能指标

施力方向	测试范围/N	标定系数/(N/V)				灵敏度/(V/N)	静态耦合率/%	重复性	迟滞性
		k_1/α_1	k_2/α_2	k_3/α_3	k_4/α_4				
F_x	$(-0.6, 0.6)$	1.98	—	1.98	—	0.471	y:2.7 z:1.5		
F_y	$(-0.6, 0.6)$	—	1.73	—	1.73	0.466	x:3.3 z:1.2	3.88%	5.54%
F_z	$(0, 6]$	4.84	5.28	4.31	5.21	0.201	x:14.0 z:13.2		
	$(6, 15)$	14.81	12.79	17.91	17.36	0.067			

6.4.2　机器人手穿戴的抓取测试

1. 机器人手抓取过程中的三维触觉力检测实验

智能机器人手物体抓取的实验平台，如图 6.15 所示。主要包括 ReFlex 三指机器人手 (RightHand，Robotics 公司)、制备的柔性触觉传感阵列、双光轴滚珠丝杆直线性升降台 (GGP，安卡公司)、57 步进电机及其驱动器 (DM542，安卡公司)、双轴可编程步进电机运动控制器 (KH-02，科恒公司) 和 ROS 控制系统。其中，ROS 控制系统为 Linux 系统下一种常用的机器人控制系统，用于控制机器人手指的运动位置；KH-02 步进电机运动控制器为两轴可联动运动的控制器，采用中文编程，可实现步进电机正反转、转速、转动角度控制；机器人手安装在双光轴滚珠丝杆的直线导轨上，通过步进电机的运动带动滚珠丝杠转动，进而实现机器人手的上升与下降直线运动；滚珠丝杆的导程为 4 mm，长度 200 mm，直径 12 mm，步进电机及其控制系统可以实现的最小转速为 20 rad/min，因此机器人手升降运动的最小速度为 80 mm/min, 运动距离为 200 mm。

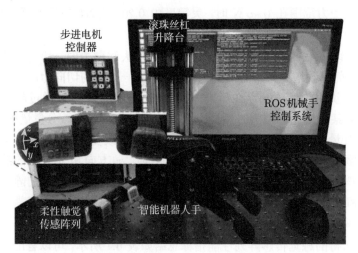

图 6.15　智能机器人手物体抓取的实验平台

通过 FPC 连接器连接柔性触觉传感阵列的 24 脚金手指, 使其环状紧固在机器人手两个指节上。定义传感单元的直角坐标系与贴在三维力平台上时一致, 即垂直阵列上平面为法向, 由 R_1 指向 R_3 为 y 切向的正向, 由 R_2 指向 R_4 为 x 切向的正方向, 此时 y 正向竖直向下, x 正向指向手掌。在单侧手指的第一、第二指节上布置触觉传感阵列, 根据机器人手在抓取物体时的形状, 端部指节指腹距关节 10 mm 处以及根部指节距中间关节 8 mm 处布置传感阵列可以保证抓取物体与传感阵列的最大有效面积接触。

本节利用装载了柔性触觉传感阵列的智能机器人手抓取平面物体、圆柱物体以及球面物体, 检测三个物体抓取过程中手指受到的分布式三维力。进行抓取实验时, 物体质心在传感阵列平面上的投影要求在 9 个单元区域内, 以便尽可能利用较多的触觉传感单元。

2. 不同形状物体抓取时的三维触觉力检测实验

机器人手抓取三种物体的实验, 如图 6.16 所示。抓取流程如下: ① 控制机器人手抓取物体; ② 保持 3 s, 保证稳定抓取; ③ 控制升降台带动机器人手抬起平面物体, 并保持 10 s; ④ 强制物体滑动约 5 mm 长度, 并保证物体不会脱离机器人手; ⑤ 再次保持稳定抓取 8 s; ⑥ 控制机器人手松开物体。

抓取过程中柔性触觉传感阵列检测到的三维力如图 6.17 所示, 红色为 z 方向法向力, 绿色为 x 方向水平切向力, 蓝色为 y 方向竖切向力。结合实验流程, 可以明显看出抓取力也能分为六个阶段: I, 传感阵列与目标物体接触并抓紧阶段,随着三指手逐渐抓紧物体，传感阵列与平面物体接触，各个单元受到的法向力逐渐上升，而切向力基本为 0 不变；II，第一次保持稳定抓取阶段，部分传感单元由于迟滞，仍会有法向力的轻微上升，经过保持后，各单元达到稳定；III，将平面物体从桌面抬起并保持阶段，在提起的瞬间，由于重力影响，各单元产生竖直方向的变形，导致 y 方向力突然增大，z 方向力也会有轻微的抖动，之后各单元趋于稳定；IV，强制平面物体向下滑动阶段，此阶段虽然机器人手没有明显放松，但是 z 方向力会有急剧下降与上升，y 方向力也会出现不规则抖动，而滑动结束后，两个方向的力又会趋于之前的稳定状态；V，再次保持一段时间，各单元重新稳定；VI，松开物体阶段，随着三指手逐渐松弛，法向力逐渐减小，y 方向力逐渐降为 0。整个过程中 x 方向水平切向力基本为零。

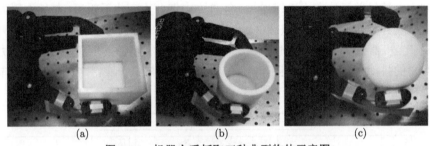

图 6.16　机器人手抓取三种典型物体示意图

(a) 抓取方形物体; (b) 抓取圆柱物体; (c) 抓取球形物体

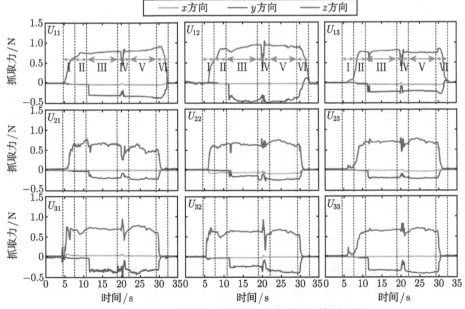

图 6.17　平面物体抓取过程的三维力分布检测结果

　　对比仿真与实验结果，抓取平面物体时各单元法向力在 0.7 ~ 1 N 浮动，最大值与最小值实验结果相差 0.34 N，仿真相差 0.26 N，实验最大值与最小值出现的位置无明显规律，但第一行单元受力略大于第二行与第三行单元，仿真结果为第一行到第三行受力逐行递减；x 方向水平切向力仿真与实验都为 0 N；y 方向竖直切向力在初始抓取时约为 0 N，提起物体时瞬间增大，切向力之和：实验为 -2.67 N，仿真为 -2.01 N，基本接近。

　　圆柱物体抓取过程中柔性触觉传感阵列的三维力检测结果如图 6.18 所示，同样，红色为 z 方向法向力，绿色为 x 方向水平切向力，蓝色为 y 方向竖直切向力。与第 4 章实验结果类似，本次抓取实验也仅有两列单元能够与圆柱接触，第一列不接触，其三个单元受力均为 0 N。第一阶段机器人手接触并抓紧圆柱时，第二列、第三列六个接触单元法向力迅速增加，竖直方向切向力变化不明显，与抓取平面物体的变化趋势类似。但是，抓取圆柱的这一过程中水平方向力也明显增大且两列方向相反。当机器人手提起杯子时，y 方向力猛然增大。物体发生滑动时，三维力也会有明显的抖动。再次回到稳定抓取状态时，抓取力与第一次稳定抓取状态基本一致。随着机器人手松开物体，三维力也会同步减小至 0 N。

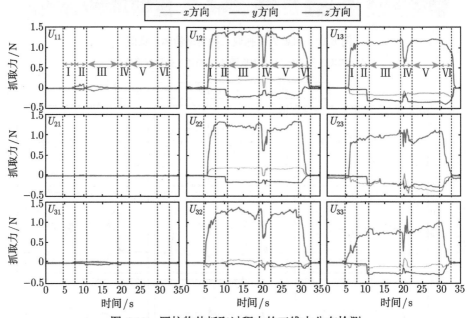

图 6.18　圆柱物体抓取过程中的三维力分布检测

　　对比仿真与实验结果，受力的两列单元法向力均为左侧大于右侧 (仿真第一列大于第二列，实验第二列大于第三列)，同行两单元法向力差值都是 0.2 N 左右，此数值与施加力的大小、圆柱曲率以及抓取时圆柱位置有关；物体提起瞬间 y 方向力突增，各单元之和实验为 1.82 N，仿真为 1.12 N；x 方向水平切向力都是受力的左侧列 (仿真第一列，实验第二列) 为正，指向指尖，右侧列 (仿真第二列，实验第三列) 为负，即指向掌心，同一行大小基本一样，可以互相抵消保证系统平衡。

抓取球体实验柔性触觉传感阵列检测到的三维力如图 6.19 所示，相比于前两种物体，球状物体第一次接触的单元仅有四个 (U_{11}、U_{12}、U_{21} 和 U_{22})。因为球体是嵌在四个单元中间，初始接触时即导致第一、二列向左右两侧挤压，第一、二行向上下两侧挤压，所以在初始接触时第一列与第二列 x 水平方向切向力即出现且方向相反，第一、二行 y 方向力也在初始接触时出现且方向相反。球体滑动之后接触单元发生变化，U_{11}、U_{12} 不再接触，三维力突变为 0；U_{31} 和 U_{32} 与物体接触，受力陡升。而滑动之后，虽然球体是嵌在第二行与第三行之间，但是第二行竖直方向的力并没有如第一行一样向上，只是略有减小。

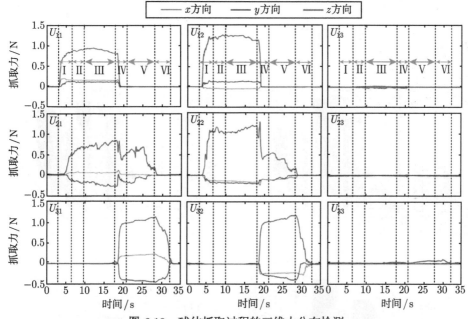

图 6.19　球体抓取过程的三维力分布检测

同样对比仿真与实验结果可得，第一列法向力之和小于第二列，此差值实验与仿真的结果分别为 0.97 N 与 0.73 N，实验第二行法向力之和比第一行大 0.78 N，而仿真为 0.39 N；由于球嵌在传感器四个单元中间，仿真与实验竖直切向力都是第一行方向为正，第二行方向为负，提起瞬间实验测得 y 方向力变化不明显，从仿真应变云图中可得，由于四个单元中间部分也有接触，可以提供摩擦力，可能是这一变化不明显的原因；第一列 x 方向水平切向力为正，即指向指尖，第二列 x 方向水平切向力为负，即指向掌心，两列单元的水平切向力基本接近。

　　三种形状物体抓取过程稳定时实验测得的法向力分布比较, 如图 6.20 所示。左侧为强制滑移前 ($t = 15$ s), 右侧为强制滑移后 ($t = 25$ s)。从图中可以看出, 平面接触物体九个单元都会受力, 大小在 $0.7\sim0.9$ N 波动; 圆柱面物体仅有两列单元受力, 且其中一列明显大于另外一列 (本次实验为第二列法向力大于第三列), 这是由于圆柱物体嵌在两列之间, 且稍偏向第二列; 球面接触物体受力单元更少

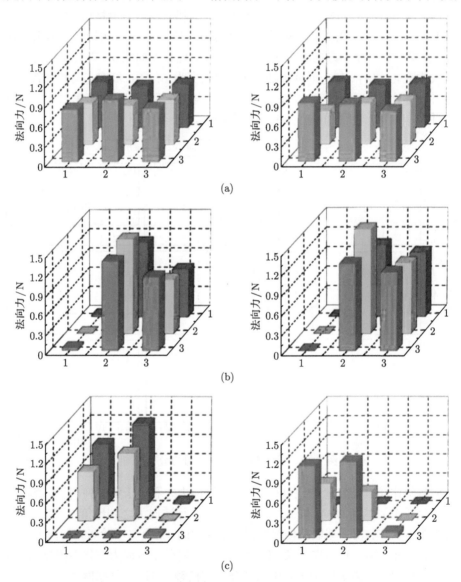

图 6.20　三种形状物体抓取过程稳定时的三维力分布比较

(a) 抓取平面接触物体的法向力分布; (b) 抓取圆柱物体的法向力分布; (c) 抓取球状物体的法向力分布

(本次实验为 U_{11}、U_{12}、U_{21} 和 U_{22})，也会有明显的某一列单元 (行) 受力大于另外一列 (行) 的情况，本次实验各单元法向力第二列大于第一列、第一行大于第二行。滑动后，球体的接触单元会明显改变，行之间受力大小仍有明显不同，而列之间受力大小不再明显，说明滑动过程中球向两列中间运动。

3. 不同抓取动作下的分布式触觉力检测实验结果

1) 指尖捏取状态下的分布式三维力检测实验

指尖捏取是机器人手最常见的抓取模式动作之一，常用于大小适中且质量偏小的物体抓取过程。Reflex 机器人手的指尖捏取，如图 6.21 所示。抓取过程分五个阶段：I，控制机器人手捏取圆柱形物体，这一过程持续约 2 s；II，保持这个抓取姿势约 3 s，以达到系统稳定；III，步进电机转动，使升降台带动机器人手抬起圆柱，上升速度为 10 mm/s，上升距离 20 mm；IV，保持机械手空中抓取圆柱约 10 s；V，控制机器人手松开杯子，恢复至实验开始前的状态。所抓圆柱形杯子的重量为 269 g，直径与 300 ml 烧杯一致，为 75 mm。

图 6.21 指尖捏取圆柱物体实验过程

(a) 未抓取；(b) 稳定抓取；(c) 提起

指尖捏取圆柱物体过程中触觉传感阵列测得的三维力分布如图 6.22 所示。从三维力测试结果来看，初始接触时，随着手指逐渐抓紧物体，法向力逐渐增大，手指停止运动后，法向力也相对稳定下来。在这个过程中，y 方向竖直方向力基本为 0，但是水平方向力逐渐增大，且第一列朝右第二列朝左。这是因为圆柱嵌于第一、二列中间，推动第一列凸起向右而第二列凸起向左变形。当机器人手竖直上升时，塑料杯离开桌面，在重力与摩擦作用下，接触单元的凸起向下变形，y 方向力突然增大。松开物体时，三个方向的力同步减小。对于本次实验，稳定后第一列的法向力之和大于第二列 0.32 N，说明圆柱杯子的质心更偏向于第一列，同一行单元水平切向力的第一列大于第二列 0.06~0.08 N，竖直方向切向力之和为 1.55 N。而第三列的三个单元全程没有与物体接触，三个方向的力均为 0 N。

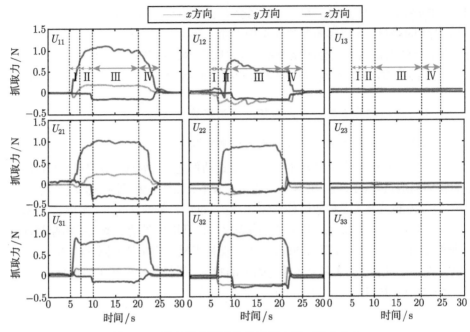

图 6.22　指尖捏取圆柱物体过程中的三维力分布

2) 掌心握取状态下的分布式三维力检测实验

对于较重的物体, 指尖捏取模式可能无法提供足够的抓取力来稳定抓取物体, 此时可采用掌心抓握的方式。Reflex 机器人手的掌心抓握, 如图 6.23 所示, 其抓取过程也可分为五个阶段: Ⅰ, 控制机器人手在 3 s 左右时间抓握圆柱形物体; Ⅱ, 保持 2 s 抓取姿势以达稳定; Ⅲ, 升降台带动机器人手抬起圆柱, 上升速度为 10 mm/s, 上升距离 20 mm; Ⅳ, 保持机械手空中抓取圆柱约 10 s; Ⅴ, 控制机器人手松开杯子, 恢复至实验开始前的状态。从图 6.23(b)、(c) 可以看出, 抓紧物体过程Ⅰ又可以分为两个阶段: ① 手指接近被抓圆柱, 根部指节首先与物体接触; ② 继续施加握紧力, 端部指节向内弯曲逐渐接触物体并抓紧。

图 6.24(a)、(b) 分别为掌心抓握圆柱物体时端部指节与根部指节上柔性触觉传感阵列的分布式三维检测结果。根部指节的柔性传感阵列先于端部指节的柔性传感阵列出现三维力, 且受力情况与指尖捏取时比较类似, 仅有两列受力, 但是水平切向力却没有如指尖捏取一样两列方向相反。而端部指节仅有第三列受到压力, 水平方向力也会随着法向力增加而增大。

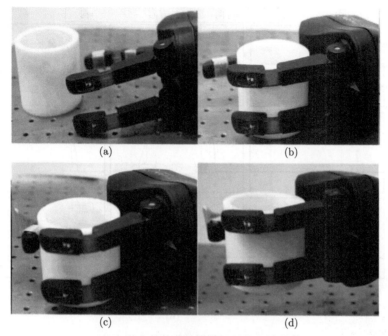

图 6.23 掌心抓握圆柱物体实验过程

(a) 未抓取; (b) 初始接触; (c) 稳定抓取; (d) 提起

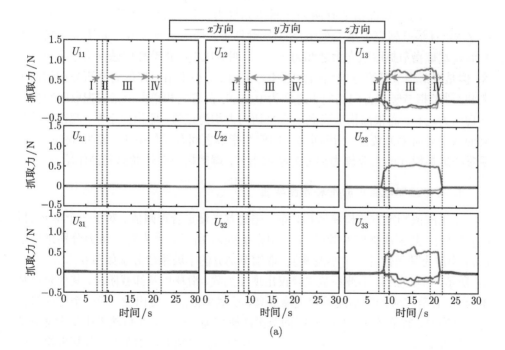

(a)

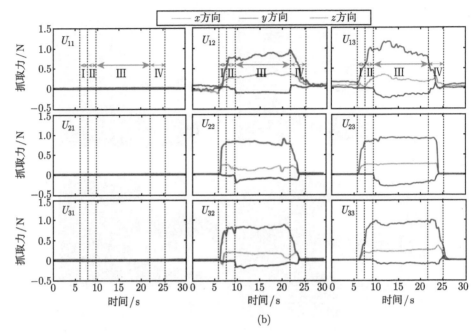

(b)

图 6.24　掌心抓握圆柱物体的三维力分布

(a) 端部指节传感阵列检测到的三维力分布；(b) 根部指节传感阵列检测到的三维力分布

　　本次实验，根部指节有两列传感单元受力，法向力之和第三列大于第二列 0.27 N，且第三列先于第二列 0.88 s 接触杯子，端部指节接触时间比根部指节晚 1.36 s。端部指节抓取法向力之和为 1.79 N，明显比根部指节抓取法向力之和小 2.83 N；但是根部指节竖直方向切向力之和为 1.14 N，小于指间捏取时竖直方向切向力之和，端部指节竖直方向切向力之和为 0.58 N，两者之和稍大于指尖捏取时竖直方向切向力之和；而根部指节受到的水平切向力均为正值，即指向手掌，端部指节受到的水平切向力为负值，指向指尖，即两个指节之间有互相挤压。说明 Reflex 三指手掌心抓握模式的主要施力部分为根部指节，端部指节起辅助抓稳的作用。

4. 物体抓取过程中的滑移检测实验

　　采用阈值判定方法检测滑移之前，需要首先设定合理阈值。对于一个单元 (以 U_{22} 为例)，其某次抓取实验的结果如图 6.25(a) 所示。首先对三维力分别进行以 Haar 小波为基函数的三阶小波变换，取细节部分的小波系数分别如图 6.25(b)、(c)、(d) 所示，可以看到，小波系数尖峰仅出现在加载、滑移以及卸载阶段，其他阶段基本为 0，且滑移时刻的小波系数尖峰最高。从概率论的角度出发，当一个过程符合正太分布时，其值落在 $M \pm 3\sigma$ 区间范围的概率为 0.9974，而自然界中绝大部分随机过程都可以用正太分布描述。因此，对这些小波系数取绝对值后，仅提取滑动时间段的细节系数, 求其平均值 M 与方差 σ, 设定滑移阈值为 $\pm(M - 3\sigma)$。若小波系数超出此范围, 则认为单元检测到滑移。对于本次实验结果而言, z 方向, x 方向和 y 方向阈值分别为 ± 0.06, ± 0.01 和 ± 0.01。

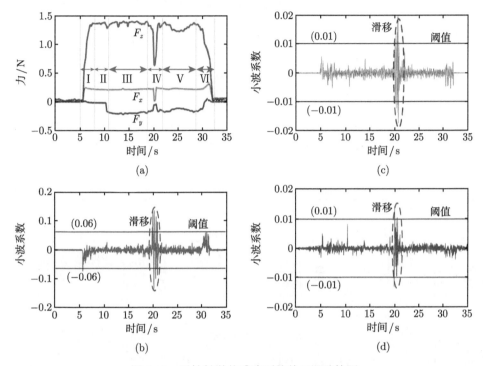

图 6.25　柔性触觉传感阵列的单元滑移检测

而对于整个传感器而言, 每次实验如果都对 9 个单元计算阈值则显得太过烦琐, 将降低反馈的实时性, 所以需要对传感器整体阈值进行设定。首先, 针对平面、柱面以及球面物体各进行三次滑移预实验, 按照前述方法计算每次实验各个接触单元所得的滑移检测阈值; 再对同一种物体同一个单元三次实验三个方向得到的阈值取平均, 见表 6.2; 然后, 分别对各个方向接触单元的阈值再次取平均, 得一种物体三个方向的滑移判定阈值; 最后, 分别取三种物体各个方向小波系数阈值的最小值作为传感阵列的整体阈值用于后续的滑移判定, 因此, z 方向, x 方向和 y 方向阈值分别为 ± 0.06, ± 0.01 和 ± 0.01。

平面物体抓取过程中的滑移检测结果如图 6.26 所示, 蓝色、紫色和黄色的平面分别代表 z, x, y 方向阈值 0.06, 0.01 与 0.01。当物体发生滑动时 (19~22 s 时间段), 三个方向小波系数细节部分峰值明显高于设定的滑动判定阈值, 因此可以认为传感阵列有效识别到滑移。当加载和卸载的时候, 虽然也有个别单元的小波系数大于阈值, 但是数量较少。当物体被提起的时候, y 方向力会迅速增大, 各接触单元

的 x、y 方向力的小波系数也会突然出现尖峰而超过阈值平面，如图 6.26(b)、(c)，可能造成滑移误判。

表 6.2　用于滑移识别的小波系数阈值设定

抓取物体	方向	传感单元									平均
		U_{11}	U_{12}	U_{13}	U_{21}	U_{22}	U_{23}	U_{31}	U_{32}	U_{33}	
正方体	z	0.047	0.064	0.056	0.055	0.043	0.051	0.052	0.062	0.065	0.055
	x	0.008	0.012	0.01	0.009	0.014	0.008	0.012	0.016	0.014	0.011
	y	0.011	0.018	0.013	0.013	0.017	0.012	0.016	0.013	0.011	0.014
圆柱形烧杯	z	—	0.075	0.06	—	0.059	0.066	—	0.064	0.053	0.063
	x	—	0.021	0.015	—	0.021	0.019	—	0.015	0.025	0.019
	y	—	0.018	0.029	—	0.022	0.024	—	0.019	0.023	0.023
球体	z	0.077	0.061	—	0.081	0.062	—	0.069	0.065	—	0.069
	x	0.008	0.011	—	0.013	0.011	—	0.013	0.015	—	0.012
	y	0.009	0.007	—	0.013	0.01	—	0.012	0.014	—	0.011

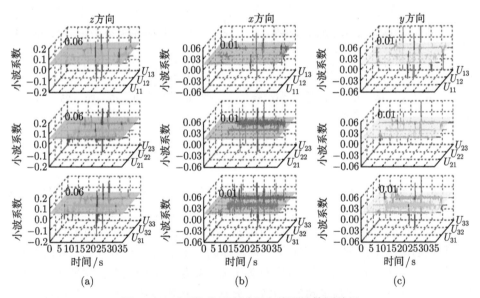

图 6.26　平面物体抓取过程中的滑移检测结果

规定小波系数细节部分超过阈值的时间段为物体滑动时间，定义这段时间小波系数细节部分绝对值的平均值为滑移强度。将平面物体抓取实验中各个单元识别到滑移的时刻及其强度汇总到表 6.3。结合前面三维力分布的情况来看，受力大的单元检测到的滑移强度更大，因为受力大的单元在与物体相对运动的过程中震动更加剧烈，导电橡胶电阻变化更加没有规律，力的波动较大。x 方向识别到的滑移时刻明显比 y 方向与 z 方向识别到的滑移时刻晚，说明虽然滑移时刻的小波系数已经部分可以超过阈值平面，但是初始滑移时 x 方向的小波系数还是较小。如果以每个单元 x、y、z 三个方向最早识别到滑移的时刻为该单元识别到滑移的时刻，那么最早识别到滑动的是 $U_{21}(19.85 \text{ s})$，最晚识别到滑动的是 $U_{23}(20.06 \text{ s})$，相差 0.21 s。

表 6.3 平面物体抓取过程中的滑移强度与发生时刻检测结果

x	第 1 列		第 2 列		第 3 列	
	强度	时间/s	强度	时间/s	强度	时间/s
第 1 行	0.011±0.002	20.14	0.010±0.002	20.19	0.012±0.004	20.11
第 2 行	—	—	0.023±0.012	20.29	0.011±0.014	20.17
第 3 行	0.010±0.002	20.16	0.010±0.003	20.16	0.012±0.001	20.23
y	第 1 列		第 2 列		第 3 列	
	强度	时间/s	强度	时间/s	强度	时间/s
第 1 行	0.024±0.016	19.96	0.030±0.023	19.85	0.027±0.020	19.94
第 2 行	—	—	0.016±0.009	19.86	0.017±0.011	19.88
第 3 行	0.028±0.012	19.75	0.027±0.018	19.86	0.025±0.020	19.96
z	第 1 列		第 2 列		第 3 列	
	强度	时间/s	强度	时间/s	强度	时间/s
第 1 行	0.087±0.026	19.96	0.112±0.046	19.95	0.088±0.033	19.98
第 2 行	0.086±0.031	19.96	0.093±0.033	19.86	0.096±0.034	19.90
第 3 行	0.085±0.022	19.97	0.098±0.022	20.06	0.098±0.038	19.91

圆柱物体抓取过程中的滑移检测结果如图 6.27 所示，蓝色、紫色和黄色的平面同样代表小波系数阈值，各个单元识别到滑移的时刻及其强度见表 6.4。

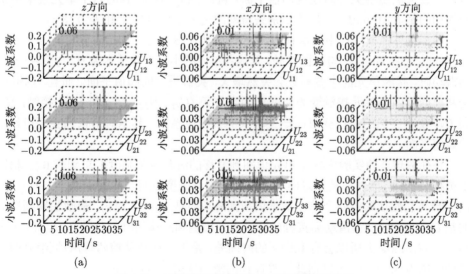

图 6.27 圆柱物体抓取过程中的滑移检测结果

表 6.4　圆柱物体抓取过程中滑移强度与发生时刻的检测结果

x	第 1 列		第 2 列		第 3 列	
	强度	时间/s	强度	时间/s	强度	时间/s
第 1 行	—	—	0.016±0.005	20.04	—	—
第 2 行	—	—	0.025±0.004	20.07	0.025±0.011	20.05
第 3 行	—	—	0.022±0.019	19.96	0.013±0.004	19.94
y	第 1 列		第 2 列		第 3 列	
	强度	时间/s	强度	时间/s	强度	时间/s
第 1 行	—	—	0.027±0.014	20.07	0.029±0.018	20.05
第 2 行	—	—	0.020±0.006	20.06	0.026±0.015	20.04
第 3 行	—	—	0.015±0.005	19.93	0.028±0.015	20.01
z	第 1 列		第 2 列		第 3 列	
	强度	时间/s	强度	时间/s	强度	时间/s
第 1 行	—	—	0.132±0.051	20.09	0.085±0.034	19.93
第 2 行	—	—	0.076±0.029	19.93	0.135±0.077	19.96
第 3 行	—	—	0.103±0.053	20.05	0.092±0.041	19.91

　　由于抓取圆柱时第一列三个单元没有接触，U_{11}、U_{21}、U_{31} 的小波系数为 0。接触的六个单元细节部分小波系数在圆柱发生滑动时三个方向有明显峰值，除 U_{13} 的 x 方向外，都高于设定的阈值，此时柔性触觉传感阵列可以识别到物体滑移。加载过程中，z 方向小波系数虽然没有超出阈值平面，但 U_{23}、U_{32} 的 x 方向小波系数超出阈值平面。当圆柱被提起的时候，y 方向力会迅速增大，各接触单元的小波系数也会突然出现尖峰而超过阈值平面。圆柱抓取实验接触的六个单元最早识别到滑动的是 U_{33}(19.91 s)，最晚识别到滑动的是 U_{12}(20.04 s)，相差 0.13 s。

　　球形物体抓取过程中的滑移检测结果如图 6.28 所示，初始阶段仅有四个单元 (U_{11}、U_{12}、U_{21} 和 U_{22}) 与球面接触，其他各单元的小波系数基本为 0。与圆柱一样，当滑动时，接触单元的小波系数会突然增大，突破设定的阈值平面。而且，球滑动是从前两行四个单元接触变为后两行四个单元 (U_{21}、U_{22}、U_{31} 和 U_{32}) 接触，U_{31} 和 U_{32} 受到突然的挤压变形而产生较大的负小波系数，其绝对值依然会超出设定的阈值平面。

　　将抓取球体的实验中各个单元识别到滑移的时刻及其强度汇总到表 6.5。相比于圆柱类物体，球体在竖直方向 (y 方向) 的滑移强度更明显的大于水平方向 (x 方向)。球体初始接触的四个单元最早识别到滑动的是 U_{22}(18.14 s)，最晚识别到滑动的是 U_{11}(18.59 s)，而滑动后接触的两个单元检测到滑移的时刻分别是 U_{31}(18.76 s) 与 U_{32}(18.74 s)。之所以会有 0.62 s 的时间差，是因为球体从前两行滑动到后两行，滑动距离为 3.5 mm。可以据此计算球体的滑动速度为 5.65 mm/s。

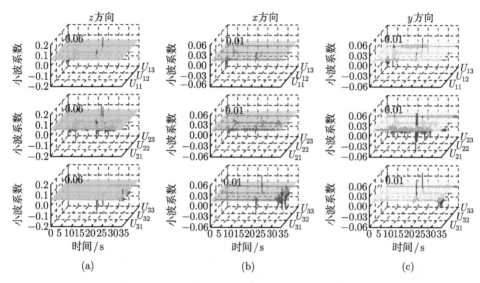

图 6.28 球形物体抓取过程中的滑移检测结果

表 6.5 球形物体抓取过程中滑移强度与发生时刻的检测结果

x	第 1 列		第 2 列		第 3 列	
	强度	时间/s	强度	时间/s	强度	时间/s
第 1 行	0.012±0.003	18.89	—	—	—	—
第 2 行	—	—	0.013±0.004	18.64	—	—
第 3 行	0.019±0.012	18.76	0.021±0.011	18.77	—	—

y	第 1 列		第 2 列		第 3 列	
	强度	时间/s	强度	时间/s	强度	时间/s
第 1 行	0.014±0.003	18.89	0.020±0.011	18.56	—	—
第 2 行	0.027±0.016	18.4	0.016±0.012	18.66	—	—
第 3 行	0.028±0.024	18.83	0.024±0.016	18.89	—	—

z	第 1 列		第 2 列		第 3 列	
	强度	时间/s	强度	时间/s	强度	时间/s
第 1 行	0.061±0.013	18.59	0.092±0.033	18.62	—	—
第 2 行	0.065±0.015	18.49	0.088±0.031	18.14	—	—
第 3 行	0.080±0.030	18.85	0.082±0.031	18.74	—	—

综合比较以上三种物体的滑移检测结果，不难发现，对于单个单元，极容易出现在某个方向的滑移误判，因此需要从传感阵列整体来考虑滑移识别。不妨将 9 个单元 3 个方向是否识别到滑移看作 27 个符合 0-1 分布 $B(1, p)$ 的样本，从概率论角度出发，传感阵列整体识别到滑移的置信水平为 $1 - \alpha$ 时，置信区间可由下式估计

$$\hat{p}_{\mathrm{L}} = \frac{-b - \sqrt{b^2 - 4ac}}{2a} \tag{6-14}$$

$$\hat{p}_{\mathrm{H}} = \frac{-b + \sqrt{b^2 - 4ac}}{2a} \tag{6-15}$$

式中，$\hat{p}_{\mathrm{L}}$ 为置信区间下限；$\hat{p}_{\mathrm{H}}$ 为置信区间上限；其中用到的参数 a、b、c 由下式给出

$$a = n + z_{\alpha/2}^2 \tag{6-16}$$

$$b = -(2n\bar{X} + z_{\alpha/2}^2) \tag{6-17}$$

$$c = n\bar{X}^2 \tag{6-18}$$

$$\bar{X} = \frac{x}{n} \tag{6-19}$$

其中，n 为样本数，假设有 m 个单元检测到三维力，每个单元就可以在三个方向识别滑移，所以 $n = 3 \times m$；x 为 n 个样本中识别到滑移的数量；$z_{\alpha/2}$ 为与 α 相关的参量。工程上常用的置信水平为 90%($\alpha = 0.1$) 或 95%($\alpha = 0.05$)，本节取 $\alpha = 0.05$，查正态分布表可知此时 $z_{0.025} = 1.96$。

分别计算抓取三种物体实验中提起物体和滑移时传感阵列整体识别到滑移的置信区间，见表 6.6。从表中可以看出，当提起物体时，传感阵列整体识别到滑移的置信区间最大为 0.522，最小为 0.031，可信度低；而物体滑移时传感阵列整体识别到滑移的置信区间最大甚至可达 0.990，即便最小值 0.672，也已经大于提起物体时的置信区间最大值，可信度高。因此，采用此种方法可以从阵列整体考虑物体是否发生滑移，避免单元的滑移误判。

表 6.6   三种物体抓取过程中传感阵列整体识别到滑移的置信度

	提起物体			物体滑移		
	平面	柱面	球面	平面	柱面	球面
接触单元数 m	9	6	6	9	6	6
样本数 n	27	18	18	27	18	18
识别滑移数 x	9	5	2	25	17	16
置信区间下限 $\hat{p}_{\mathrm{L}}$	0.186	0.125	0.031	0.766	0.742	0.672
置信区间上限 $\hat{p}_{\mathrm{H}}$	0.522	0.509	0.328	0.979	0.990	0.969

6.5   本章小结

本章介绍了基于导电橡胶的柔性触滑觉复合传感阵列的结构设计和制造工艺，并进行了传感器的性能测试和三维力标定，最后进行了机器人手穿戴的抓取实验，包括三维力测试和滑移检测，具体总结如下。

(1) 首先通过分析智能机器人手的机电本体结构和抓取动作，提出触滑觉复合传感阵列的设计目标与要求，进而开展智能机器人柔性触滑觉复合传感阵列的结构设计研究。整体采用 3×3 阵列，包括传力凸起层、导电橡胶层与柔性图案化电极阵列基底这三层结构，并对设计的触滑觉复合传感阵列的三维力检测与滑移测试原理进行了详细阐述。

(2) 提出了柔性触滑觉复合传感阵列的微制造工艺流程，完成了材料选型与原理样机的制作。该传感阵列的敏感材料为 Inaba 公司的 Inastomer 导电橡胶，封装与凸起结构采用改性硬化的聚二甲基硅氧烷 (PDMS)，底层电极则是在 PET 基底上制作的图案化镀金电极，各层之间采用硅胶塑料黏合剂、导电铜胶紧密黏合。随后，完成了传感单元的三维力测试标定以及重复性、一致性及稳定性等测试。

(3) 搭建了智能机器人手物体抓取实验平台，以智能机器人手物体抓取的两种常见模式 (指尖捏取与掌心抓握) 为例，研究了智能机器人不同抓取模式时三维触觉力的产生机理及其分布规律，并基于小波变换方法实现了抓取过程中滑移的检测判断。

本章设计并制造了一种基于导电橡胶的柔性触滑觉复合传感阵列，通过性能测试和抓取实验得出：设计和制造的触滑觉复合传感阵列可以实现三维力的测量，并具有较高的测量精度，通过对三维力数据进行小波变换可以实现抓取过程中滑移的检测判断。

第7章 柔性触觉传感阵列的滑移检测力学建模

7.1 引 言

智能机器人手已广泛应用于日常活动中的抓取操作,但由于缺乏对被抓物体的质量、形貌、表面纹理、材质等的信息感知,机器人往往无法准确预估抓取力的大小,以实现物体的稳定灵巧抓取。偏小的抓取力无法有效提起被抓物体,过大的抓取力可能会对被抓物体造成损伤;而处于临界状态的抓取力又会因为外界干扰导致抓取的稳定性受到影响。因此,为合理施加抓取力,机器人在抓取过程中的滑移检测尤为重要。

滑移的产生与物体和手指间接触的力学特性密切相关。根据抓取时手指与物体的接触,影响滑移的因素主要有手指施加的正向力、切向力,手指与物体接触区域的形貌、纹理及表面粗糙度等。产生滑移的原因也可分为三种:① 施加的正向力不够,导致产生的切向力小于物体重量;② 由于碰撞或外界干扰,切向力瞬时增大;③ 接触区域的性质发生变化,如接触面积减小或表面粗糙度降低等。

自 20 世纪 90 年代起,国内外已有学者针对抓取过程中的滑移现象及其产生机理开展了相关研究。如 1998 年,日本 Keio 大学 Maeno 等 [218] 建立了手指与平面物体的接触模型,研究了滑动过程中触觉信息从皮肤表面传递到各类机械刺激感知小体的传递过程。结果表明人手皮肤的滑移感知主要是通过环层小体对高频振动信号的感知来进行,滑移方向的感知是梅氏小体、梅克尔触盘、拉菲尼小体这三类感知小体共同作用的结果。2000 年,意大利博洛尼亚大学 Melchiorri[166] 建立了手指与物体的接触模型,比较了线性和旋转滑动两种条件下摩擦系数和切向力的变化。2015 年,日本立命馆大学 Hirai 等 [219,220] 提出了一种基于束状虚拟微悬臂梁的手指模型,通过数值计算研究了手指在平面滑动时产生的力和微位移。2007 年,河南科技大学的尚振东等 [221] 分析了物体滑动时机械手爪的受力及弯曲变形,结果表明滑动时微振动引起的滑动加速度与光电器件输出电压的微分呈线性关系,进而建立起滑动程度的判断模式,并开展了机械手软抓取的初步实验研究。2013 年,南京农业大学的朱树平等 [222] 研究了机器人手爪与果蔬抓取时的接触模型,并分析了二指和多指在稳定抓取时机器人手爪力封闭抓取及稳定条件,但滑移过程的力学特性及变化规律有待进一步研究。

滑移过程中手指与物体接触的受力情况极为复杂,滑移过程可以分为初始滑移和整体滑动两个阶段,均会对触觉力的产生有影响。为此,本章在梁束理论、迭代算法和分形理论的指导下,对基于导电橡胶的柔性触觉传感阵列在初始滑移和整体滑动阶段的力学特性进行理论建模分析,研究初始滑移和整体滑动阶段对传感器触觉力信号的影响规律,为后续触觉传感阵列的滑移检测与物体表面纹理识别应用打下基础。

7.2 基于导电橡胶的柔性触觉传感阵列

柔性触觉传感阵列的分层结构与实物照片,如图 7.1 所示。该触觉传感阵列为 3×3 的阵列结构,共 9 个传感单元,自上到下可分为表面凸起层,中间导电橡胶敏感层及底部电极层。表面凸起层由混杂有质量分数为 12.5% 二氧化硅的 PDMS 铸模浇注而成,表面层的厚度为 0.8 mm,球冠状凸起按 3×3 的阵型排布。中间敏感材料层选取了日本伊奈霸橡胶有限公司生产的 INASTOMER 导电橡胶,其具有良好的抗干扰性能。导电橡胶先被裁剪为直径为 3.0 mm、厚度为 0.5 mm 的圆片,其排布方式与球冠状凸起相对应,并用 RTV 硅胶进行固定。电极层的基材为聚对苯二甲酸乙二酯 (PET),布置在其上表面的电极呈圆形的五电极图案,由 4 个在同一圆周上均匀分布的周边电极和位于中心的公共电极组成。

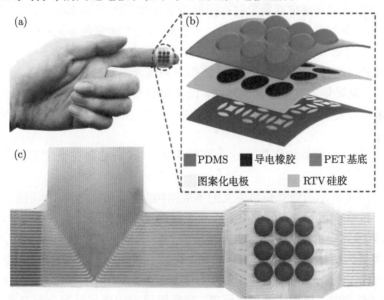

图 7.1 穿戴在人手上的柔性触觉传感阵列 (a)、触觉传感阵列的分层结构示意 (b) 和实物照片 (c)

柔性触觉传感阵列的三维力测量原理为:当触觉传感阵列与被抓物体接触时,表面凸起层会将外力传递至导电橡胶所在区域;导电橡胶受力后发生变形,其内部炭黑颗粒的间距缩短并构成导电通路, 继而使得各个电极间的电阻值产生相应的变化; 通过解耦计算后, 可根据电阻值的变化来实现三维力的测量。

7.3　柔性触觉传感阵列在初始滑移阶段的力学建模

当触觉传感阵列穿戴在人手或机器人手上用于物体抓取时, 物体的滑移也可看作是触觉传感阵列在接触物体表面的滑动, 初始滑移阶段对于触觉力的产生影响较为复杂。为此, 本节在梁束理论和迭代算法的指导下, 对柔性触觉传感阵列在初始滑移阶段的受力情况进行了简化, 建立了触觉传感阵列初始滑移的力学模型, 分析了传感单元接触面上任意点发生位移的先后顺序及其剪切形变大小, 获得了初始滑移对触觉传感阵列力学特性的影响规律, 可为触觉传感单元的结构设计和滑移检测方法研究提供理论基础。

7.3.1　基于梁束理论的柔性触觉传感单元的力学建模

1. 梁束理论简介

梁束模型 (Beam-Bundle Model) 是日本北陆先端科学技术大学的 Ho 教授在研究弹性体滑动的局部位移现象时提出的力学模型 [223–225], 其核心思想是将可变形梁作为基本单元对弹性体进行划分, 并在此基础上研究各单元在接触表面上的力学行为。为降低计算量, 通常梁束模型有以下四点假设:

(1) 接触对象是刚性平面, 且弹性体始终与该表面紧密贴合;

(2) 当任意梁单元发生弯曲变形时, 仅考虑形变在接触面上对梁单元的影响;

(3) 梁单元之间的相互作用仅发生在接触面上, 并只对发生接触的梁单元进行受力分析;

(4) 梁单元的顶端均固接于一个刚性平面, 其横截面在长度方向上不发生变化。

对于图 7.1 所示的触觉传感单元的多层结构, 将其简化为图 7.2 所示的梁束模型示意图, 传感单元的中间层导电橡胶和表层球冠状凸起等效为半球结构, 接触区域离散为束状的梁单元; 因底部电极层基材的杨氏模量相对其他两层高出 3 个数量级, 故可视为刚体, 在建模时予以省略。在梁束模型中, 采用了有限元思想对接触面滑移的垂直方向上的相互作用力进行了处理, 并使用 Voigt 单元模型来描述弹性体的黏弹性现象。根据达朗贝尔原理, 任意梁单元应满足以下力学关系:

$$m_i[a]_i = [F_b]_i - [F_{fr}]_i - ([F_{ela}]_i + [F_{vis}]_i) \tag{7-1}$$

式中, 下标 i 代表梁单元的序号; m 为梁单元在接触面上的等效质量; $[a]$ 为梁单元的加速度向量; $[F_b]$ 为因剪切变形而产生的弯曲力向量, $[F_{fr}]$ 为库仑法则下的摩擦力向量，此两项与时间 t 相关；$[F_{\text{ela}}]$ 和 $[F_{\text{vis}}]$ 是周围梁单元对第 i 号梁产生的弹性力与黏性力向量。

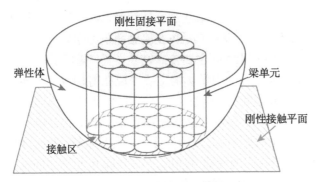

图 7.2 梁束模型示意图

对接触面上的梁单元进行网格化处理并将荷载移置后，式 (7-1) 可扩展为矩阵形式

$$\boldsymbol{M}[\delta''] = -\boldsymbol{K}_{\text{ela}}[\delta] - \boldsymbol{K}_{\text{vis}}[\delta'] + [F_{\text{b}}] - [F_{\text{fr}}] \tag{7-2}$$

式中，$[\delta]$、$[\delta']$ 和 $[\delta'']$ 分别代表梁单元端面几何中心 (网格节点) 的位移、速度和加速度向量；$\boldsymbol{M}$ 是惯性矩阵；$\boldsymbol{K}_{\text{ela}}$ 和 $\boldsymbol{K}_{\text{vis}}$ 分别为弹性刚度矩阵与黏性刚度矩阵。

在库仑摩擦法则下，当法向力保持为常值时，梁单元所受的摩擦阻力与切向外力在绝大多数情况下不构成可导函数，并造成式 (7-2) 的位移边界条件始终处于变化之中，给求解带来了困难。为解决这一问题，基于拉格朗日乘子法和约束稳定法则 (Constraint Stabilization Method, CSM) 对方程进行了改写，即

$$\boldsymbol{M}[\delta''] - \boldsymbol{A}[\lambda] = -\boldsymbol{K}_{\text{ela}}[\delta] - \boldsymbol{K}_{\text{vis}}[\delta'] + [F_{\text{b}}] - [F_{\text{fr}}] \tag{7-3}$$

$$-\boldsymbol{A}^{\text{T}}[\delta''] = \boldsymbol{A}^{\text{T}}(2\omega[\delta'] + \omega^2[\delta]) \tag{7-4}$$

式中，$[\lambda]$ 是拉格朗日乘子向量；$\boldsymbol{A}$ 是几何约束矩阵；ω 是预设角频率常值，可使得位移边界条件在计算过程中快速得到满足。

显然，式 (7-3) 和式 (7-4) 构成了多元二阶时变微分方程组，可利用微分方程的数值解法来进行迭代求解。在引入方程 $[\delta]' = [\delta']$ 和必要的初始条件后，可利用经典龙格-库塔法对此初值问题的结果进行数值推算。此时方程组的主体部分将具有如下形式：

$$\begin{bmatrix} \boldsymbol{I} & \boldsymbol{0} & \boldsymbol{0} \\ \boldsymbol{0} & \boldsymbol{M} & -\boldsymbol{A} \\ \boldsymbol{0} & -\boldsymbol{A}^{\text{T}} & \boldsymbol{0} \end{bmatrix} \left\{ \begin{array}{c} [\delta]' \\ [\delta''] \\ [\lambda] \end{array} \right\} = \left\{ \begin{array}{c} [\delta'] \\ -\boldsymbol{K}_{\text{ela}}[\delta] - \boldsymbol{K}_{\text{vis}}[\delta'] + [F_{\text{b}}] - [F_{\text{fr}}] \\ \boldsymbol{A}^{\text{T}}(2\omega[\delta'] + \omega^2[\delta]) \end{array} \right\} \tag{7-5}$$

2. 三维梁束模型的静态简化

式 (7-5) 的建立使得局部位移问题的求解计算量得到了指数级下降, 但因为黏性力的存在, 在利用经典龙格–库塔法进行计算时, 单步长仍需构建网格节点数目 14 倍以上的方程以估算下一步长弹性体在接触面上力学行为的初始条件。且约束稳定法则下起收敛加速作用的 ω 主要依靠经验设置, 降低了该方法的泛化能力。

局部位移现象对弹性体的力学影响主要表现在剪切应变分布上, 故而弹性体在接触面上的位移分布是重点考察对象。由于梁单元的速度分量恒不变号, 其与位移分量呈现正相关关系, 故还可从位移分布情况反推得到各单元滑移时刻的先后顺序。若仅对初始位移阶段结束时刻的位移分布进行求解, 此时弹性体已处于受力平衡状态, 其应变关于时间的导数 $\mathrm{d}\varepsilon/\mathrm{d}t = 0$, Voigt 单元描述的黏弹性力项将全部由弹性力项组成, 故式 (7-2) 可简化为

$$\boldsymbol{K}_{\mathrm{ela}}[\delta] = [F_{\mathrm{b}}] - [F_{\mathrm{fr}}] \tag{7-6}$$

参照梁束模型的第一条假设, 式 (7-6) 可按平面应变问题进行处理求解。为表述方便, 本节称整体平衡方程组是上述简化式的三维梁束模型, 为 "静态梁束模型"。对于球冠状表面凸起而言, 其在法向压力的作用下将和刚性平面形成圆形的接触面。因此, 在整个初始滑移阶段, 弹性体在该接触面上的力学行为都将关于 y 轴对称, 见图 7.3。故而在构建静态梁束模型时, 仅需对其右 (左) 半圆面进行建模, 并设置其左 (右) 边界 x 方向位移分量恒为 0。

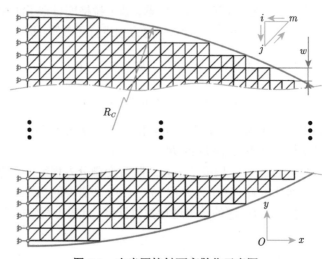

图 7.3　右半圆接触面离散化示意图

1) 弹性体接触面的离散化及其弹性刚度矩阵的建立

弹性体右半接触面按常应变三节点等腰直角三角形单位进行离散化, 其结果

示意如图 7.3 所示。设置笛卡儿坐标原点与接触圆圆心重合,并要求圆心处存在网格节点;设 y 轴与其左边界重合。图中 R_C 为接触圆半径,w 为三角形单元腰长,将三角形单元直接看作是梁单元的端面。因为有限元方法求解的是网格节点上的位移,单元内部的任意点 $n(x,y)$ 的位移需通过线性插值的方式进行求解。对于图 7.3 所示 ijm 三角形单元,n 点位移和三节点位移之间的关系为

$$[\delta_n] = [u_n, v_n]^{\mathrm{T}} = \begin{bmatrix} \dfrac{y-x}{w} & 0 & 1-\dfrac{y}{w} & 0 & \dfrac{x}{w} & 0 \\ 0 & \dfrac{y-x}{w} & 0 & 1-\dfrac{y}{w} & 0 & \dfrac{x}{w} \end{bmatrix} [u_i, v_i, u_j, v_j, u_m, v_m]^{\mathrm{T}}$$
$$= \boldsymbol{N}[\delta]^e \tag{7-7}$$

式中,$\boldsymbol{N}$ 为形函数矩阵;$[\delta]^e$ 为单元节点位移向量;u 指 x 方向上的位移分量;v 指 y 方向上的位移分量。需要注意的是,对于 ijm 三角形的中心对称图形,可证明其形函数矩阵 $\boldsymbol{N}' = -\boldsymbol{N}$。

平面应变问题假设弹性体任意位置均不存在法向应变 ε_z 和切应变 γ_{zx}、γ_{zy},故其几何方程可简化为

$$\varepsilon_x = \frac{\partial u}{\partial x}, \quad \varepsilon_y = \frac{\partial v}{\partial y}, \quad \gamma_{xy} = \frac{\partial v}{\partial x} + \frac{\partial u}{\partial y} \tag{7-8}$$

式中,ε_x、ε_y、γ_{xy} 分别表示 x 方向和 y 方向上的正应变、xOy 平面上的切应变。

将式 (7-7) 代入其中,即可得等腰直角三角形单元内任意点应变与其节点位移的关系

$$[\varepsilon] = [\varepsilon_x, \varepsilon_y, \gamma_{xy}]^{\mathrm{T}}$$
$$= \begin{bmatrix} -\dfrac{1}{w} & 0 & 0 & 0 & \dfrac{1}{w} & 0 \\ 0 & \dfrac{1}{w} & 0 & -\dfrac{1}{w} & 0 & 0 \\ \dfrac{1}{w} & -\dfrac{1}{w} & -\dfrac{1}{w} & 0 & 0 & \dfrac{1}{w} \end{bmatrix} [u_i, v_i, u_j, v_j, u_m, v_m]^{\mathrm{T}} = \boldsymbol{B}[\delta]^e \tag{7-9}$$

式中,$\boldsymbol{B}$ 是联系单元应变与节点位移的应变矩阵。

在广义胡克定律下,平面应变问题中的平面法向正应力 σ_z 与 x 方向正应力 σ_x 和 y 方向正应力 σ_y 存在以下关系

$$\sigma_z = \mu(\sigma_x + \sigma_y) \tag{7-10}$$

式中,μ 为泊松比。

综合前文,可知空间问题下描述弹性体应力应变的六项关系式可简化为三

项 [226]，并具有如下的矩阵表达形式：

$$[\sigma] = \begin{bmatrix} \sigma_x \\ \sigma_y \\ \tau_{xy} \end{bmatrix} = \begin{bmatrix} \dfrac{E(1-\mu)}{(1+\mu)(1-2\mu)} & \dfrac{\mu E}{(1+\mu)(1-2\mu)} & 0 \\ \dfrac{\mu E}{(1+\mu)(1-2\mu)} & \dfrac{E(1-\mu)}{(1+\mu)(1-2\mu)} & 0 \\ 0 & 0 & \dfrac{E}{2(1+\mu)} \end{bmatrix} \begin{bmatrix} \varepsilon_x \\ \varepsilon_y \\ \gamma_{xy} \end{bmatrix} = \boldsymbol{D} \begin{bmatrix} \varepsilon_x \\ \varepsilon_y \\ \gamma_{xy} \end{bmatrix}$$

$$(7\text{-}11)$$

式中，E 是杨氏模量；$\boldsymbol{D}$ 是联系弹性体应力与应变的弹性矩阵，与单元类型无直接关系。

为将单元应力转变为等效节点力，可假设三角形单元产生任意虚位移，则其引起的节点位移为 $[\delta^*]^e$，内部任意点应变为 $[\varepsilon^*]$。根据虚功原理，两者存在以下关系

$$([F]^e)^{\mathrm{T}}[\delta^*]^e = t_a \iint_{\Delta_{ijm}} [\sigma]^{\mathrm{T}}[\varepsilon^*]\mathrm{d}x\mathrm{d}y \tag{7-12}$$

式中，$[F]^e$ 是等效节点力向量；常数 t_a 原本的物理含义是单元厚度，此处作为计算结果调整系数，作弹性体接触面局部位移现象趋势分析时可取作 1；作定量分析时，其取值为

$$t_a = \frac{\delta_{S,\max}}{v_{\max} - v_{\min}} \tag{7-13}$$

式中，$\delta_{S,\max}$ 指的是实际球冠弹性体产生的挠度最大值，当形变较小时可按照铁木辛柯梁理论 [227] 近似求得；$v_{\max}$ 和 $v_{\min}$ 则是静态梁束模型计算得到的 y 方向位移的最大值和最小值。

将式 (7-9) 和式 (7-11) 代入式 (7-12)，可得

$$[F]^e = t_a \iint_{\Delta_{ijm}} \boldsymbol{B}^{\mathrm{T}} \boldsymbol{D} \boldsymbol{B} \mathrm{d}x\mathrm{d}y \cdot [\delta]^e \tag{7-14}$$

显然，$\boldsymbol{D}$ 和 $\boldsymbol{B}$ 均为常数矩阵，本身并不参与式 (7-14) 中关于三角形单元的双重积分，故等式可进一步简化为

$$[F]^e = t_a A \boldsymbol{B}^{\mathrm{T}} \boldsymbol{D} \boldsymbol{B} \cdot [\delta]^e = \boldsymbol{k}^e [\delta]^e \tag{7-15}$$

式中，A 是三角形单元的面积；$\boldsymbol{k}^e$ 则是单元弹性刚度矩阵。对于线性系统，总体弹性刚度矩阵 $\boldsymbol{K}^e$ 和单位弹性刚度矩阵 $\boldsymbol{k}^e$ 之间存在下述关系

$$\boldsymbol{K}^e_{(2i-2+g)(2j-2+h)} = \sum_{\Delta_{ij}} \boldsymbol{k}^e_{\Phi(2i-2+g)\Phi(2j-2+h)} \quad (g, h \in \{1, 2\}) \tag{7-16}$$

式中，i、j 代表网格节点的序号；g、h 代表向量分量序号；$\boldsymbol{K}^e_{(2i-2+g)(2j-2+h)}$ 代表弹性刚度矩阵第 $(2i-2+g)$ 行第 $(2j-2+h)$ 列元素；Δ_{ij} 代表将同时包含 i、j 序

号节点的三角形单元；Φ 将节点在网络内的总体分量序号映射至三角形单元内部分量序号。

2) 基于三维梁束模型的等效节点力向量的建立

依照库仑摩擦定律，任意梁单元所受的滑动摩擦阻力可计算为

$$F_{\text{fr}\_i} = f_d \cdot F_{n\_i} \tag{7-17}$$

式中，下标 i 为梁单元的序号；f_d 为滑动摩擦系数；F_n 为梁单元所受的法向压力，可依照胡克定律进行计算。对于柔性触觉传感单元球冠状凸起，其近似公式为

$$F_{n\_i} = EA \frac{(R_S^2 - x_{gc\_i}^2 - y_{gc\_i}^2)^{0.5} - (R_S^2 - R_C^2)^{0.5}}{(R_S^2 - x_{gc\_i}^2 - y_{gc\_i}^2)^{0.5} - cv} \tag{7-18}$$

式中，R_S 是球冠的曲率半径；x_{gc} 和 y_{gc} 是梁单元三角形底面的几何中心坐标；cv 则是长度补偿量。

在计算任意梁单元承受的弯曲力时，可采用

$$F_{b\_i} = \frac{3EI_i}{[(R_S^2 - R_C^2)^{0.5} - cv]^3} \delta_S \tag{7-19}$$

$$\delta_S = \frac{3f_d \sum_i F_{n\_i}}{16 R_S} \frac{2-\mu}{G} [1 - (1-\varphi)^{2/3}] \tag{7-20}$$

式中，I_i 是梁横截面的惯性矩；G 是材料的剪切模量；φ 是切向力与滑动摩擦力之比，当球冠状凸起处于匀速滑动状态时等于 1。

从式 (7-20) 可知，任意梁单元的挠度与其坐标无关；而当弹性体接触面按图 7.3 进行划分时，式 (7-19) 中的弯曲刚度 I_i 亦与坐标无关，继而可推导认为，所有梁单元在初始滑移阶段结束时刻将承受同样的弯曲力。又因为对于整个接触面而言，该时刻下其在水平方向上仅受到弯曲力 F_b 和摩擦力 F_{fr}，两者必然处于大小相等方向相反的状态，故任意梁受到的切向外力 F_{t_i} 可计算为

$$F_{t\_i} = \bar{F}_{\text{fr}\_i} - F_{\text{fr}\_i} \tag{7-21}$$

式中，$\bar{F}_{\text{fr}\_i}$ 表示所有梁单元所受滑动摩擦力的平均值。值得强调的是，式 (7-21) 仅在式 (7-19) 和式 (7-20) 成立时成立。

式 (7-21) 描述的是梁单元在接触面受到的切向外力，严格来讲应当等同于 $\iint \tau_{zy} \mathrm{d}x\mathrm{d}y$；因为梁束模型的特殊性，此处将其认为是关于 $(t_a \cdot \sigma_y)$(注意此处的量纲是 $\mathrm{ML}^{-1}\mathrm{T}^{-2}$，M、L、T 分别是质量、长度和时间) 的面积分——$\iint (t_a \cdot \sigma_y)\mathrm{d}x\mathrm{d}y$，以符合平面应变问题的基本假设；出于简化考虑，认为 $(t_a \cdot \sigma_y)$ 对单个单元而言是

均布的。因为总体弹性刚度矩阵 $\boldsymbol{K}^e$ 是面向网络节点的，为使力学线性方程组等号左右两边相互对应，仍需将整体切向外力转换为等效节点力，所依据的依旧是虚位移原理。但因为量纲的区别，此时式 (7-12) 将转变为

$$([F_i]^e)^{\mathrm{T}}[\delta_i^*]^e = \iint_\Delta ({}_a^t[\sigma_{y\text{-}i}]^{\mathrm{T}}) \cdot \boldsymbol{N}[\delta_i^*]^e \cdot \mathrm{d}x\mathrm{d}y = \iint_\Delta \left[0, \frac{F_{t\text{-}i}}{A}\right] \cdot \boldsymbol{N}[\delta_i^*]^e \cdot \mathrm{d}x\mathrm{d}y \quad (7\text{-}22)$$

式 (7-22) 中仅有矩阵 $\boldsymbol{N}$ 与坐标 x、y 相关，对其积分后可推导得任意梁所承受的等效节点力向量为

$$([F_i]^e) = \left[0\frac{F_{t\text{-}i}}{3}, 0, \frac{F_{t\text{-}i}}{3}, 0, \frac{F_{t\text{-}i}}{3}\right]^{\mathrm{T}} \quad (7\text{-}23)$$

显然，可通过线性叠加的方式获得总体等效节点力向量 $[F]^e$

$$[F]^e_{(2j+h)} = \sum_{\Delta_j} [F_i]^e_{\Phi(2j+h)} \quad (h \in \{1,2\}) \quad (7\text{-}24)$$

3) 静态三维梁束模型的求解及结果讨论

至此获得了球冠状弹性体接触面经离散化后网格节点的力学线性方程组

$$\boldsymbol{K}^e [\delta]^e = [F]^e \quad (7\text{-}25)$$

需要注意的是，未设置边界条件的总体弹性刚度矩阵 $\boldsymbol{K}^e$ 将处于线性相关的状态，无法直接求解。需要将右半圆接触面左边界 x 方向位移恒为 0 的条件引入，并额外设置原点处的 y 方向位移为 0。显然，当总体节点位移向量的第 i 个分量 δ_i 为 0 时，其将无法通过总体弹性刚度矩阵对任意节点产生力学影响，而 $\boldsymbol{K}^e_{ii}$ 所在行描述的力学方程将自动得到满足，故而可将 $\boldsymbol{K}^e$ 内的元素 $\boldsymbol{K}^e_{ij}$ 与 $\boldsymbol{K}^e_{ji}$ (j 为小于等于 $\boldsymbol{K}^e$ 行数的任意正整数)，以及 δ_i 和 F_i 全部删去。对全部 0 节点位移分量进行相同的处理后，将得到约束条件下的唯一解力学线性方程组

$$\boldsymbol{K}^e_{\mathrm{res}} [\delta]^e_{\mathrm{res}} = [F]^e_{\mathrm{res}} \quad (7\text{-}26)$$

式中，$\boldsymbol{K}^e_{\mathrm{res}}$、$[\delta]^e_{\mathrm{res}}$ 和 $[F]^e_{\mathrm{res}}$ 分别是去除全部冗余信息的总体弹性刚度矩阵、总体节点位移向量和总体等效节点切向外力向量。计算可知，$\boldsymbol{K}^e_{\mathrm{res}}$ 为正定矩阵，可按楚列斯基分解法进行快速求解，即

$$(\boldsymbol{L}^e_{\mathrm{res}})^{\mathrm{T}} [\delta]^e_{\mathrm{res}} = (\boldsymbol{L}^e_{\mathrm{res}})^{-1} [F]^e_{\mathrm{res}} \quad (7\text{-}27)$$

$$\boldsymbol{K}^e_{\mathrm{res}} = \boldsymbol{L}^e_{\mathrm{res}} (\boldsymbol{L}^e_{\mathrm{res}})^{\mathrm{T}} \quad (7\text{-}28)$$

式中，$\boldsymbol{L}^e_{\mathrm{res}}$ 是对角元均为正实数的下三角矩阵；$(\boldsymbol{L}^e_{\mathrm{res}})^{-1}$ 是 $\boldsymbol{L}^e_{\mathrm{res}}$ 的逆矩阵。

针对图 7.1 所示的柔性触觉传感单元的球冠状凸起，静态三维梁束模型所采用的材料属性与几何参数，如表 7.1 所示。其中，杨氏模量与滑动摩擦系数为实验测试值。

表 7.1 球冠状弹性体的几何参数与材料属性

符号	定义	数值	单位
E	杨氏模量	5.00	MPa
μ	泊松比	0.47[228]	/
f_d	滑动摩擦系数	0.39	/
t_a	计算结果调整系数	1	/
w	三节点等腰直角三角形单元的腰长	0.01	mm
cv	长度补偿量	1.70	mm
R_C	弹性体接触圆面半径	0.68	mm
R_S	球冠的曲率半径	2.50	mm

将上述参数代入式 (7-27) 后，计算得到弹性体在接触面上的 y 方向和 x 方向位移分布情况如图 7.4 所示。可以看出，弹性体接触面的 y 方向位移分布主要有以下三个特点。

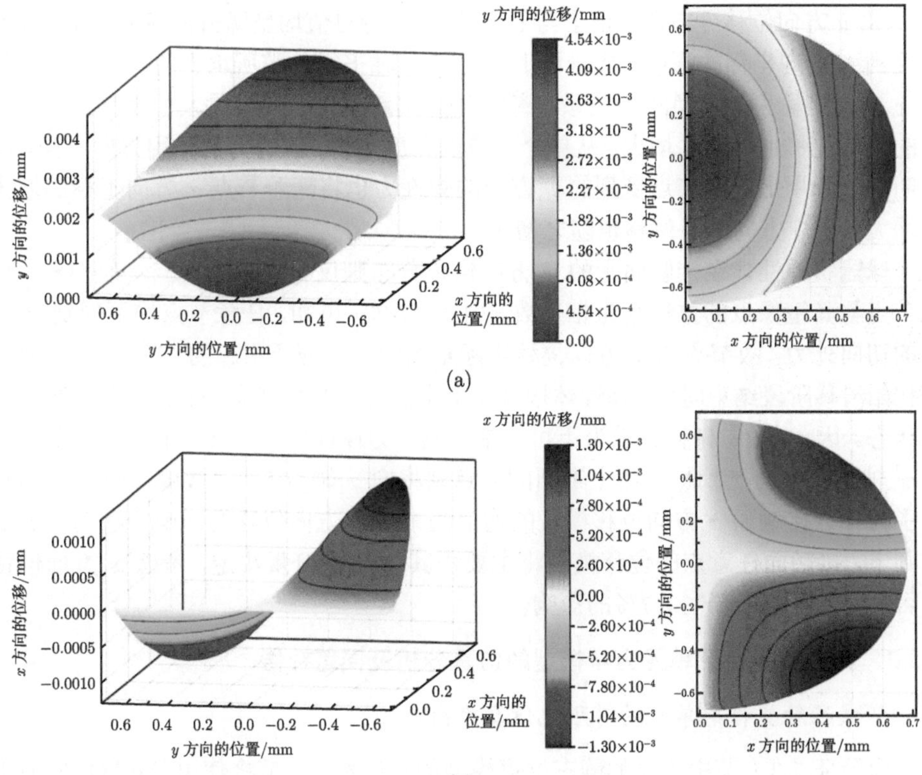

图 7.4 基于静态梁束模型计算得到的弹性体在接触面上 y 方向 (a) 和 x 方向 (b) 的
位移分布

(1) y 方向位移分布呈中心小、外周大的趋势,越靠近圆心,y 方向位移的变化越趋于平缓。弹性体接触面上各节点承受的法向力大小,随其和圆心间距离的增大而呈单调递减的状态,靠近圆心的节点需要克服更大的摩擦阻力以产生滑移。又因为梁束模型假设任意梁单元受到的弯曲力都是相同的,则中心区域的节点将主要依靠梁单元之间的弹性力以发生位移。而这种相互作用力本身就是由位移差而产生的,则势必要求外周节点与对象节点之间的位移差大于内部节点与对象节点的位移差以保证弹性力为正,这就解释了 y 方向位移大小在向心径向上呈递减趋势的同时其斜率亦呈单调递减趋势的现象。

(2) y 方向位移分布基本关于 x 轴对称。弹性体接触面上各点承受的切向外力关于 x 轴对称;又因为接触面为圆形,本身亦关于 x 轴对称,按解析方式求解得的结果势必关于 x 轴对称。但在数值求解的条件下,由于上下四分之一圆的网格划分方式不存在镜像关系,故计算结果并非严格对称,镜像节点之间存在有微小的差异。

(3) y 方向位移分布在数值上与 x、y 坐标的绝对值均呈现出正相关关系,且更易受到 x 方向坐标的影响。接触面上任意与 y 轴平行的弦所承受的线摩擦反力与其 x 方向坐标大小呈负相关关系,离 y 轴距离越远的弦越容易发生滑移,其上节点的平均位移也将随之增大。从单个节点的角度来讲,因为力的作用方向不同,易证明同一圆周上任意节点受到的 y 方向的弹性力也将随着节点 x 方向坐标的增大而增大,则 y 方向节点位移也随之增大。

球冠状弹性体在接触面上的 x 方向位移分布则仅有其模长关于 x 轴对称,任意节点与其镜像点的位移互为相反数。由式 (7-23) 可知,任意节点均不受到 x 方向的切向外力,故节点的 x 方向位移实际是由泊松效应所引起的。图 7.4(a) 表明,在初始滑移阶段结束时刻,弹性体接触面上半圆处于拉伸状态,而其下半圆处于压缩状态。因 PDMS 材料近乎为不可压缩材料,为保证体积不变,下半圆的节点将向 x 轴的正方向 "膨胀",而上半圆的节点则将向 x 轴负方向 "收缩",这同时也解释了为什么接触面 x 方向位移模长的均值尚不及 y 方向位移的 30%。在向量加法法则下,接触面任意点的位移模长将主要由其 y 方向分量决定,考虑 x 方向位移与否,仅会对结果产生 3.7% 的影响。

7.3.2   柔性触觉传感单元力学模型的仿真分析及误差补偿

1. 柔性触觉传感单元的有限元仿真建模

为验证 7.3.1 节中建立的静态梁束模型的正确性,本节将使用 ABAQUS 通用有限元软件对单个球冠状表面凸起的局部位移现象进行仿真建模分析。所构建的有限元模型,如图 7.5 所示,由一个 $\Phi3\,\mathrm{mm} \times 0.5\,\mathrm{mm}$ 的球冠体和 $12\,\mathrm{mm} \times 12\,\mathrm{mm} \times 0.3\,\mathrm{mm}$ 的长方体基底组成,采用的有限元网格为 C3D8R 单元。图中红色部分为接触区域，设置直径为 1.4 mm，内部单元尺寸基本保持为 0.01 mm × 0.01 mm × 0.01 mm，共划分网格 232408 个；白色区域内的单元尺寸约为前者的 2500 倍，共划分网格 5236 个，该区域的主要作用在于尽量减少基底边界对仿真结果的影响——上述两个区域均采用了 "结构" 网格划分技术；黄色部分为过渡区，将不同尺寸的网格进行连接，该区域采取的网格划分技术为 "扫掠"，共划分网格 79522 个。所建立的有限元模型采用的材料参数及未说明的几何尺寸均与表 7.1 保持一致。

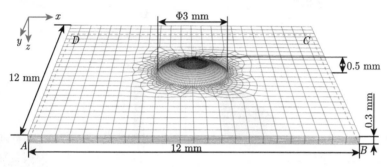

图 7.5 柔性触觉传感单元的有限元模型

为与梁束模型的第四条假设保持一致，有限元模型的位移边界条件设置在图 7.5 中的 $ABCD$ 面上，可分为两步：

(1) 首先，表面 $ABCD$ 将沿负 z 方向进行位移，使球冠状凸起和一个与 $ABCD$ 表面平行的解析刚性平面相接触，直至接触圆面 R_C 的半径增长至 0.68 mm；

(2) 之后，表面 $ABCD$ 将沿正 y 方向进行匀速位移，直至模型处于受力平衡状态。

出于简明性与一致性的考虑，本节仅提取右半接触半圆上的位移仿真分析结果以作展示。

因静态梁束模型的计算结果调整系数 t_a 取作了 1，对比图 7.4 所示结果在数值上具有一定的差距。但可以发现，经通用软件仿真分析得到的接触面位移分布曲面在趋势上与图 7.4 保有较高的一致性，即 y 方向位移分布中心小、外周大，且越靠近圆心，位移变化越平缓；上下接触半圆的 x 方向位移分布在泊松效应的影响下呈现出运动方向相反的状态。

区别之处主要在于：对于 y 方向位移分布而言，仿真分析结果不再关于 x 轴对称，上半接触圆的位移模长略大于其在下半圆的镜像点，这也使得零位移点从圆心转移至了 $(0, -0.03)$ 点；此外，同圆周上节点的位移模长相较于静态梁束模型更趋于一致，表现在曲面图上，即图 7.6(a) 的位移等高线相较于图 7.4(a) 更接近于圆形。对于 x 方向位移分布而言，因受压而向正 x 方向运动的节点在数量上和数值上均大于向负 x 方向运动的节点，则位移曲面本身不再关于 x 轴中心对称。

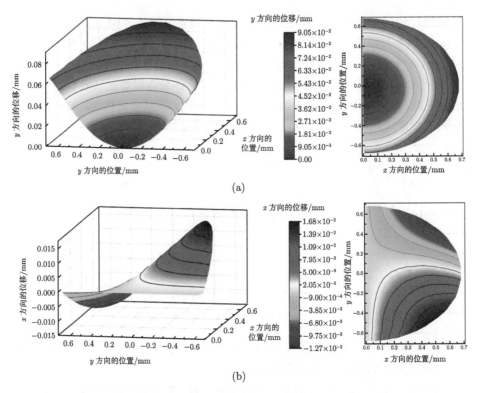

图 7.6　ABAQUS 仿真得到的弹性体在接触面上 y 方向 (a) 和 x 方向 (b) 的位移分布

　　此外，仿真分析结果还显示，x 方向位移模长均值仅占 y 方向位移的 13.7%，对整体位移的影响则进一步下降至 1.8%。继而表明，当对弹性体接触面进行局部位移现象进行考察时，可将 y 方向位移分量近似等同于其在空间内的位移，从而使问题得到进一步简化。

　　为定量分析静态梁束模型与仿真分析计算结果在趋势上的差异，将两者的 y 方向位移分布曲面做归一化处理后相减，得到的结果偏差分布情况如图 7.7 所示。结果偏差的绝对均值为 $7.4×10^{-2}$，占仿真结果均值的 17.0%；在 1 号和 5 号等高线之间大部分区域内，归一化结果偏差的绝对值均小于 0.10；偏差主要集中在 6 号等高线以外的区域，且上半接触圆的偏差将明显高于下半圆。表明静态梁束模型与有限元软件分析结果的吻合程度尚可，其可对弹性体接触面上大部分区域的局部位移现象进行较好地预测。

　　造成计算结果偏差的原因主要有两点。其一，滑动摩擦力向量的计算忽略了泊松效应的影响。对于平面应变问题，因接触面的位移被限制在了 xOy 平面内，在泊松效应的影响下，网格单元除了会产生 x 方向的位移外，还将额外承受由式 (7-10) 计算得到的 z 方向正应力 σ_z。因此，由式 (7-18) 计算得到的梁单元所承受的法向压力将仅适用于初始滑动阶段的开始时刻。在计算结束时刻第 i 号梁单元承受的摩擦力时，还必须考虑 σ_z 的影响，即

$$F_{\mathrm{fr}\_i} = f_d E A \frac{(R_S^2 - x_{gc\_i}^2 - y_{gc\_i}^2)^{0.5} - (R_S^2 - R_C^2)^{0.5}}{(R_S^2 - x_{gc\_i}^2 - y_{gc\_i}^2)^{0.5} - cv} + f_d \sigma_z A \tag{7-29}$$

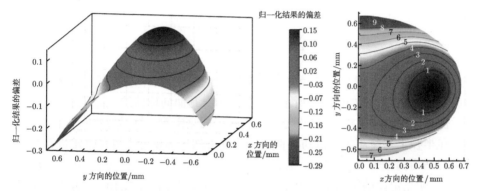

图 7.7 静态梁束模型与 ABAQUS 仿真结果归一化后的偏差分布情况

其二，弯曲力向量的计算忽略了空间坐标的影响。诚如前文所言，式 (7-21) 成立的条件之一在于式 (7-20) 的假设是正确的。但图 7.4 与图 7.6 均表明，在梁束模型第四假设下，任意梁单元的挠度是一个坐标相关值。在不考虑 x 方向位移的情况下，弯曲力计算公式应当为

$$F_{b\_i} = \frac{3EI_i}{[(R_S^2 - R_C^2)^{0.5} - cv]^3}(v_{\mathrm{top}} - v_i) \tag{7-30}$$

式中，v_{top} 即为梁单元顶端面所在刚性平面在初始滑移阶段结束时刻的 y 方向位移值。

2. 三维梁束模型的误差补偿

梁束模型对梁单元所受外力的简化计算，使得其计算结果和有限元仿真结果存在一定的偏差，不能全面准确反映弹性体接触面的局部位移趋势。为此，本节将对等效节点力向量的计算方法进行修正，以使计算结果在趋势上尽量与实际情况相符。

1) 基于赫兹接触公式的梁单元法向力计算

对局部位移现象的趋势研究，将等效节点力向量 $[F]^e$ 的求解要求从与真实向量保持相等关系弱化为相似关系。弹性体接触面法向应力分布情况的准确与否直接决定了静态梁束模型计算结果和实际情况的偏离程度。由式 (7-18) 计算得到的法向力忽略了梁单元之间的相互作用，继而其结果仅在较小的范围内和仿真结果

保持一致。考虑到柔性触觉传感阵列凸起层球冠状的几何形貌，可采用赫兹接触公式 [229] 以对任意单元承受的法向力 F_{n_i} 进行近似计算，即

$$F_{n\_i} = \frac{A}{\pi} \cdot \sqrt[3]{6\left(\frac{E}{(1-\mu^2)R_S}\right)^2 \sum F_{n\_i}} \cdot \sqrt{1 - \left(\frac{x_{gc\_i}^2 + y_{gc\_i}^2}{R_C^2}\right)} \tag{7-31}$$

$$\sum F_{n\_i} = \frac{4ER_C^2}{3R_S(1-\mu^2)} \tag{7-32}$$

由式 (7-31) 计算得到的径向压应力分布经归一化后，与有限元仿真及胡克定律计算结果的对比，如图 7.8 所示。因公式本身是面向球体的，故而赫兹公式与有限元仿真计算的结果并非完全重合；但相较于胡克定律计算得到的应力曲线，赫兹公式在半径上始终更加靠近仿真曲线。计算可知，赫兹公式与有限元仿真归一化结果的平均偏差为 3.2×10^{-2}，最大偏差为 9.9×10^{-2}，分别占仿真均值的 4.3% 和 13.2%；胡克定律的平均偏差为 7.7×10^{-2}，最大偏差为 14.7×10^{-2}，分别占仿真均值的 8.9% 和 19.5%。

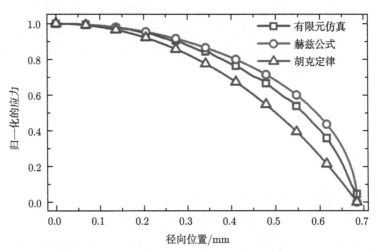

图 7.8   赫兹公式、胡克定律与有限元仿真对径向压应力分布情况的计算结果归一化对照

2) 基于迭代思想的梁单元切向力计算方法

诚如前文所言，在初始滑移阶段的结束时刻，任意梁单元承受的切向外力是关于位移的函数，故式 (7-25) 将转变为

$$\boldsymbol{K}^e[\delta]^e = [F([\delta]^e)]^e \tag{7-33}$$

因 v_{top} 和 t_a 的存在,很难通过调整 K^e 的方法使等式右边与 $[\delta]^e$ 无关。为求解式 (7-33),可类比于雅可比迭代法,即设定一组等效节点力 $([F]^e)_{(0)}$,并求解得到相应节点位移向量 $([\delta]^e)_{(1)}$;之后将 $([\delta]^e)_{(1)}$ 代入切向外力关于位移的函数以求得 $([F]^e)_{(1)}$,在此基础上继续求解线性方程以得到 $([\delta]^e)_{(2)}$ ······ 如此往复直至结果收敛。该过程的数学表达式为

$$\boldsymbol{K}^e ([\delta]^e)_{(n)} = \left[F\left(([\delta]^e)_{(n-1)} \right) \right]^e = ([F]^e)_{(n-1)} \tag{7-34}$$

式中,下标 n 代表迭代计算的次数。

因静态梁束模型的计算结果的绝对偏差均值仅为 0.073,显然可将式 (7-24) 计算得到的等效节点力向量作为迭代的起点 $([F]^e)_{(0)}$,并将图 7.4 所示的结果作为 $([\delta]^e)_{(1)}$。基于此,任意梁单元所承受摩擦阻力的更新算法为

$$(F_{\text{fr\_}i})_{(n)} = f_d \left(F_{n\_i} - k_t^n \cdot \mu \left[(\sigma'_x)_{(n-1)} + (\sigma'_y)_{(n-1)} \right] \right) \tag{7-35}$$

$$\left[(\sigma'_i)_{(n-1)} \right] = \left[\begin{array}{ccc} (\sigma'_{x\_i})_{(n-1)} & (\sigma'_{y\_i})_{(n-1)} & (\tau'_{xy\_i})_{(n-1)} \end{array} \right]^{\text{T}} = \boldsymbol{DB}([t_a \delta_i]^e)_{(n-1)} \tag{7-36}$$

式中,$[\sigma'_i]$ 是由 $[t_a \delta_i]^e$ 计算得到的梁单元应变,与真实的应变 $[\sigma_i]$ 仅保持相似关系;k_t 是泊松效应调整系数,用于抵消由系数 t_a 带来的比例误差,一般可按经验取作一个大于 1 的常数;将其按指数的形式引入式 (7-35),主要是为了防止迭代发散。

任意梁单元所承受的弯曲外力计算方法实际应按式 (7-30) 进行计算,但总体弹性刚度矩阵 K^e 的线性无关化使得 v_{top} 处于不可求状态。如果将 v_{top} 和 v_i 分别替换为第一轮迭代计算得到的 y 方向位移最大值 $(v_{\max})_{(1)}$ 和 $(v_i)_{(1)}$,将得到

$$F'_{b\_i} = \frac{3EI_i}{[(R_S^2 - R_C^2)^{0.5} - cv]^3} [(v_{\max})_{(1)} - (v_i)_{(1)}] \tag{7-37}$$

显然,真实的弯曲外力 F_{b_i} 必定处在按式 (7-37) 和静态梁束模型下按式 (7-21) 计算得到两个数值之间。将 7.3.1 小节中计算得到的弯曲外力作为 $(F_{b\_i})_{(0)}$,可对 F_{b_i} 按线性插值的方式进行迭代逼近,其更新公式为

$$
\begin{aligned}
(F_{b\_i})_{(n)} &= (F'_{b\_i})_{(n)} \cdot (1 - k_c) + (F_{b\_i})_{(n-1)} \cdot k_c \\
&= \sum \left[(F_{\text{fr\_}i})_{(n-1)} \right] \cdot \frac{(v_{\max})_{(n-1)} - (v_i)_{(n-1)}}{\sum \left[(v_{\max})_{(n-1)} - (v_i)_{(n-1)} \right]} \cdot (1 - k_c) + (F_{b\_i})_{(n-1)} \cdot k_c
\end{aligned}
\tag{7-38}
$$

式中,k_c 为弯曲外力迭代比例系数,其在数值上和预设数集 $[k_{c\_\text{alt}}]$ 中的最小元素相等,且恒介于 0.5 和 1 之间。此外,在受力平衡的状态下,容易证明式 (7-38) 中对 F'_{b_i} 的表达方式与式 (7-37) 是等同的。

在每一轮迭代计算结束之后，定义该轮的节点位移趋势偏差向量 $([\Delta\delta]^e)_{(n-1)}$ 为

$$([\Delta\delta]^e)_{(n-1)} = \frac{1}{((\delta_{\max})^e)_{(n)}} \cdot ([\delta]^e)_{(n)} - \frac{1}{((\delta_{\max})^e)_{(n-1)}} \cdot ([\delta]^e)_{(n-1)} \tag{7-39}$$

式中，$((\delta)^e_{\max})_{(n)}$ 是第 n 次迭代得到的节点位移向量 $([\delta]^e_{\max})_{(n)}$ 的最大分量。

显然，若迭代计算是收敛的，则 $([\Delta\delta]^e)_{(n-1)}$ 的模长将随着迭代次数 n 的增长而逐步趋于 0。基于此，不妨设置迭代收敛条件为

$$(A_2)_{(n-2)} > (A_2)_{(n-1)} \tag{7-40}$$

$$(A_2)_{(n-1)} = \frac{1}{m} \sum_{i=1}^{m} ((\Delta\delta_i)^e)^2_{(n-1)} \tag{7-41}$$

式中，$(A_2)_{(n-1)}$ 是第 n 轮迭代计算下节点位移偏移向量的二阶矩；m 是向量的分量数目。

当第 n 轮迭代结果无法满足不等式 (7-40) 时，预设数集 $[k_{c\_alt}]$ 会将当前最小元素剔除，并将新的最小值赋予 k_c。当 $[k_{c\_alt}]$ 不为空集时，本轮迭代结果将被全部舍弃，而上一轮迭代得到的数据将被寻回，并和新的 k_c 一起重新计算 $([F]^e)_{(n-1)}$ 和 $([\delta]^e)_{(n)}$……如此往复，直至判据得到满足，$([\delta]^e)_{(n)}$ 被接受，模型继续进行第 $n+1$ 次迭代运算。而当 $[k_{c\_alt}]$ 已经是空集时，最近一次满足收敛判据的节点位移向量则将作为最终结果进行输出。

将上述修正方法引入静态梁束模型后，其计算流程如图 7.9 所示，具体步骤如下：

(1) 首先，根据所研究传感器的实际几何尺寸及材料属性对模型的基本参数进行设定。

(2) 然后，按图 7.3 对接触面进行离散分割，并构建总体弹性刚度矩阵 $\boldsymbol{K}^e_{\text{res}}$。

(3) 对 $\boldsymbol{K}^e_{\text{res}}$ 进行楚列斯基分解，获得下三角矩阵 $\boldsymbol{L}^e_{\text{res}}$ 及其逆矩阵 $(\boldsymbol{L}^e_{\text{res}})^{-1}$。

(4) 依照迭代算法流程对任意梁单元切向外力 $(F_{t\_i})_{(0)}$ 的初始值进行设定。

(5) 将备选数组 $[k_{c\_alt}]$ 中的最小值赋予 k_c。

(6) 对 $([\delta]^e)_{(n)}$ 开展迭代求解，并在第 3 轮运算之后对收敛条件进行考察。

(7) 在 k_c 未达到预设最大值的情况下，若收敛条件满足，则迭代运算将继续进行；否则将通过增大 k_c 的方式对上一轮 $([\delta]^e)_{(n-1)}$ 进行重新计算。

(8) 在 k_c 已达到预设最大值的情况下，若收敛条件不满足，则迭代运算将终止，上一轮计算得到的 $([\delta]^e)_{(n-1)}$ 将被寻回并作为最优解输出。

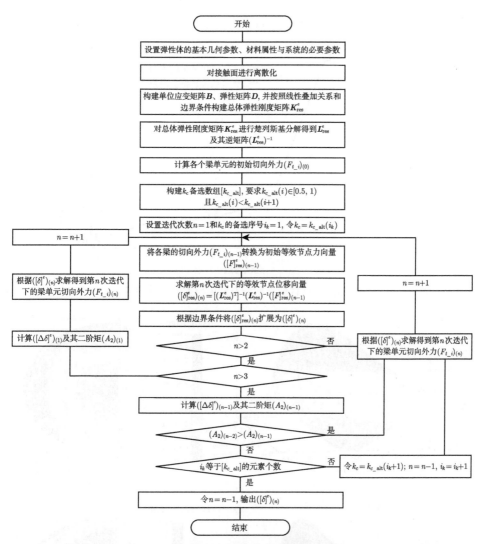

图 7.9　迭代修正后静态梁束模型的计算流程

依照表 7.1 的参数对局部位移分布按此流程进行计算，经五轮迭代修正后，计算结果遂被判定收敛。迭代计算的收敛趋势如图 7.10 所示。可以看到，随着偏差向量二阶矩 A_2 的不断减小，模型的迭代结果和仿真分析得到的位移分布也在趋势上逐步靠拢，并最终使绝对偏差均值降低至了 2.8×10^{-2}，占仿真结果均值的 7.4%；相较于 7.3.1 小节，修正后结果的偏差降幅超过了 60%；上述事实均说明了式 (7-35) 和式 (7-38) 对接触面切向外力的迭代修正是有效的。此外，初始迭代结果的偏差降幅也超过了 2%，说明了赫兹公式对接触面法向应力的预测确实要优于式 (7-18)。最终计算得到的弹性体在接触面上的 y 方向局部位移分布及其归一化结果

和有限元仿真的偏差分布情况如图 7.11 所示。容易发现，在 6 号等高线以内的区域

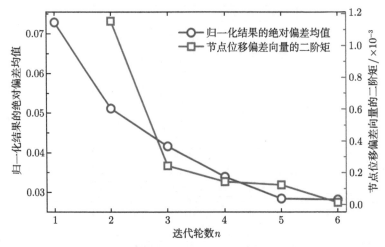

图 7.10　迭代修正后静态梁束模型的收敛趋势

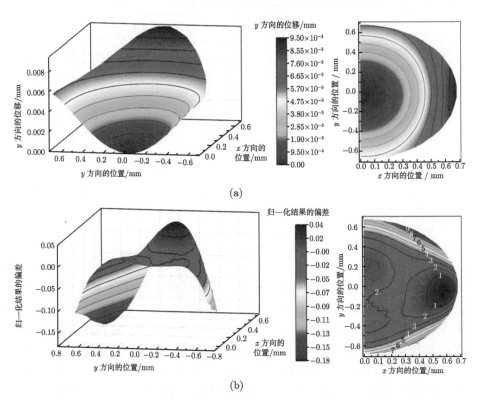

图 7.11　使用迭代修正后静态梁束模型计算得到的 y 方向位移分布情况 (a) 及其与
ABAQUS 仿真结果归一化后的偏差分布情况 (b)

中偏差的绝对值均已小于 0.10；整个右半球面上偏差的最值为 4.1×10^{-2} 和 17.5×10^{-2}，相较于未修正的结果，降幅分别超过了 78% 和 40%。上述现象均说明，经迭代修正后的静态梁束模型已能准确反应弹性体接触面的局部位移。

额外值得说明的是，静态梁束模型的最大优势在于其计算速度远胜于有限元分析。当网格边长 w 为 0.01 mm 时，有限元仿真需要在 18 线程 128GB 内存的计算机上运算 3 h 50 min，而经迭代修正的静态梁束模型仅需在单线程 8GB 内存的计算机上运算 256 s，后者的运算时长仅为前者的 1/54，故而静态梁束模型更加适合计算资源有限的工作场合。

计算结果表明，球冠状弹性体接触面外周区域是发生局部位移最早的部位，而其圆心区域将在 yOz 平面产生最大的剪切形变。故而在利用柔性触觉传感阵列进行滑移检测时，应重点考察导电橡胶对应区域的电阻变化情况，以对滑移现象进行快速而准确的判断。此外，因局部位移在圆心区域内的变化趋势较缓，电极层仍可采用中心对称的五电极结构，但中心公共电极的半径不应超过图 7.11(a) 所示的第二条等高线，以使敏感材料工作区域在初始滑移阶段发生尽量多的应力变化，提升传感器的灵敏度与鲁棒性。

7.4 柔性触觉传感单元在整体滑动阶段的力学建模

触觉传感阵列在物体表面滑动时检测的传感信号可用于物体的材质和表面纹理识别。基于触觉传感器检测信号的物体表面识别，需要深入分析传感单元的力学行为和接触物体表面之间的作用关系，因此需要建立柔性触觉传感阵列在整体滑动阶段的力学理论模型。

物体表面形貌可分为宏观尺度下的形状与波纹度，以及微介观尺度的粗糙度 [230] 等。一般而言，前两者会使触觉传感器的输出信号在幅值上产生影响；后者则会对信号的频率成分带来变化，并被选为特征参量，应用在基于触觉传感器的表面识别。故而在构建整体滑动阶段的力学模型时，有必要对物体表面形貌进行宏–介–微观尺度下的表征重建，使其可对物体粗糙度等信息进行准确的表达。

通常情况下，解析模型要求研究对象的本构关系与边界条件均能由确定参数的连续可导函数进行表征。但表面轮廓的复杂性使得很难构建一个符合要求的表征函数，继而对力学解析模型的建立造成了困难。此外，这种复杂性也使得有限元仿真软件在求解该类问题时，往往会遇到求解发散现象 [231] 和计算时间过长 [232] 等问题，使得计算准确性和计算效率相对低下。因此，不同材质表面的重建方法以及面向复杂轮廓的力学建模将是本节需要解决的两个基本问题。

7.4.1　基于分形理论的物体表面重建方法

1. 分形理论简介

早在 20 世纪七八十年代, Sayles 等 [233] 和 Majumdar 等 [234] 先后指出, 物体的表面轮廓具有非平稳性、尺度相关性和自相似性, 这和 Mandelbrot 等所提出的分形概念十分相似, 即一种在尺度上存在着特殊的 "缩放" 关系的非规则几何 [235]。按照 "缩放" 关系的不同, 分形可进一步被细分为精确自相似、近似自相似、统计自相似、以及其他非线性分形。其中, 统计自相似分形无法直接通过外形判断, 其仅要求包括分形维度在内的统计参数具有无标度性。显然, 物体的表面轮廓应当属于统计自相似分形。

在统计自相似分形里, Weierstrass-Mandelbrot 函数 (简称 W-M 函数)[234,236,237] 常被用于表征物体的表面轮廓 [238-240], 其通常采用的数学表达式为

$$z(x) = \mathrm{Re} G^{D-1} \sum_{n=n_1}^{\infty} \frac{\exp(2\mathrm{i}\pi\gamma^n x + \mathrm{i}\varphi_n)}{\gamma^{(2-D)n}} \quad (1 < D < 2, \gamma > 1) \tag{7-42}$$

式中, z 是轮廓的高度, 单位是 μm; x 是轮廓高度对应的水平位置, 单位是 mm; G 是尺度系数, 与被表征表面的算术平均偏差 R_a 相关; D 是分形维度, 取值范围介于 1 和 2 之间; i 是虚数单位; γ 是空间频率底数; n_1 则对应最低空间频率的指数; φ_n 代表相位。W-M 函数的特点在于其处处连续而处处不可微。

2. 分形参数的测定

本节利用图 7.12(a) 所示的表面轮廓采集系统 (OLS 4100, Olympus, 日本) 对塑料、竹制品、SLA 树脂打印件、铝件光滑面及粗糙面等五类表面 (图 7.12(b)) 进行了扫描观测, 并对各类表面的分形特征参数进行测定。

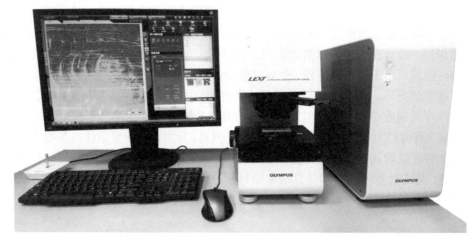

(a)

| 铝件光滑面 | 竹制品 | 铝件粗糙面 | 塑料 | SLA树脂打印件 |

(b)

图 7.12 OLS 4100 激光扫描共聚焦显微系统 (a) 和五种物体的表面形貌 (b)

1) 分形维度 D 的测定

分形维度 D 是分形最为基础的参数，表征了分形的复杂程度。Mandelbrot 在 *The Fractal Geometry of Nature* 中将 D 作为了分形的判断依据，即当任意几何结构的 D 为非整数时，该结构为分形[241]。

Wu[242] 的研究表明，分形轮廓 $z(x)$ 满足关系式

$$S(\tau) = E\left\{[z(x+\tau) - z(x)]^2\right\} = K\tau^{4-2D} \tag{7-43}$$

式中，$S(\tau)$ 是结构函数；τ 是水平位置间距；K 为一常数。

对式 (7-43) 左右两边取自然对数后，可得

$$\ln S(\tau) = \ln \tau^{4-2D} + \ln K = (4-2D)\ln \tau + C \tag{7-44}$$

显然，可以通过构建结构函数并取对数的方式对被测表面的分形维数 D 进行测算。但需要注意的是，现实生活中的分形结构并非在所有观测尺度下都能表现出分形特征。在求解结构函数双对数曲线斜率时，必须保证观测尺度处于"无标度区"；同时也必须注意测定过程中外界噪声的干扰，因为噪声波形本身也是具有分形特征的，过大的噪声会使分形维度的测定值大于其真值。

以铝件的粗糙面为例，分别在 2.50 μm，1.25 μm，0.625 μm 和 0.25 μm 的水平分辨率下对相同位置的表面轮廓进行了观测，采集得到的数据及其对应的线性拟合函数如图 7.13 所示。可以看到，随着分辨率的不断增大，拟合函数的斜率也在逐步上升。当分辨率为 2.50 μm 时，因为此时量化误差较大，显微系统扫描得到的轮廓曲线往往包含了幅值较高的外界噪声，相当于增加了分形的复杂程度，故而计算得到的 D 值最大；当分辨率在 1.25 μm 和 0.625 μm 时，随着扫描时间的增长，外界噪声的影响已可忽略不计，拟合直线的斜率保持为 0.33，计算得到的分形维度也保持为 1.83，此时可认为分辨率正处于"无标度区"内。而随着分辨率的进一步缩小，铝件表面已不再具有足够微小的几何结构，轮廓的复杂性有所下降，计算得到的分形维度也降至 1.77，可认为该尺度已偏离无标度区。

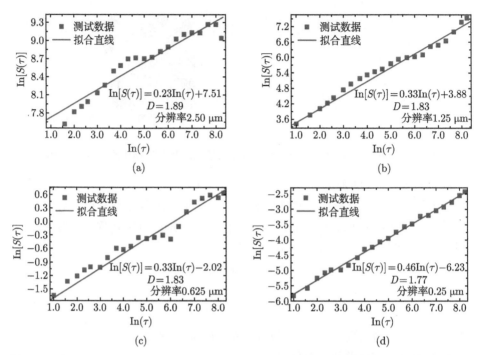

图 7.13　在 (a) 2.50 μm, (b) 1.25 μm, (c) 0.625 μm, (d) 0.25 μm 分辨率下测得的铝件粗糙面轮廓结构函数双对数数据及其线性拟合函数

　　但无论在何种尺度下，铝件表面轮廓分形维度 D 的测算值始终是一个在 $(1, 2)$ 区间的非整数，说明其轮廓具有 Mandelbrot 定义下的分形特征；显然，应当选取 1.83 作为铝件非配合面轮廓的分形维度。用相同方法测算得到的其他表面分形维度 D 如后文的表 7.2 所示。

　　2) 空间频率底数 γ 的测定

　　诚如前文所言，γ^n 的物理含义为 W-M 函数的空间频率。类比于小波变换理论，如果说分形维度 D 在 "细节" 上决定了 W-M 函数和采样轮廓之间的契合程度，空间频率底数 γ 则是表述被测表面 "概貌" 的重要参数。

　　倘若保持 G、n_1 的数值不变，设定 φ_n 恒为 0，并令 D 和 γ 从集合 $\{1.2, 1.5, 1.8\}$ 随机取值，则可得到 9 组不同的 W-M 函数。这些函数的互相关系数 ρ_{ij} 可计算为

$$\rho_{ij} = \frac{E\left[(z_i(x) - \mu_i)(z_j(x) - \mu_j)\right]}{\sigma_i \sigma_j} \tag{7-45}$$

式中，μ 是 $z(x)$ 的平均值；σ 是其标准差。

　　由此得到的互相关系数矩阵如图 7.14 所示，可以明显看到，当且仅当 W-M 函数的空间频率底数 γ 相同时，互相关系数 ρ_{ij} 具有较高的数值，否则函数之间不存

在相关关系。继而可得到结论，分形维数 D 对不同 W-M 函数之间互相关系数的影响极小，可通过建立 γ 的待选数组 $[\gamma_{\text{alt}}]$ 并计算其内部元素对应 W-M 函数与被测轮廓之间互相关系数最大值的方法对 γ 进行确认。但这个结论是建立在 G、n_1 和 φ_n 保持常值的情况下的，若想利用互相关系数对 γ 进行确定，还需讨论上述三项参数对计算结果的影响及对应的处理方法。

(D, γ)	$(1.2, 1.2)$	$(1.5, 1.2)$	$(1.8, 1.2)$	$(1.2, 1.5)$	$(1.5, 1.5)$	$(1.8, 1.5)$	$(1.2, 1.8)$	$(1.5, 1.8)$	$(1.8, 1.8)$
$(1.2, 1.2)$	1.00	0.97	0.77	0.04	0.03	0.02	-0.04	-0.03	-0.02
$(1.5, 1.2)$	0.97	1.00	0.89	0.05	0.04	0.03	-0.05	-0.04	-0.03
$(1.8, 1.2)$	0.77	0.89	1.00	0.05	0.05	0.03	-0.06	-0.05	-0.04
$(1.2, 1.5)$	0.04	0.05	0.05	1.00	0.97	0.80	-0.00	-0.00	-0.00
$(1.5, 1.5)$	0.03	0.04	0.05	0.97	1.00	0.90	0.00	0.00	-0.00
$(1.8, 1.5)$	0.02	0.03	0.03	0.80	0.90	1.00	0.03	0.03	0.01
$(1.2, 1.8)$	-0.04	-0.05	-0.06	-0.00	0.00	0.03	1.00	0.97	0.80
$(1.5, 1.8)$	-0.03	-0.04	-0.05	-0.00	0.00	0.03	0.97	1.00	0.90
$(1.8, 1.8)$	-0.02	-0.03	-0.04	-0.00	-0.00	0.01	0.80	0.90	1.00

图 7.14 不同 (D, γ) 取值下 W-M 函数的互相关系数矩阵

对于 G 的取值。因数学期望自身的属性，式 (7-45) 可进一步被化为

$$\rho_{ij} = \frac{G_i G_j E\left[\left(\dfrac{z_i(x)}{G_i} - \dfrac{\mu_i}{G_i}\right)\left(\dfrac{z_j(x)}{G_j} - \dfrac{\mu_j}{G_j}\right)\right]}{G_i G_j \sqrt{E\left[\left(\dfrac{z_i(x)}{G_i} - \dfrac{\mu_i}{G_i}\right)^2\right] E\left[\left(\dfrac{z_i(x)}{G_i} - \dfrac{\mu_i}{G_i}\right)^2\right]}}$$

$$= \frac{E\left[\left(\frac{z_i(x)}{G_i} - \frac{\mu_i}{G_i}\right)\left(\frac{z_j(x)}{G_j} - \frac{\mu_j}{G_j}\right)\right]}{\sqrt{E\left[\left(\frac{z_i(x)}{G_i} - \frac{\mu_i}{G_i}\right)^2\right]E\left[\left(\frac{z_i(x)}{G_i} - \frac{\mu_i}{G_i}\right)^2\right]}} \tag{7-46}$$

从式 (7-46) 可知, W-M 函数之间的互相关系数 ρ_{ij} 和尺度系数 G 无关, 故在实际操作时, 可暂时将其设置为任意的非零常数。

对于 n_1 的取值。因表面轮廓可被视为非平稳随机过程, 最小空间频率指数 n_1 的取值和采样长度 L 相关, 对应于待选数组 $[\gamma_{\text{alt}}]$ 中的任意元素 $\gamma_{\text{alt}}(i)$, 该关系式可描述为

$$n_1 = \frac{\ln L}{\ln \gamma_{\text{alt}}(i)} \tag{7-47}$$

对于 φ_n 的处理方法。相位信息对互相关系数 ρ_{ij} 的取值有着较大的影响, 为避免烦琐的信息提取过程, 实际操作中可根据样本轮廓 $z_m(x)$ 构建无相位序列 $z_{np}(x)$ 为

$$z_{np}(x) = \text{IFT}(|\text{FT}\left[z_m(x)\right]|) \tag{7-48}$$

式中, FT 代表傅里叶变换; IFT 代表傅里叶逆变换。之后在基于待选数组 $[\gamma_{\text{alt}}]$ 构建 W-M 函数时, 可暂时令 φ_n 恒为 0, 并求解其与无相位序列 $z_{np}(x)$ 的互相关系数最大值。

综上所述, 测算任意表面轮廓空间频率底数 γ 的具体流程, 如图 7.15 所示, 详细步骤如下:

(1) 基于式 (7-48) 构建轮廓样本 $z_m(x)$ 的无相位序列 $z_{np}(x)$, 以排除 φ_n 对互相关系数 ρ_{ij} 计算的影响;

(2) 因分形维度 D 和尺度系数 G 不影响 ρ_{ij} 的计算结果, 故分别设置为常值 1.5 和 1.0;

(3) 构建空间频率底数 γ 的待选数组 $[\gamma_{\text{alt}}]$, 同时将数组中的最小元素赋予 γ;

(4) 按式 (7-47) 确定 n_1 的取值, 构建第一轮循环下的 W-M 函数序列 $z_1(x)$;

(5) 计算当前 γ 取值下的互相关系数 ρ;

(6) 剔除当前最小元素后, 待选数组 $[\gamma_{\text{alt}}]$ 会将新的最小值赋予 γ;

(7) 重复步骤 (4)~(6), 直至 $[\gamma_{\text{alt}}]$ 为空集;

(8) 找到 $\rho(\gamma)$ 的最大值, 并将其对应的自变量值作为 γ 的最佳取值输出。

3) 尺度系数 G 的测定

尺度系数 G 是联系 W-M 函数绝对幅值与表面粗糙度的参数。吴利群教授 [243] 的研究表明, G 和分形维度 D 以及轮廓算术平均偏差 Ra 存在幂指函数关系

$$G = \left(\frac{\pi K_1 Ra\left\{[1 + \varepsilon(D)] - \gamma^{D-2}\right\}}{2\gamma^{(D-2)n_1}}\right)^{\frac{1}{D-1}} \tag{7-49}$$

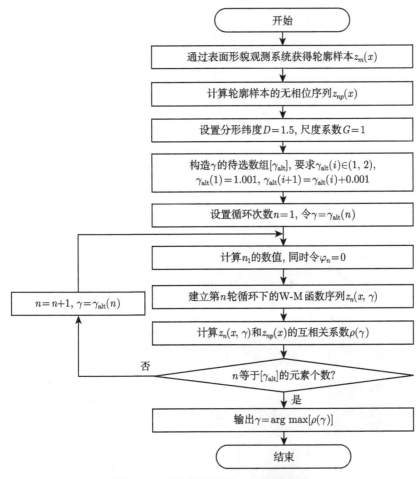

图 7.15 空间频率底数 γ 的测算流程

式中，K_1 是修正系数，取值为 2.57；ε 是补偿值，其取值与 D 相关。文献 [243] 中提供了 D 取值为 1.1,1.2,$\cdots$, 1.9 时 ε 的对应取值，但实际测算得到的 D 值在大多数情况下不会与上述结点重合，故可用采样插值的方式对区间内任意值进行估算。

为了保证拟合曲线光滑性，同时避免龙格现象的发生 [244]，本节选择使用样条函数进行插值运算，并选择非扭结边界条件作为系数方程的补充条件。

4) 各类参数的测定结果及讨论

除去上述三项基本参数外，尚有 n_1 与 φ_n 处于待定状态：当通过互相关系数法对 γ 的数值确定后，可利用关系式 $\gamma^{n_1} = l$ 对 n_1 进行求解；为了增加所重建轮廓的随机性，提升表面表征方法的普遍性，可按概率密度在区间 $[0,2\pi)$ 上均匀分布的方式随机生成 φ_n。

综合本节前述内容, 对随机性 W-M 函数而言, 仅需对 D、γ、G 三项参数进行测定即可; 而式 (7-49) 表明, 在分型维度 D 和空间频率底数 γ 确定的情况下, Ra 和 G 的具有一一对应的映射关系, 故可以用物理意义更为明确的 Ra 替换 G 对不同表面轮廓进行表征。五类表面的轮廓采样方向与扫描图像中的 x 轴平行, 按上述方法实测得到的 D、γ、Ra 统计数据如表 7.2 所示。

表 7.2　五类表面基本分形参数的测定值

表面类型	实物照片	扫描图像	分形维度 D	空间频率底数 γ/(rad/s)	Ra/μm		
					实测值	仿真值	偏差
铝件粗糙面			1.828 ±0.016	1.743 ±0.034	5.648 ±0.167	5.243 ±0.055	7.171%
竹制品			1.912 ±0.006	1.761 ±0.042	6.016 ±0.129	4.847 ±0.093	19.432%
铝件光滑面			1.941 ±0.007	1.709 ±0.037	1.520 ±0.044	1.124 ±0.008	26.053%
塑料			1.553 ±0.027	1.810 ±0.029	25.032 ±1.214	27.245 ±0.317	−8.841%
SLA 树脂打印件			1.838 ±0.017	1.726 ±0.044	6.698 ±0.437	6.227 ±0.104	7.032%

不难发现, 随着物体表面形貌复杂程度的增加, 其分形维度 D 的数值也不断上升。以铝件表面为例, 其光滑面的精加工工艺为铣削而其粗糙面的最终工艺为粗磨。在端铣过程中, 整个端部副切削刃参与至平面加工的过程中, 工件表面加工轨迹由刃的旋转运动和铣刀的直线运动共同构成, 由这种多点加工方法产生的表面微凸起的分布情况将具有较高的随机性, 加大了其表面形貌的复杂度。相应的, 实际测得的分形维度 D 也达到了 1.941。

相较而言, 粗磨工艺在粗糙面留下的加工轨迹仅是单方向的; 虽然磨粒本身的几何形状及其在砂轮上的分布方式是随机的, 但因为对表面轮廓的采样是沿加工方向进行的, 使得样本轮廓系由同组磨粒周期加工而成, 故而其复杂程度相对较低,实测得到的分形维度 D 仅为 1.838。

观察分形维度 D 均值的标准偏差可知,在切削机加工得到的表面或者单向纹理表面上,不同轮廓曲线 D 值变化范围较小。以竹制品表面为例,其纤维纹理与 y 轴平行,使得其与 x 方向表面轮廓基本保持一致,由此采样得到的样本轮廓自然具有类同的分形复杂度,而测试得到的均值偏差仅为 0.006。端铣工艺使得铝件光滑面在 xOy 平面上任意方向均具有周期性的纹理,故采自该表面的样本轮廓的分形维度 D 也在较小的范围内波动;铝件粗糙面 D 值波动情况相较前两者更为明显,这是因为 x 方向的样本轮廓是由不同组磨粒切削而成的,加工条件的改变使得轮廓间的相似程度有所降低。从 SLA 树脂打印件和塑料的实物照片来看,两者在经历光固化和注塑工艺之后,应未经历进一步的表面质量改善工艺;对于前者,很难直接观察到其表面纹理的规律性,由此测得 D 均值在 0.017 附近波动;对于后者,在观测尺度下,塑料表面颗粒的周期性结构无法得到完全的表现,故其均值偏差达到了最大的 0.027。

7.4.2 基于 W-M 函数准三维扩展的表面重建

W-M 函数是轮廓高度关于水平位置的一元函数,可以表征物体线轮廓;若想对物体表面进行重建,则需对其进行三维扩展。常使用 W-M 函数三维扩展形式如下 [245]

$$
\begin{aligned}
Z(x,y) = \mathrm{Re}L & \left(\frac{G}{L}\right)^{D-2}\left(\frac{\ln\gamma}{M}\right)^{0.5} \cdot \sum_{m=1}^{M}\sum_{n=0}^{n_{\max}}\gamma^{(D-3)n}\Big\{\exp\left(\mathrm{i}\phi_{m,n}\right) \\
& - \exp\left[\frac{\mathrm{i}}{L}2\pi\gamma^n\left(x^2+y^2\right)^{0.5}\cos\left(\tan^{-t}\left(\frac{y}{x}\right)-\frac{\pi m}{M}\right)+\mathrm{i}\phi_{m,n}\right]\Big\}
\end{aligned}
\tag{7-50}
$$

式中,D 的取值范围为 $(2,3)$;M 是凸起叠加数;$n_{\max}$ 则是空间频率指数上限。

利用式 (7-50) 对物体表面进行三维表征的优点在于其保证了曲面在 xOy 平面上的连续性,但其采用的 G、γ 和 D 在空间内保持为常值,与在表 7.2 中观察到的现象相违背。

在大多数情况下,滑移行为可以被看作是单方向运动。而 7.3 节的研究结果亦表明,滑动过程中弹性体在垂直滑动方向上的力学行为对整体的影响几乎为零。故而可以认为,在研究弹性体单方向滑动阶段的力学性能时,可放宽对重构表面在垂直滑动方向上的连续性要求。在仅关注单一方向连续性的前提下,本节提出了 W-M 函数的准三维扩展方法。其核心思想在于将待表征表面沿垂直滑动方向等分为若干 (不妨记作 p 份) 细长矩形单元,并令每个单元都由一个 W-M 函数来表征;因 n_1 和 φ_n 的数值并不影响重构表面在滑动方向上的连续性,故其取值方式仍可按照 7.4.1 节中介绍的方法进行,而问题也随之转变为如何生成 p 组基本分形参数 $\{G,\gamma,D\}$。

以分形维度 D 为例，可按概率密度在开区间 $(D_{\text{mean}} - \sigma_{D\text{mean}}, D_{\text{mean}} + \sigma_{D\text{mean}})$ 上均匀分布的方式随机生成长度为 p 的数组 $[D_i]$，区间符号内 D_{mean} 代表样本轮廓测定得到分形维度 D 的均值，$\sigma_{D\text{mean}}$ 则是前者的标准差；按同样的方法，可以得到数组 $[\gamma_i]$ 和 $[G_i]$；将这些数组按下标进行组合，即可得到 p 组基本分形参数 $\{G_i, \gamma_i, D_i\}$。

为方便后续的计算处理，由 p 个 W-M 函数共同组成的准三维重构表面最终将以矩阵 $\mathbf{RS}_{p \times q}$ 的形式进行表征，其中 q 是 W-M 函数离散序列的长度；重构表面在 x、y 方向上采用一致的空间分辨率 sr。综合本节所述，表面重建的具体流程如图 7.16 所示。

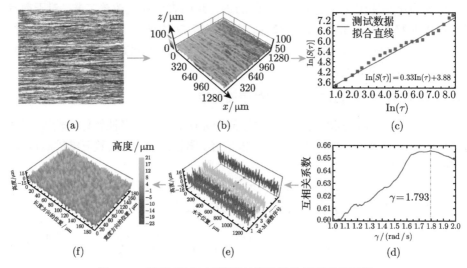

图 7.16　基于 W-M 函数准三维扩展的表面重建流程

(a) 被测表面的实物照片; (b) 利用共聚焦显微系统测定扫描图像、随机选取样本轮廓并测定 Ra; (c) 利用结构函数双对数曲线确定分形维度 D; (d) 利用互相关系数确定空间频率底数 γ; (e) 按基于统计信息的均布概率密度函数生成若干组 $\{G_i, \gamma_i, D_i\}$ 并构造对应的 W-M 函数; (f) 合并 W-M 函数离散序列以生成重构表面

7.4.3　基于梁束模型的触觉传感单元在整体滑动阶段的力学建模

1. 触觉传感单元法向力计算模型

7.4.2 小节介绍了物体表面的数学表征方法，若想研究滑动过程中表面材质对柔性触觉传感单元力学行为的影响，则还需描述重构表面与传感单元受力情况的关系。W-M 函数的不可微性增大了解析模型建立的难度，而分形的自相似性使得有限元分析所需的计算量急剧增加，因此，本节基于梁束理论提出了反映传感单元

法向力波动情况的简化力学模型。

为使梁束模型与所构建的准三维表面相配合，需将其第一假设中的 "刚性平面" 替换为 "刚性重构表面"，同时将可变形梁单元的几何外形从三棱柱更换为正四棱柱，并令其底面边长与矩阵 **RS** 的空间分辨率 sr 等同。因重构表面是按矩阵形式进行离散表达的，则传感单元法向力计算模型的输出结果必定也是力学函数的时间序列 $[F_n]$。显然，序列内元素的取值将由弹性体的滑动速度 v 和所设定的力学函数 "采样频率" f_s 共同决定。模型允许的最高采样频率 $f_{s\_\max}$ 可计算为

$$f_{s\_\max} = v/sr \tag{7-51}$$

而模型允许的最大滑动距离 $L_{s\_\max}$ 以及重构表面的最低等分数目 $p_{\min}$ 应当满足关系式

$$L_{s\_\max} = q \cdot sr - R_C \tag{7-52}$$

$$p_{\min} = 2R_C/sr \tag{7-53}$$

根据式 (7-18)，在任意时刻 (i/f_s) 下传感单元球冠状凸起承受的法向力总和可计算为

$$F_{ni} = E \cdot sr^2 \cdot \sum_{j=1}^{p} \sum_{k=1}^{p} \mathbf{NL}_{jk} \left(\mathbf{RS}_{j(i+k-1)} + \mathbf{PL}_{jk} \right) \tag{7-54}$$

$$\mathbf{PL}_{jk} = [sl(j,k)]^{0.5} - \left(R_S^2 - R_C^2 \right)^{0.5} \tag{7-55}$$

$$\mathbf{NL}_{jk} = \begin{cases} \left(\sqrt{sl(j,k)} - cv \right)^{-1}, & sl(j,k) > R_S^2 - R_C^2 \\ 0, & sl(j,k) \leqslant R_S^2 - R_C^2 \end{cases} \tag{7-56}$$

$$sl(j,k) = R_S^2 - [(j - 0.5p)^2 + (k - 0.5p)^2] \cdot sr^2 \tag{7-57}$$

式中，$\mathbf{NL}_{jk}$ 代表梁单元自然长度矩阵 $\mathbf{NL}$ 中第 j 行第 k 列的元素；**PL** 是弹性凸起的基本下压距离矩阵，其内部元素均为常数；当重构表面的等分数目 p 等于 $p_{\min}$ 时，上述两个方阵的秩将同样为 p；sl 则是接触圆边界判定算子，用于保证梁束模型第三假设的成立。

因弹性凸起承受的切向外力及梁单元间的相互作用力仅会改变弹性体内部的应力分布情况，而不对凸起与导电橡胶交界面处所承受的法向力总和产生影响，故式 (7-54) 对相关项进行了省略处理。此外，由于力学模型是基于 W-M 函数和梁束理论发展得到的，因而将其命名为 WMB 模型；其示意图为图 7.17，实际运算所采用的模型参数如表 7.3 所示。

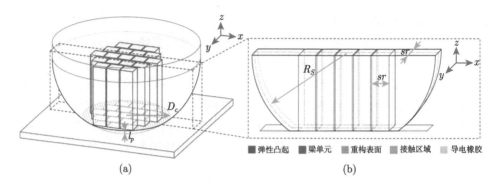

图 7.17　触觉传感单元在重构表面滑动时法向力计算的梁束模型 (a) 及其横截面示意图 (b)

表 7.3　WMB 模型参数

符号	定义	数值	单位
E	杨氏模量	5.00	MPa
sr	重构表面空间分辨率	1.25	μm
p	重构表面垂直滑动方向上 W-M 函数数目 (重构表面在垂直滑动方向上的等分数目)	1200	/
q	W-M 函数离散序列长度	61200	/
L_s	弹性凸起滑动距离	75.00	mm
v	弹性凸起匀速运动速度	0.25	mm/s
f_s	采样频率	200.00	Hz
l_p	弹性凸起基本下压距离	0.50	mm
cv	长度补偿量	1.70	mm
R_C	弹性凸起接触圆面半径	0.75	mm
R_S	球冠的曲率半径	2.50	mm

2. 传感单元法向力时间序列的计算与分析

将五类表面对应的准三维重构矩阵 **RS** 代入 WMB 模型后，即可求解得到传感单元在不同表面滑动时的法向力波动时间序列。诚如前文所言，基于胡克定律计算得到弹性凸起所承受法向力与实际值存在一定的偏差，故本节仍仅对计算结果的归一化值进行讨论。从法向力序列中截取 2 s 时长的数据，其表征的法向力–时间关系曲线，如图 7.18 所示。

可以看到，传感单元滑动时所承受法向力的波动幅值随着接触表面的粗糙度的增大而逐步提升：铝件光滑面对应序列的标准差仅为 0.0176，而塑料的法向力序列标准差则达到了 0.3927，后者约为前者的 22 倍。但对于表面粗糙度处于同一水平的表面，法向力波动情况在统计值上的区别便不再明显。竹制品、SLA 树脂打印件及铝件粗糙面的实测 Ra 值均在 6 μm 左右，其法向力序列的标准差分别为

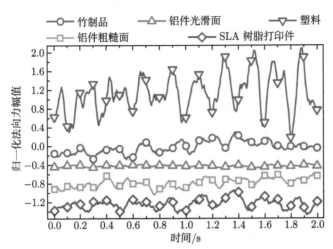

图 7.18 使用 WMB 模型计算的传感单元在不同表面滑动时的归一化法向力–时间关系曲线

0.12、0.11 和 0.09。且因为表面轮廓的非平稳特性，法向力序列的统计值在数值上会随传感单元运动轨迹空间位置上的改变而发生变化，继而无法在时域内通过阈值设定的方法对表面类别进行区分。

从图 7.18 中还可知，相较于 W-M 函数表征下轮廓所具有的丰富细节，法向力波动曲线的复杂程度则被大幅度减弱，这一现象被描述为传感器弹性覆盖层的滤波效应[246]，即弹性层将降低传感器的空间分辨能力。在此效应影响下，若直接对力学信号进行傅里叶变换，所得到的幅频特性曲线显然将具有 "L" 形的包络，即信号低频成分的幅值将远大于高频成分，会给信息的提取与分析带来较大的困难。为减轻这一现象，可构建法向力序列 $[F_n]$ 的一阶向前差分序列 $[\Delta F_n]$，其中第 i 号元素 ΔF_{n_i} 的计算方法为

$$\Delta F_{n\_i} = F_{n\_(i+1)} - F_{n\_i} \tag{7-58}$$

将各表面的法向力序列均分为 4 段，并对其差分序列进行傅里叶变换后，所得到的幅频特性曲线，如图 7.19 所示。可以看出，具有较高幅值的频率成分以簇群的形式分散在频率轴上，为便于讨论，将这些聚集在一起的频率成分命名为 "特征频簇"。

对于铝件粗糙面而言，四条幅频特性曲线虽然在具体细节上却各不相同，但在变化趋势上保持一致。具体来说，一方面再次体现了 W-M 函数表征下表面轮廓的非平稳随机性，即轮廓的最小正周期要远远大于模型计算所截取的 18.75 mm；另一方面，本节也发现相同序号特征频簇的边界不随法向力序列对应轮廓的空间位置的改变而发生变化。以第 1 特征频簇为例，四条幅频曲线均起始于 3.64 Hz 而截止于 4.05Hz，即特征频簇边界基本不受非平稳性的影响。而图 7.19(b) 和表 7.4 则

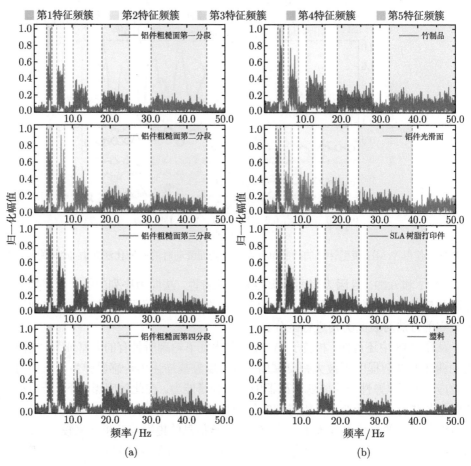

图 7.19　触觉传感单元在铝件粗糙面 (a) 和其他四类表面 (b) 滑动时，使用 WMB 模型计算的法向力一阶前向差分序列幅频特性曲线

表 7.4　传感单元在五类表面滑动产生的法向力幅频特性曲线特征频簇范围

(单位: Hz)

特征频簇序号	1	2	3	4	5
铝件粗糙面	3.64~4.05	6.21~7.68	10.64~13.98	18.18~24.86	31.04~44.68
竹制品	3.76~4.76	6.47~8.58	11.11~15.51	19.11~27.87	32.91~50.22
铝件光滑面	3.26~4.05	6.45~7.07	9.14~13.35	15.30~21.50	24.10~37.45
SLA 树脂打印件	3.36~4.34	5.66~7.68	9.51~13.59	16.01~24.13	26.95~42.56
塑料	4.47~5.27	7.98~9.68	14.19~17.80	25.30~32.73	44.71~60.17

进一步表明，特征频簇边界会随表面类别的改变而发生明显的变化，使其可以成为表征表面材质的特征信息。

从图 7.19 中还能看到，随着序号数目的增加，特征频簇的幅值逐步降低而其范围则随之增加。注意到各个特征频簇之间还存在较低幅值的频率成分，这主要是由于采样频率不足而产生的混叠噪声。与特征频簇所不同的是，五类表面混叠噪声的幅值基本处于同一数值水平，且在频域上几乎不发生变化，这将使得特征频簇的辨识度随着频率的增加而逐渐减小。为对辨识度进行数学表征，不妨定义特征频簇与混叠噪声的幅值比 CAR 为

$$\text{CAR} = \frac{E\left[F_{n\_\text{aft}}(f_{c\_i})\right]}{E\left[F_{n\_\text{aft}}(f_a)\right]} \quad \{f_{c\_i} \in (f_{c\_i\_\text{lcf}}, f_{c\_i\_\text{hcf}}), f_a \in (0, f_{c\_1\_\text{lcf}})\} \tag{7-59}$$

$$F_{n\_\text{aft}} = |\text{FT}(F_n)| \tag{7-60}$$

式中，F_{n_alt} 是时间序列 F_n 经傅里叶变换并取模长后在频域的幅频序列；$f_{c\_i\_\text{hcf}}$ 和 $f_{c\_i\_\text{lcf}}$ 分别代表序号为 i 的特征频簇的高、低截止频率；f_{c_i} 和 f_a 为对应区间内的频率变量。

由此计算得到的五类表面第一至第六特征频簇与混叠噪声的幅值比如图 7.20 所示。从总体来看，CAR 值随特征频簇序号的增长而呈指数式下降趋势。当序号取值为 1~4 时，各表面法向力频域序列的 CAR 值均保持在 2.5 以上，可从幅频特性曲线上清晰地看到特征频簇边界。当序号为 6 时，仅能在表面粗糙度较大的塑料所产生的法向力频域序列中观察到明确的低频截止边界，且因为该序列的边界频率较之其他表面偏大，其第六特征频簇的高频截止边界已超过二分之一采样频率，处于不可观测状态。而在序号为 5 的时候，虽然大部分序列的 CAR 仍能保持在 2 以上，但因为式 (7-59) 考察的仅是幅值期望，考虑到频率成分幅值存在随机性，实际操作时仍无法按阈值法对特征频簇的高、低截止频率进行准确的判定。故而从辨识度的方面来讲，应尽量选取序号 4 之前的特征频簇以作为表面分类的表征依据。

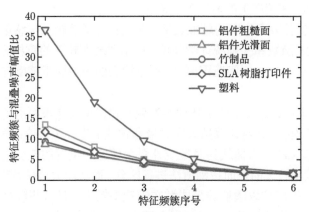

图 7.20　不同表面各个序号特征频簇与混叠噪声的幅值比

从边界的区分度来看,不同表面特征频簇边界的差异随着序号的增加而愈发明显。若撇开最易区分的塑料不谈,在序号 2 以前,剩余四类表面的频簇高、低截止边界的标准差只有 $f_{c\_2\_hcf}$ 超过了 0.5,且在数值上仅等于 0.62;序号 3 的标准差已接近于 1,分别为 0.93 和 0.97;至序号 4 以后,最低标准差已超过 1.7,说明此时不同表面频簇边界的区别已较为明显。综合考量 CAR 值与频簇边界差异性,应当选取第 3 或第 4 特征频簇作为表面材质的表征参数。实际使用柔性触觉传感阵列整体滑动阶段法向力信号对接触对象按材质进行分类时,可重点考察其在 10~30 Hz 区间段的幅频特性。

7.5　本章小结

针对柔性触觉传感阵列在初始滑移阶段和整体滑动阶段力学特性分析,基于梁束理论和 W-M 函数分别建立了柔性触觉传感单元的静态梁束模型和 WMB 模型,分析了触觉传感单元的局部位移现象以及在不同物体表面滑动过程中力学行为的变化规律,具体总结如下。

(1) 针对设计的柔性触觉传感阵列结构,分析了其在初始滑移阶段的受力情况;基于简化的三维梁束理论,构造了接触区域离散化节点位移的力学方程,从而建立了柔性触觉传感单元初始滑移阶段的力学模型,并利用有限元仿真分析了传感器单元在初始滑移阶段下的局部位移现象,通过对比有限元仿真分析和理论模型计算结果的差异,分析了偏差产生的原因。

(2) 为减小局部位移预测的误差,基于赫兹接触与迭代算法对触觉传感阵列的梁束模型进行了参数修正。与有限元仿真结果的对照分析表明,所构造的弹性体接触面切向应力分布迭代修正公式能有效提升静态梁束模型计算结果的精确度。在此基础上,分析了球冠状弹性体在初始滑移阶段的力学行为:外周部分位移发生的时间最早,而中心区域产生的剪切形变最大。

(3) 为实现物体表面轮廓的精准表征,探究其对柔性触觉传感单元滑动过程的影响,基于 W-M 函数和基础统计学理论,提出了表面轮廓的重构方法。当分形维度 D 的数值在 (1.1, 1.9) 区间范围内时,所重构表面的表面粗糙度与测试值的误差在 10% 以内。

(4) 基于梁束理论建立了用于描述柔性触觉传感单元在表面滑动时法向力波动情况的简化力学模型,并对计算结果在时域和频域上进行了讨论:表面轮廓的非平稳特性使传感单元法向力曲线的时域统计量会随空间位置的改变而发生变化,故仅能对粗糙度区别较大的表面按阈值法进行区分;而法向力幅频特性曲线表明,具有较高幅值的频率成分以簇群的形式散布于频率轴上,且这些簇群的边界与表面类别相关而与空间位置无关,可以作为表征表面材质的特征信息。

第 8 章 柔性触觉传感阵列的滑移检测及物体表面识别应用

8.1 引　言

在第 7 章基于梁束理论、迭代算法和分形理论的指导下，建立了柔性触觉传感单元在初始滑移和整体滑移阶段的力学模型，研究了柔性触觉传感单元在初始滑移和整体滑动阶段的触觉力信号的变化规律。本章将把基于力学模型分析的结果运用于柔性触觉传感阵列的滑移检测与物体表面识别研究。

目前不少学者在进行物体表面信息识别研究时，往往将触觉传感器在滑动过程中产生的动态信号作为原始传感信号进行分析。通过对动态传感信号的准确提取，需要对接触对象的初始滑移行为实现精准检测，并且鲁棒性强、实时性好的检测方法也能显著提升所提取动态信号的完整性与准确性。因此，除去在机器人抓取稳定性方面有着重要应用之外，滑移检测方法在物体表面感知与识别领域也得到了广泛的关注。

物体表面的纹理材质与包括接触刚度和摩擦特性在内的物理属性均有着密切联系[247]。在智能机器人执行抓取等操作时，若机器人可对被抓物体的纹理和材质等信息进行识别，将会极大地提升其对抓取过程和接触状态的感知能力，从而采取更为优化的抓取操作策略，在确保抓取动作稳定的同时，避免损伤物体。因此，基于触觉传感信号的物体表面识别研究得到了国内外学者的关注，以期通过物体表面识别等触觉信息感知来提高智能机器人与人的交互能力。

8.2 基于柔性触觉传感阵列的滑移检测方法与实验

8.2.1 基于小波变换的滑移检测方法

早在 20 世纪八九十年代，美国斯坦福大学的 Howe 等[248] 和 Tremblay 等[249] 已开始利用弹性体的振动现象进行滑移的检测。1996 年，Holweg 等[215] 进一步论证了导电橡胶类压阻材料在初始滑移阶段，其输出信号的全频率成分的能量均会出现显著增加，故可通过频谱分析的方法对物体的滑移现象进行判别。

可用于频谱分析的数学工具很多，常用的包括傅里叶变换、小波变换、经验模态分解法等。傅里叶变换是基于三角函数的正交性，将待分析信号用连续频率的正/余弦函数作为基进行表征。在实际操作过程中，不少研究者[215,250]会对样本信号进行分段处理，这相当于使用矩形窗函数对原始信号进行了截取。显然，分段信号的傅里叶变换将自动拥有与窗函数同等的时域分辨率，但其分辨率也将下降为某一常值。

基于实际工程应用对时、频域分析的分辨率要求，小波变换理论于 20 世纪 70 年代得以建立[251]。小波变换是将傅里叶变换的基函数替换为了一系列长度有限、在时域上存在时移关系和伸缩变换关系的小波函数[252]。这种替换使得小波变换对待分析信号低频成分的表征结果具有较高的频率分辨率，而对其高频成分的表征结果具有较高的时间分辨率。此外，小波变换所需的运算量相对较少，故可应用于对实时性要求较高的工作场合。

傅里叶变换和小波变换方法的共同缺陷在于其基函数不具备自适应性，而由 Huang 等[253]于 20 世纪末提出的"经验模态分解法"则克服了这一问题，其操作流程只与待分析信号自身相关，故具有极高的适用性。但因计算过程涉及样条插值等计算，求解时间相对较长；同时，在信号截取操作和间歇性信号的作用下，经验模态分解的结果将被边缘效应和模态混叠问题所影响[254]。

综上所述，选择小波变换作为柔性触觉传感阵列反馈信号的频谱分析工具，其数学表达式为

$$\mathrm{WT}_x(a,\tau) = \frac{1}{\sqrt{a}} \int_{-\infty}^{+\infty} x(t)\psi^*\left(\frac{t-\tau}{a}\right)\mathrm{d}t \quad (a>0) \tag{8-1}$$

式中，WT_x 是时域信号 $x(t)$ 的小波变换结果；t 代表时间；自变量 a 和 τ 分别代表尺度因子和时移长度，用于对基本小波函数 $\psi(t)$ 进行伸缩和平移变换；$*$ 代表共轭算子。

当 a 和 τ 均取连续值时，式 (8-1) 即被称为连续小波变换。显然，连续小波变换的信息是冗余的，实际应用时常对尺度因子 a 进行幂级数式离散化，而对应的时移长度 τ 则按奈奎斯特采样定理的要求进行取值。在此基础上，Mallat 依照实际工程需求，进一步对离散信号序列提出了 Mallat 算法，操作流程如图 8.1 所示。

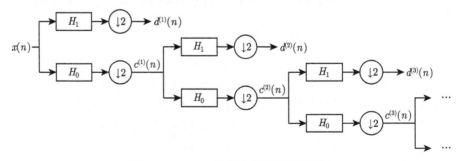

图 8.1　Mallat 算法的操作流程示意图

图 8.1 中 $x(n)$ 代表采样得到的原始离散信号，设其长度为 m；因 Mallat 算法将尺度因子 a 幂级数离散化的底数设置为 2，$x(n)$ 可看作是 $a = 2^{\lceil \log_2(m) \rceil}$ 空间 (记作空间 V_0) 下尺度基函数 $\varphi_{0k}(t)$ 对原始连续信号进行表征的线性组合系数；任意相邻尺度基函数 $\varphi_{0k-1}(t)$ 和 $\varphi_{0k}(t)$ 之间的时移长度，与 $x(n)$ 的采样间隔相同。序列 H_0 和 H_1 可分别看作是低/高通滤波器，其内部元素可按二尺度差分方程进行求解；$x(n)$ 分别与上述序列进行卷积操作后，即从空间 V_0 映射至互为正交补的低层子空间 V_1 和 W_1，并由尺度系数为 $2^{(\lceil \log_2(m) \rceil - 1)}$ 的尺度基函数 $\varphi_{1k}(t)$ 和小波基函数 $\psi_{1k}(t)$ 进行表征。因 H_0 和 H_1 各自的高/低截止频率恰好为原始信号序列 $x(n)$ 最高频率 f_s 的二分之一处，故需要对滤波后信号进行按 2 下采样 (图中以 $\downarrow 2$ 表示) 的方式去除冗余信息。

由此得到的 $c^{(1)}(n)$ 和 $d^{(1)}(n)$ 即是单层分解得到的尺度系数和小波系数，其物理含义可近似理解为各个时刻下原始信号在 $0\sim0.5f_s$ 和 $0.5f_s \sim f_s$ 区间范围内频率成分所含能量的总和。因单层分解结果包含的频率成分较广，实际应用时可能无法对欲考察的特征信息进行良好地表征。此时可将尺度系数 $c^{(1)}(n)$ 作为新的离散信号进行反复分解，直至小波系数 $d^{(j)}(n)$ 满足信号分析的需求，或者下层子空间 $c^{(j+1)}(n)$ 的长度不再满足分解需求。

8.2.2 基于柔性触觉传感阵列滑移检测的有限元仿真建模

1. 柔性触觉传感阵列的有限元仿真模型的建立

为分析初始滑移阶段柔性触觉传感阵列在敏感材料层和电极层交界面处的应力分布情况，基于 ABAQUS 软件对柔性触觉传感阵列结构进行了三维的有限元仿真建模。

1) 网格划分

所建立的柔性触觉传感阵列的有限元模型，如图 8.2 所示。其整体尺寸为 20.0 mm × 16.0 mm × 1.4 mm。传感单元各部件之间以 "绑定" 约束实现连接。为提升仿真结果的准确性，设置全部网格类型为 C3D8R 单元。基于接触及滑动问题易发散的特性，对球冠状凸起及其所覆盖部分 (PET 基底层除外) 的网格进行了细化处理，单个网格边长的取值范围为 0.05 ～ 0.10 mm。传感阵列的外周区域因不直接发生接触行为，对计算结果的影响相对较小，设置其网格宽度约为 0.4 ～ 0.6 mm；为提升有限元计算的效率与精准度，在上述区域内采用 "结构" 网格划分技术。在球冠状凸起和外周区域之间设置有过渡区，采用 "扫掠" 划分技术以实现网格尺寸的过渡。PET 基底层因刚度较大，故不对其进行区域划分，并将其网格边长统一设置为 0.5 mm。模型总共划分网格共计 78885 个，其中表面凸起层划分 53236 个，导电橡胶划分 10368 个，RTV 硅胶层划分 14001 个，PET 基底层划分 1280 个。

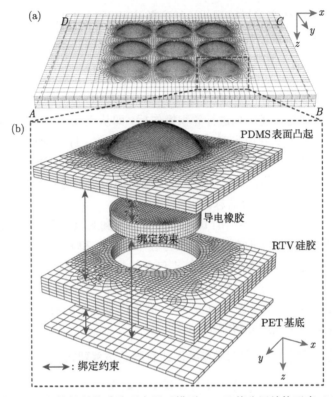

图 8.2　柔性触觉传感阵列有限元模型 (a) 及其分层结构示意 (b)

2) 材料属性设置

　　因柔性触觉传感阵列的各个组成部分均为超弹性材料，故需要借助弹性应变能函数对其应力–应变关系进行表征。常用的超弹性本构模型包括 Mooney-Rivlin 模型、Yeoh 模型和 Arruda-Boyce 模型等。其中 Yeoh 模型的函数形式相对简单，在仅具备单轴压缩实验数据的情况下，其对材料非线性行为的预测也较为准确[255]，故被本节所采用。对于不可压缩材料，其应变能密度方程 $W(I_1)$ 可被表达为[256]

$$W(I_1) = C_1(I_1 - 3) + C_2(I_1 - 3)^2 + C_3(I_1 - 3)^3 \tag{8-2}$$

式中，I_1 为柯西–格林形变张量的第一常量；C_i 则是材料参数。在单轴压缩的情况下，式 (8-2) 可被进一步转换为描述名义应力–应变关系的方程[257]

$$\sigma = 2C_1(\lambda - \lambda^{-2}) + 4C_2(\lambda^3 - 3\lambda + 1 + 3\lambda^{-2} - 2\lambda^{-3})$$
$$+ 6C_3(\lambda^5 - 6\lambda^3 + 3\lambda^2 + 9\lambda - 6 - 9\lambda^{-2} + 12\lambda^{-3} - 4\lambda^{-4}) \tag{8-3}$$

$$\lambda = 1 + \varepsilon \tag{8-4}$$

式中，λ 代表材料的伸缩率。

利用图 8.3 所示的电子万能试验机 (UTM2203，Suns，中国) 对 PDMS、RTV 硅胶和导电橡胶等三类的材料属性进行了测试。可以看到，当名义应变为 35% 时，上述材料产生的最大名义应力仅为 3.64 MPa，与 PET 材料相差 3 个数量级。故后者可被视作理想弹性材料，并用恒定的杨氏模量对其力学属性进行描述。在有限元模型中，其杨氏模量和泊松比分别被设置为 4000 MPa 和 0.39[258]。其余材料在 Yeoh 模型下的各项材料参数 C_i 可按最小二乘法进行拟合计算，其数值如表 8.1 所示。

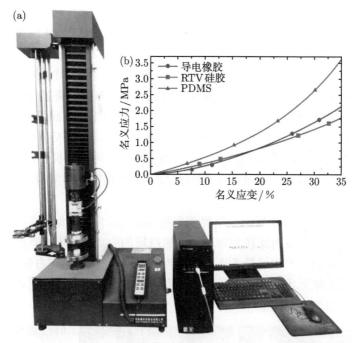

图 8.3 材料属性测试用 UTM2203 电子万能试验机 (a) 及三类材料的名义应力–应变曲线 (b)

表 8.1 PDMS、RTV 硅胶、导电橡胶的材料属性

材料	Yeoh 模型			泊松比
	C_1	C_2	C_3	
PDMS	0.7997	0.2881	−0.0375	0.47
RTV 硅胶	0.5551	−0.0356	0.0027	0.48
导电橡胶	0.5686	0.0540	−0.0181	0.47

3) 边界条件设置

位移边界条件的设置与第 7 章类似，其作用对象为传感阵列底部平面 $ABCD$，

同样可分为两个阶段:

(1) 先令 $ABCD$ 平面沿负 z 方向进行平移,使传感阵列与一个和平面 $ABCD$ 平行的解析刚性平面相接触,设置下压距离为 0.18 mm,此时对应的接触力约为 15 N;

(2) 将此状态保持一段时间后,$ABCD$ 面将沿 x 正方向进行匀速位移,直至传感阵列进入整体滑动阶段。

整个仿真时长设置为 2.22 s,其中接触建立阶段 0.02 s,下压阶段 1.00 s,保持阶段 0.20 s,滑动阶段 1.00 s;仿真结果按每 0.02 s 一帧的频率进行输出。

2. 柔性触觉传感阵列滑移检测的仿真结果

因导电橡胶的电阻变化主要是由外力作用下,橡胶基底体积变化引起的内部导电通路数目的改变所引起的,故对仿真结果的分析可忽略切应力的影响[217];又因为柔性触觉传感阵列图案化电极均分布在同一平面上,则电流将主要从敏感材料层和电极层的交界面附近流通,而该界面的应力分布情况将被重点考察;最后,因有限元模型的位移边界条件设置于 $ABCD$ 面,而 PET 基底可近似视作为刚性体,在绑定约束的条件下,交界面处的节点不发生相对运动,交界面 x 方向和 y 方向正应力将全部由泊松效应所产生,对空间正应力的讨论等价于对 z 方向正应力的讨论,故而本小节将主要分析 z 方向正应力在导电橡胶和电极交界平面的分布情况。

图 8.4(a) 和 (b) 分别展示了交界面在初始滑移阶段始末时刻的 z 方向应力分布情况。图中橙色节点为连接相邻单元最短线段的中点,在圣维南原理的作用下,其在全部仿真阶段中产生的最大压应力值为 0.033 MPa,仅落在右侧图例的第二等分范围内,说明球冠状凸起将大部分压应力均集中在了导电橡胶所在的圆形区域,各单元间的相互影响较小。

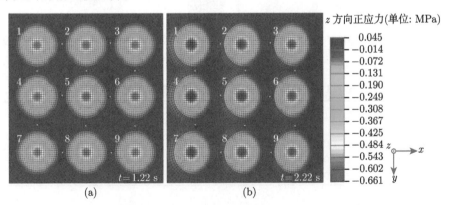

图 8.4　敏感材料层与电极层交界面的 z 方向应力分布情况

(a) t=1.22 s; (b) t=2.22 s

倘若以中心 5 号单元为基准，对各单元节点的应力差值进行定量分析，则统计结果如表 8.2 和表 8.3 所示。容易发现，在绝大多数情况下，各单元节点间的差异均在 10% 以下；仅在滑移结束时刻，传感阵列右侧的 3、6、9 号单元的最大差异值超过了 0.05 MPa，约占 5 号单元应力均值的 23%。

表 8.2 各单元在敏感材料层和电极层交界处初始滑移开始时刻 z 方向应力分布差异情况

单元序号	1	2	3	4	6	7	8	9
最大差值/kPa	21.3	20.2	21.8	20.3	20.4	21.6	15.9	21.1
百分比/%	−9.81	−9.30	−10.03	−9.35	−9.42	−9.94	−7.33	−9.71
最小差值/kPa	−3.2	−6.1	−3.3	−1.1	−1.9	1.3	1.2	1.2
百分比/%	1.50	2.82	1.51	0.52	0.87	−0.60	−0.53	−0.53
平均差值/kPa	9.6	4.7	9.6	5.8	5.8	10.8	6.2	10.8
百分比/%	−4.41	−2.17	−4.42	−2.66	−2.68	−2.89	−2.87	−2.89
5 号单元平均应力				−217.0				

表 8.3 各单元在敏感材料层和电极层交界处初始滑移结束时刻 z 方向应力分布差异情况

单元序号	1	2	3	4	6	7	8	9
最大差值/kPa	14.1	15.8	51.5	−2.2	51.4	12.0	13.0	51.6
百分比/%	−6.38	−7.15	−23.33	0.99	−23.29	−5.44	−5.91	−23.37
最小差值/kPa	−17.0	−3.5	4.0	−21.1	6.5	−14.8	−0.5	−7.1
百分比/%	7.69	1.60	−1.81	9.55	−2.96	6.71	0.22	−3.23
平均差值/kPa	−0.9	4.4	18.2	−5.9	15.9	0.7	5.7	19.0
百分比/%	0.43	−1.98	−8.27	2.66	−7.18	−0.33	−2.58	−8.59
5 号单元平均应力				−220.6				

上述结果表明，各个传感单元的应力分布情况具有高度的一致性，对应力变化情况的讨论可进一步从整个交界面缩小至任意一个传感单元所覆盖的区域。出于简化考虑，本节将考察对象设置为 5 号单元。

因导电橡胶在受力超过 1 GPa 的情况下，其内部电阻仍保持在 7 kΩ 以上 [259]，远大于铜电极电阻。故而在实际检测工作中，传感阵列的输出电信号基本仅由图 8.5 所示"类梯形"区域内敏感材料的电阻所决定。若将电极几何中心视作为坐标原点，对仿真结果进行提取时，右侧滑动阶段边界可近似由下述方程确定

$$\text{左边界：}\begin{cases} y = 0.5986x + 0.0776, & y \in (0.3700, 0.7543) \\ y = 2.2500 - (1.8000^2 - x^2)^{0.5}, & y \in (-0.3700, 0.3700) \\ y = -0.5986x - 0.0776, & y \in (-0.7543, -0.3700) \end{cases} \tag{8-5}$$

$$\text{右边界：} y = 2.2500 - (1.3500^2 - x^2)^{0.5}, \quad y \in (-0.7543, 0.7543)$$

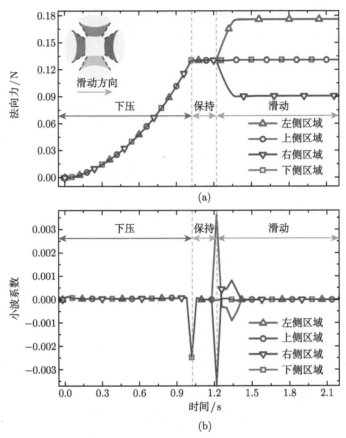

图 8.5　不同 "类梯形" 区域内法向力变化曲线 (a) 及其离散小波变换结果 (b)

对上述函数进行旋转变换或镜像变换后，即可得到剩余三个区域的边界方程组。对其内部的应力进行提取并作双重积分后，所得到的法向力变化曲线如图 8.5(a) 所示。可以看到，四条法向力曲线在下压阶段和保持阶段完全重合在一起，这主要是因为在球冠状表面凸起几何外形的影响下，在上述阶段内传感单元内部任意 xOy 平面的应力分布情况均关于 z 轴对称所致。至滑动阶段，由摩擦力引起的力矩将引起交界面处应力分布的变化：左侧区域所承受的压力从 0.13 N 上升至 0.18 N，右侧区域则下降至了 0.09 N。同样因为受力状况的对称性，上下侧区域的法向力变化曲线仍然保持重合；而在材料超弹性属性与剪切形变的双重作用下，两者的法向力略微上升了 3×10^{-4} N。

选取阶数 N 等于 1 的 Coiflet 函数为小波基，对法向力曲线进行一层离散小波变换，其结果如图 8.5(b) 所示。容易发现，在下压阶段的结束时刻，四条力学曲线的小波变换结果均存在一个尖峰 (以下称为 "加载峰"，符号 p_l)，其绝对值约为

2.5×10^{-3}；而在滑动阶段的初始时刻，仅有左右两侧区域的小波系数曲线出现了较为明显的峰值 (以下称为 "滑移峰"，符号 p_s)，其绝对值约为 3.6×10^{-3}；而上下两侧区域曲线的波动范围仅为前者的 1%，在图中较难被观察到。

　　加载峰和滑移峰的出现主要是由于小波变换的局部化特性使得其对信号的突变点较为敏感，而仿真分析中各阶段的过渡时刻均可视作是力学曲线的不可导点，所以其变换结果相较于其他时刻具有较大的数值。又因为任意点小波系数的数值大小与该点左右导数的差值呈正相关关系，滑动阶段上下区域的法向力在 0.14 s 的时间长度内增值仅为 3/10000 N，故其对应的滑移峰仅为 3.3×10^{-5}，显然无法对滑移现象进行良好的表征；而对于左右区域，下压结束时刻的左右导数绝对差值约为 0.26，而在滑移开始时刻则约为 0.38，故两者的加载峰在数值上仅为滑移峰的 69%，通过合理的阈值设定，即可将两者进行区分。继而从仿真的角度上，本节论证了小波变换在左右区域对滑移检测的有效性。

　　由摩擦力矩引起的应力分布变化使得基于小波变换的滑移检测成为可能。第 7 章静态梁束模型的计算结果与柔性触觉传感阵列有限元模型的仿真结果均表明，切向应变与法向应力均是以同心圆的方式从大到小向外辐射分布的，而目前电极采用的梭形外周电极使得导电橡胶的实际工作区域为一个下底内凹的 "类梯形" 区间。这种区间的设置将使 "梯形" 底角处所承受的法向力及其变化幅值较小，对其检测性能产生不利影响。倘若将外周电极按应力分布情况设置为弧形，此时导电橡胶的工作区域将变更为图 8.6 所示的四个 "类扇形" 区域，其中右侧滑动阶段的边界方程可表达为

$$左边界：\begin{cases} y = 0.5986x + 0.0776, & y \in (0.3700, 0.7543) \\ y = (0.6128^2 - x^2)^{0.5}, & y \in (-0.3700, 0.3700) \\ y = -0.5986x - 0.0776, & y \in (-0.7543, -0.3700) \end{cases} \tag{8-6}$$
$$左边界：y = (1.3590^2 - x^2)^{0.5}, \qquad y \in (-0.7543, 0.7543)$$

　　同样，通过旋转变换或者镜像变换，可以得到其他三片区域的边界函数。对上述区域内的应力进行提取并积分后，所得到的法向力变化曲线及其离散小波变换结果，如图 8.6 所示。相比于 "类梯形" 区域，"类扇形" 区域曲线的变化趋势与前者基本保持一致，但在数值上其表现更为优异：各区域在下压阶段结束时刻所承受的法向力约为 0.15 N，对比前者涨幅约 17.7%；在滑动阶段，其左侧区域所受压力上升至 0.23 N，右侧区域则下降至 0.09 N，法向力差值相较于 "类梯形" 区域分别提升了 65.8% 和 64.8%。体现在小波系数上，其加载峰绝对值约为 3.0×10^{-3}，滑移峰则为 6.3×10^{-3}，加载峰仅约占滑移峰的 48%，为阈值的设定提供了更大的空间。则仅从力学的角度出发，弧形外周电极将使得传感阵列在滑移检测应用方面具备更高的灵敏度与稳定性。

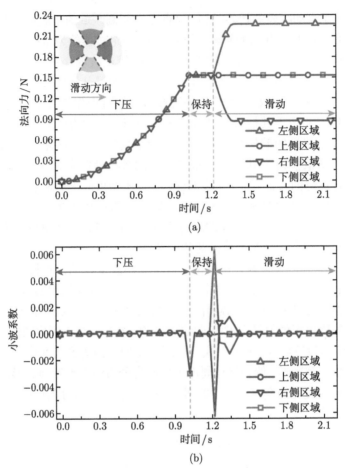

图 8.6   不同"类扇形"区域内法向力变化曲线 (a) 及其离散小波变换结果 (b)

8.2.3   柔性触觉传感阵列的制造及其滑移检测实验

1. 柔性触觉传感阵列的制造流程

柔性触觉传感阵列的主要制作流程如图 8.7 所示, 其具体步骤如下: ① 使用蚀刻技术在 PET 基底上印刷图案化电极及连接线路, 如图 8.7(a) 所示; ② 在研钵中将铜粉导电胶与黏合剂搅拌均匀, 直至电阻低于 100 Ω; ③ 将混合膏体通过丝网板涂覆在图案化电极表面, 要求涂覆区域与电极边缘保持 0.1 mm 以上的间距, 以防止短路现象的发生, 如图 8.7(b) 所示; ④ 将冲裁好的导电橡胶片贴附至电极, 之后将其连同 PET 基底放置于加热台 12 h 以上, 并设定温度为 60℃, 以使混合膏体完全固化, 如图 8.7(c) 所示; ⑤ 取环己烷 30 mL, 向其中加入 5 g PDMS 树脂溶液, 放置于磁力搅拌机上搅拌约 10 min 以使其充分溶解, 同时缓慢加入

0.65 g 纳米二氧化硅颗粒；⑥ 利用超声破碎仪对混合液体进行 2 h 以上的振荡处理，以保证二氧化硅颗粒在液体内部分散均匀；⑦ 将混合液置于具有加热功能的磁力搅拌仪上约 10 h，设置温度为 80℃以使环己烷完全挥发，设置转子转速在 500~600 rpm 之间以防止二氧化硅沉淀；⑧ 加入 PDMS 固化剂 1 g，手动搅拌均匀，之后将混合液体放入真空干燥箱进行脱泡，持续时长约 1 h；⑨ 将 PDMS 倒入球冠状凸起模具，再次放入真空干燥箱进行 1 h 以上的脱泡处理；⑩ 将 PDMS 连同模具放置于 80℃的加热台上约 4 h，使其完全固化，之后用镊子完成 PDMS 的剥离工作，如图 8.7(d) 所示；⑪ 利用涂膜器将 RTV 硅胶均匀涂覆至贴附有导电橡胶的 PET 基底上，其厚度约为 0.5 mm，如图 8.7(e) 所示；⑫ 将 PDMS 凸起层与导电橡胶对齐后贴附于 RTV 硅胶层上，之后将传感阵列放置于 70℃的加热台约 12 h，以使各层完全黏合，如图 8.7(f) 所示。

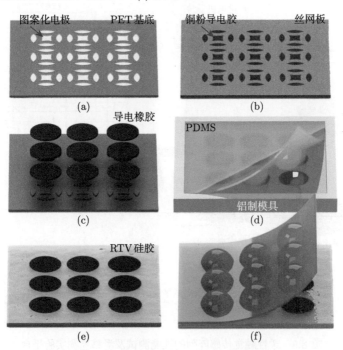

图 8.7 柔性触觉传感阵列的主要制作流程

制作完成的柔性触觉传感阵列实物图，如图 8.8 所示。

2. 柔性触觉传感阵列的滑移检测实验

为对柔性触觉传感阵列进行性能测试及滑移检测等后续实验，搭建的综合实验平台如图 8.9 所示。该实验平台主要由三维运动模块、力学信号检测模块、电学信号采集模块等三部分组成。

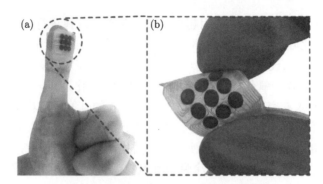

图 8.8　制作的柔性触觉传感阵列实物图

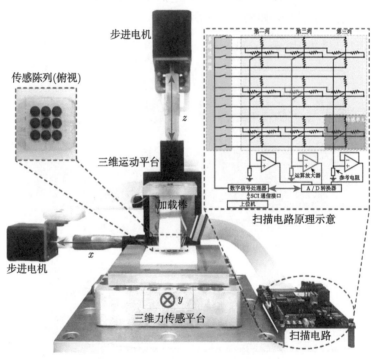

图 8.9　柔性触觉传感阵列的性能测试及滑移检测实验平台

(1) **三维运动模块**。以精密型千分尺进给式 x、y、z 轴交叉滚柱引导式位移台 (AKSM25A-65CCZ，Zolix，中国) 为主体，利用双轴可编程控制器 (KH-2，Keheng，中国) 和两台 42 步进电机 (42BYGH47-401A，Perfectvy，中国) 实现位移台在 x、z 方向上的可控运动。

(2) **力学信号检测模块**。主要由商用三轴力传感器 (3A120，Interface，USA) 和数据采集系统 (PCI-6251 & BNC-2110，National Instrument，USA) 构成，在 0 ~

100 N 的范围内具有 0.01 N 的分辨率；

(3) **电学信号采集模块**。由数字信号处理器 (TMS320F2812，Texas Instrument，USA) 和实验室自制的扫描电路构成，其核心检测电路为二电阻分压电路；DSP 的 ADC 模块对定值参考电阻两端电压进行模数转换，以保证输出电压与所受外力呈正相关关系。扫描电路工作时由 AMS1117-3.3 芯片将外部直流稳压电源 (E3643A，Keysight，USA) 提供的 5.20 V 电压转换为 3.30 V，通过多路选择器实现对传感阵列输出信号的扫描读取。

进行性能测试实验时，将柔性触觉传感阵列固定于底部三维力传感平台，使用直径为 4 mm 圆柱形加载棒对传感单元进行法/切向力的施加；进行滑移检测实验时，利用底面尺寸为 26 mm × 18 mm 的长方体加载棒将传感阵列与三维运动平台相连，通过控制 z 方向位移以对阵列进行加/卸载，通过施加 x 方向位移以模拟滑移的发生。实验对象按电极类别可分为具有梭形电极和弧形电极的传感单元，前者边界可按式 (8-5) 进行确定，后者公共电极为半径 0.5 mm 的圆形，外周电极为圆心角 73°，内外径分别为 1.00 mm 和 1.50 mm 的弧形，其几何形貌与图 8.6 相同。实验时设置采样频率为 200 Hz，设置参考电阻为 470 kΩ。

3. 触觉传感阵列的性能测试

先前的理论分析与仿真结果均是从力学角度对传感器的滑移检测应用进行了讨论，但在实际应用中，传感阵列是以电压信号的形式对触觉信息进行表征的，故而首先需要对传感单元的检测性能进行测试，以明确力–电关系。实验时设置运动平台 x 方向和 z 方向运动速度均为 0.10 mm/s。

因导电橡胶的初始电阻在兆欧级别，加之球冠状凸起的影响，在当前检测电路下传感单元将不可避免地存在死区。实际检测时发现，梭形电极的死区约为 3.7 N，而弧形电极的死区则约为 1.7 N。设置死区上边界为坐标原点，所得到的法向力–电压变化曲线如图 8.10(a) 和 (b) 所示。

容易发现，测试得到的实验数据近似按双曲线的形式进行变化，故需要对数据进行分段标定。梭形电极的拐点较为明显，约为 2.28 N，其灵敏度在前段约为 0.805 V/N，在后段则降至 0.035 V/N。弧形电极数据的 "光滑度" 则要优于前者，故需对数据以 1.71 N 和 3.26 N 为界分三段进行灵敏度考察；拟合计算得到的灵敏度分别为 0.890 V/N、0.167 V/N 和 0.017 V/N。

弧形电极死区范围的缩小，及其在第二拐点之前灵敏度的提升，均说明在相同法向力作用下，其所考察区域内受到的外力总和要大于梭形电极，故其电阻变化率较大，这与有限元模型在下压阶段计算得到的结果相一致。至于第二拐点之后梭形电极灵敏度反而占优，这主要是因为 "类梯形" 区域在长度 (0.45 mm) 上短于 "类扇形" 区域 (0.50 mm)，而在等效横截面积 (0.56 mm²) 上大于后者 (0.48 mm²)；根据导电橡胶电阻-压力关系曲线 [259] 和欧姆定律 [260]，在 3.0 N 以上的外力作用下，敏感材料电阻变化率趋于平缓 (约为 3.6 kΩ/N)，此时基础电阻较小的 "类梯形" 区域阻值相对变化率更大，其参考电阻在同等外力增量的作用下分配得到的电压自然更大。此外，这也解释了在大外力作用下，"类梯形" 区域电阻上界 (∼2.0 V) 要大于 "类弧形" 区域 (∼1.8 V)。

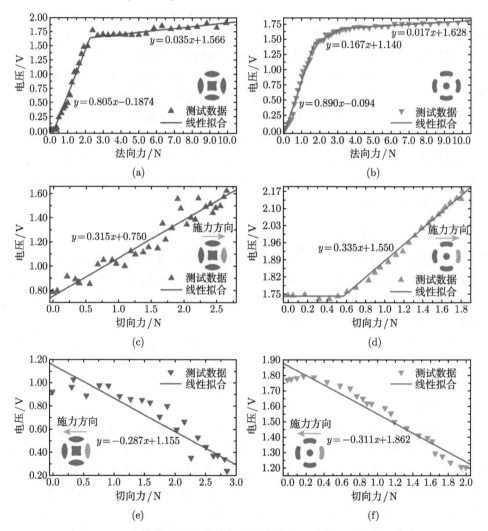

图 8.10　不同电极类型传感单元在外力作用下的输出电压变化情况

8.2.2 小节表明，滑移行为可以通过由摩擦力矩引起的应力分布变化进行检测。因此，还需考察传感单元对切向力变化的灵敏度。控制法向力约为 6.5 N，在切向力作用下，不同电极类型传感单元的输出电压变化曲线如图 8.10(c)~(f) 所示。总体来看, 在考察区域与施力方向同向情况下 (图 8.10(c) 和 (d)) 测得灵敏度要高于异向情况 (图 8.10(e) 和 (f)), 而弧形电极电阻变化率则要略高于梭形电极。从电压增值来看, 当切向力同为 1.5 N 时, 梭形电极和弧形电极在同向施力情况下电压分别上升了 0.47 V 和 0.50 V; 在异向施力情况下, 电压则分别下降了 0.43 V 和 0.47 V。结合各自的法向力–电压关系曲线, 上述现象从侧面论证了有限元模型所得到的, 在滑动阶段弧形电极考察区域的法向力变化幅值大于梭形电极的结论。但需要注意的是, 弧形电极在同向施力的情况下, 存在长度约 0.57 N 的死区, 则其整体灵敏度实际会低于梭形电极。故从准静态测试的角度来讲, 在同向施力的情况下, 梭形电极对应力分布的变化情况更为敏感; 而在异向施力的情况下, 弧形电极的表现更优。

4. 滑移检测实验

滑移检测实验共可分为三步:

(1) 三维运动平台按 0.10 mm/s 的速度沿 z 方向进行位移, 直至传感单元受力约为 4.5 N, 随后保持时长约 3 s 的静止状态。

(2) 运动平台将按 0.25 mm/s 的速度沿 x 方向进行匀速运动以模拟滑移的发生, 该过程将持续约 15 s。

(3) 当 x 方向位移结束后, 运动平台将保持当前状态约 3 s; 最后按 0.10 mm/s 的速度沿 z 方向运动以使单元远离三维力传感平台。

实验检测得到的弧/梭形左右外周电极输出电压及其离散小波变换分别如图 8.11 和图 8.12 所示。

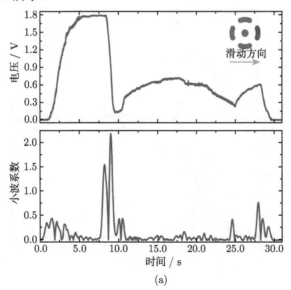

(a)

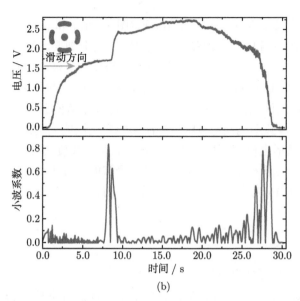

(b)

图 8.11　不同弧形外周电极在 "加载–滑动–卸载" 过程中输出电压信号及其小波变换结果

1) 分解层数的确定

由图 8.11 和图 8.12 可知, 在实验过程中, 传感单元输出信号的小波变换结果在加载、滑动、卸载时刻均会出现较为明显的峰值 (以下称卸载阶段的尖峰为 "卸载峰", 符号 p_r)。故而在使用阈值法对滑移信息进行提取时, 首先需要确认合适的考察频段, 以使得滑移峰具有足够大的峰值, 从而防止其与加/卸载状态混淆。选

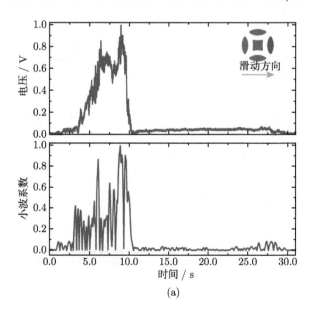

(a)

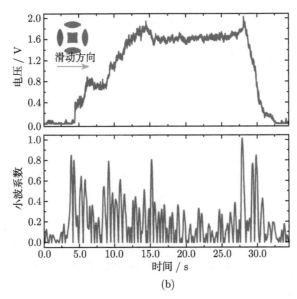

图 8.12　不同梭形外周电极在"加载–滑动–卸载"过程中输出电压信号及其小波变换结果

取小波基为一阶 Coiflet 函数,对 10 组弧形右侧电极输出信号进行一至八层分解,取小波变换结果的绝对值后,其各阶段峰值统计量如表 8.4 所示。

表 8.4　不同分解层数下各阶段小波系数峰值平均值及其标准差

分解层数	平均值			标准差		
	加载峰	滑移峰	卸载峰	加载峰	滑移峰	卸载峰
1	0.0362	0.0304	0.0243	0.0107	0.0052	0.0043
2	0.0438	0.0363	0.0332	0.0087	0.0064	0.0127
3	0.0571	0.0502	0.0382	0.0109	0.0131	0.0159
4	0.0761	0.0756	0.0562	0.0150	0.0084	0.0249
5	0.1307	0.1807	0.0985	0.0456	0.0256	0.0229
6	0.1918	0.7134	0.2571	0.0528	0.0341	0.0854
7	0.3903	2.2151	0.6023	0.2237	0.0885	0.2528
8	1.1087	5.5703	1.4226	0.7674	0.1363	0.5413

　　值得注意的是,在二尺度差分关系[261] 的影响下,小波变换结果会随着分解层数的增加而不断增大;应当意识到,对滑移信息的表征能力应该反映在加/卸载峰值所占滑移峰的数值比例上而非简单的数值比较,故需要对样本信息做归一化操作再进行分析,其处理结果如图 8.13 所示。可以看到,仅当分解层数大于六层时,滑移峰的偏差下限才明显高于其余两峰的偏差上限,方可通过设定阈值的方式对滑移信息进行提取。依照 Coiflet 小波将频域按二剖分的特点,滑移信息处于可区分状态的频域区间约为 $0 \sim 6.25\,\mathrm{Hz}$,这一现象与 Holweg 等[215] 的研究结果相

符。出于稳定性和时间分辨率的双重考虑，本节将分解层数确定为七层。

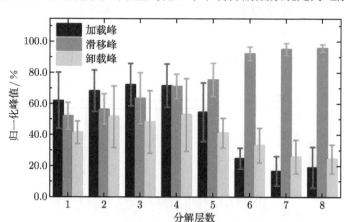

图 8.13　不同分解层数下各阶段小波系数峰值归一化统计情况

2) 小波基函数的确定

式 (8-1) 表明，信号序列小波变换结果的数值大小，与序列本身和基函数的相似程度相关。为使滑移信息得到更好的表征，需要对不同小波基函数的影响进行分析。在 Matlab 软件环境下，可对信号序列进行离散小波变换的基函数包括离散 Meyer 小波函数 (Dmey)、Haar 小波函数 (Haar)、Daubechies 小波函数族 (DbN；其中 N 代表小波阶数，下同)、Symlet 小波函数族 (Sym$N$) 和 Coiflet 小波函数族 (Coif$N$) 等。因 Daubechies 小波族和 Symlet 小波族共可取到 45 阶，出于简化考虑，本节仅对其前 1、2、4、8 阶函数进行考察；又因为 Haar 小波和一阶 Daubechies 小波等价，1～2 阶的 Daubechies 小波与对应阶数的 Symlet 小波等价，对上述基函数进行统计考察时，仅以 Db1 和 Db2 函数为小波基进行了离散小波变换。对 10 组弧形右侧电极输出信号进行七层分解，取小波变换结果的绝对值后，其各阶段峰值统计量，如表 8.5 所示。

出于同样的理由，本节对样本信息进行了归一化处理，其结果如图 8.14 所示。可以看到，离散 Meyer 小波对滑移信息的表征能力较差，其滑移峰值仅为 0.90；而其又对卸载信息最为敏感，其卸载峰为 0.31，占滑移峰的 34.0%。对于剩余的三个小波族而言，其滑移峰值随函数阶次 N 的增加呈现出逐步下降的趋势；在阶次相同的情况下，各个基函数作用下滑移峰基本呈现出“Symlet 小波族 >Daubechies 小波族 >Coiflet 小波族”的态势。就这些小波族对加/卸载信息的敏感程度来讲，Daubechies 小波和 Symlet 小波随阶次 N 的增长均呈现出先下降后上升的趋势，前者加载峰占比从 28.7% 下降至 18.9% 后回涨至 21.4%，卸载峰则从 26.2% 下降至 23.9% 后回涨至 26.7%；后者加载峰下降至 17.3% 后回涨至 19.2%，

表 8.5 不同基函数作用下各阶段小波系数峰值平均值及其标准差

小波基函数	平均值			标准差		
	加载峰	滑移峰	卸载峰	加载峰	滑移峰	卸载峰
Dmey	0.2418	1.1140	0.3784	0.0591	0.0883	0.1652
Sym8	0.2713	1.4156	0.4484	0.0752	0.0975	0.1966
Sym4	0.2953	1.7112	0.5027	0.0926	0.0967	0.2213
Db8	0.2553	1.1941	0.3804	0.0712	0.0948	0.1608
Db4	0.3184	1.6651	0.4778	0.1069	0.1169	0.2253
Db2	0.3810	2.0194	0.6731	0.1588	0.0851	0.3000
Db1	1.1538	4.0163	0.9505	0.6775	0.1290	0.5215
Coif1	0.3903	2.2151	0.6023	0.2237	0.0885	0.2528
Coif2	0.2908	1.7068	0.5107	0.0827	0.0948	0.2265
Coif3	0.2766	1.5145	0.4672	0.0760	0.0958	0.2058
Coif4	0.2692	1.4104	0.4436	0.0740	0.0955	0.1950
Coif5	0.2637	1.3435	0.4285	0.0720	0.0948	0.1884

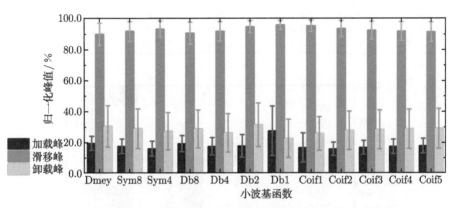

图 8.14 不同基函数作用下各阶段小波系数峰值归一化统计情况

卸载峰下降至 23.4% 后回涨至 25.5%。Coiflet 小波则统一体现为加/卸载峰值随阶次 N 增长而上升的趋势, 其加载峰占比从 17.6% 上升至 19.6%, 其卸载峰从 27.2% 上升至 31.9%。

定义滑移表征能力系数 C_s 为

$$C_s = \frac{p_{s\_mean}}{p_{l\_mean}} + \frac{p_{s\_mean}}{p_{r\_mean}} \tag{8-7}$$

式中, 下标 mean 代表各峰值的均值。

计算发现, Coiflet 小波族在阶数为 1 时可取到能力系数的最大值, 为 9.35; Daubechies 小波族和 Symlet 小波族均在阶数为 4 时取到能力系数的最大值, 分别为 8.71 和 9.20; 离散 Meyer 小波的能力系数最低, 仅为 7.55。而从误差线的角度来看, Coif1 函数还具有最低的加/卸载峰偏差上限 (约为 0.368) 和第二高的滑移

峰偏差下限 (约为 0.915)。综上所述,本节选取阶数为 1 的 Coiflet 函数作为小波基函数。

3) 电极类别对滑移检测结果的影响

本章先前的小节分别从力学角度和准静态测试的角度对弧/梭形电极的滑移检测能力进行了预判。以下,将从滑移检测电信号的角度出发,对该问题进行最后的讨论。取弧/梭形左右外周电极输出信号各 10 组,设定小波基函数为阶数等于 1 的 Coiflet 函数,进行七层分解并取绝对值后,其各阶段小波系数峰值统计量及样本信息归一化处理结果分别如表 8.6 和图 8.15 所示。

表 8.6　不同电极类别输出信号各阶段小波系数峰值平均值及其标准差

电极类别	平均值			标准差		
	加载峰	滑移峰	卸载峰	加载峰	滑移峰	卸载峰
弧形–右侧	0.3903	2.2151	0.6023	0.2237	0.0885	0.2528
弧形–左侧	0.2390	0.7350	0.8963	0.0504	0.0207	0.2052
梭形–右侧	0.8081	1.0807	0.1802	0.1698	0.1901	0.0684
梭形–左侧	0.9964	1.1891	1.0966	0.4257	0.4715	0.2389

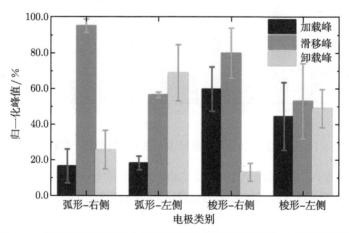

图 8.15　不同电极类别输出信号各阶段小波系数峰值归一化统计情况

总体来看,两类几何形状右侧电极的滑移检测能力要明显好于左侧电极。对于弧形电极而言,其右侧电极输出信号的滑移峰是在数值上约为其左侧电极的三倍,而卸载峰仅为后者的 67%。造成滑移峰下降的原因在于,在实验设定的传感单元受力情况下,弧形电极所考察的导电橡胶 "类扇形" 区域已进入第三灵敏度范围内。当滑移方向为右时,摩擦力矩使左侧区域受力上升,对应灵敏度仍为 0.017 V/N;而右侧区域受力下降,继而从电–力关系曲线的第三灵敏度范围脱离至第一灵敏度范围,灵敏度提升至 0.890 V/N。继而前者电压增值仅为 0.73 V 而后者降值可达 1.66 V。造成卸载峰上升的原因在于，由摩擦力矩产生的应力分布变化使得左右区域在卸载阶段产生的力值变化不同。体现在电压上，前者的降值为 2.24 V 而后者仅为 0.62 V。在相同卸载时间的条件以及弹性体迟滞效应的作用下，前者电压变化速率显然将快于后者，故而其小波变换结果的卸载峰较后者更大。

对于梭形电极而言，当传感单元所受法向力为 4.5 N 时，导电橡胶处于第一灵敏度范围的中部点处。此时，考察区域所承受的法向力无论增长或是下降，其电压值变化率均将保持为 0.805 V/N，故其左右电极输出信号的滑移峰值基本保持一致。而在摩擦力矩的作用下，其右侧电极的输出电压几乎降至 0 V，而左侧电极则上涨至 1.85 V。出于同样的理由，后者的卸载峰在数值上远大于前者。从图 8.12 还可知，梭形电极电压曲线存在有明显的 "毛刺"，并在加载阶段显得尤为严重，说明其输出信号的稳定程度要远劣于弧形电极；而这种因信号波动而产生的 "毛刺" 点同样会引起其小波变换结果在数值上的增加，故在加载阶段 (双侧电极) 和整体滑动阶段 (左侧电极)，其小波系数同样保有较大的数值，对滑移信息的提取产生了不利影响。

观察图 8.15 发现，仅弧形右侧电极可按阈值法实现滑移信息的有效提取。一方面论证了有限元仿真和准静态测试中对弧形电极在滑移检测方面更具优越性的判断；另一方面，也对柔性触觉传感阵列在滑移检测的实际应用提供了初步指导意见：对于滑移方向确定的工作场合下 (如物体抓取时，滑移方向与重力方向相同)，应将检测电极设置为同向电极，并设置判定阈值为表 8.6 中弧形右侧电极卸载峰上偏差的 1.5 倍，即 1.28；而对于滑移方向不定的工作场合，则应当对四电极输出信号同时进行检测，并设置判定阈值为表 8.6 中弧形左侧电极卸载峰上偏差的 1.5 倍，即 1.65。

综上所述，本节得到的结论可归纳如下：

(1) 所研制柔性触觉传感阵列输出信号中的滑移信息在 0 ~ 6.25 Hz 的区间范围内处于可区分状态；

(2) 阶数为 1 的 Coiflet 函数对滑移信息的表征能力最强；

(3) 弧形电极在灵敏度及稳定性方面均优于梭形电极，且其滑移检测性能更佳。

8.3 基于柔性触觉传感阵列的物体表面识别方法与实验

8.2 节对柔性触觉传感阵列在初始滑移阶段的滑移检测应用进行了研究，为整体滑动阶段的传感信号分析打下了基础。本节将重点关注触觉传感阵列在整体滑动阶段的传感信号，以期发现传感信号和接触对象表面的纹理材质之间的关联，使基于触觉传感信号的物体表面识别成为可能。

就纹理信息而言，目前大多数触觉传感器的动态性能已能满足对其的提取要求。但因后续检测系统对所采集信号序列的处理基本仅依赖于频谱分析法，故而检测时对传感器和表面纹理走向的相对空间位置有一定的要求。本节依照柔性触觉传感阵列多点检测的特点，提出了一种基于相位差信息的纹理识别算法，对不同传感单元输出信号进行相关分析以获得纹理角度信息，提升了识别算法的实用性与准确性。就材质信息而言，目前学界普遍采用深度学习算法对整体滑动阶段传感器的反馈信号进行分析处理。在第 7 章 WMB 模型的分析结果的指导下，本节将滑动信号的频谱序列作为特征信息，构建了三层神经网络，对五类表面进行了分类工作。

8.3.1　面向规则纹理表面的信息提取方法

1. 相位差算法的工作原理

规则纹理类表面的空间周期 P_g 一般可按主频率法 [177,262,263] 进行求解，其数学表达式为

$$P_g = \frac{v}{f_p} \tag{8-8}$$

$$f_p = \arg\max |\text{FFT}\,(x_s(n))| \tag{8-9}$$

式中，v 代表滑动速度，要求保持为常值；$x_s(n)$ 代表滑动阶段传感器反馈的离散信号；n 代表时间序号；FFT 代表快速傅里叶变换；arg max 函数的输入量是任意映射的像，其输出值为最大像值对应的原像；f_p 则为主频率。

在实际应用场合，一般无法保证规则纹理的走向与传感单元的滑动方向保持垂直关系，按式 (8-8) 计算得到的结果往往和真实空间周期存在绝对误差 ΔE_p 为

$$\Delta E_p = (\csc\theta - 1)\,P_g \tag{8-10}$$

式中，θ 被定义为规则纹理的倾斜角 (图 8.16(b))。显然，为确保纹理信息提取的有效性，有必要对倾斜角 θ 进行准确识别。

为实现这一功能，柔性触觉传感阵列单元间的行距被调整为不同的数值 (图 8.16(a))，以使同列单元的输出信号存在不同的相位信息。经验表明，传感阵列在具有倾斜走向规则纹理的物体表面滑动时，其输出信号一般将具有图 8.16(a) 所示的周期波动形式。不妨假设滑动行为于 T_2 时刻停止，此时第 2 单元正处于沟槽类纹理的中心位置，其所受法向压力最小，故输出电压信号亦处于最低值；而在 T_3 时刻，第 3 单元与周围纹理同样保持有类似的相对位置关系，其受力情况与 T_2 时刻的第 2 单元相近，输出电压亦降至最低值；同理，倘若滑动行为继续进行，则在 T_1 时刻第 1 单元的输出信号也会处于其"波谷点"。显然，运动路径距离 AB 和 MO 可根据各个时刻的时间间隔计算得到，其数学公式为

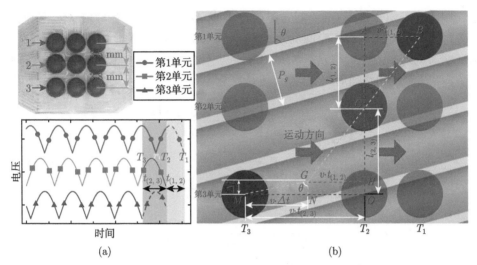

图 8.16　第 1~3 单元及其在规则纹理表面滑动时输出信号示意 (a) 和倾斜角 θ 计算示意 (b)

$$D_{(i,j)} = v \cdot t_{(i,j)}, \quad i < j \tag{8-11}$$

$$t_{(i,j)} = \arg\max R_{(i,j)}(r), \quad i < j, r \in (0, N), r \in Z, R'_{(i,j)}(r) = 0 \tag{8-12}$$

$$R_{(i,j)}(r) = \frac{1}{N} \sum_{n=1}^{N} x_{i\_s\_p}(n) \cdot x_{j\_s\_p}(n-r), \quad i < j, r \in (0, N), r \in Z \tag{8-13}$$

$$x_{i\_s\_p} = \text{IFT} \left\{ \arg\max \left[\text{FFT}(x_{i\_s} - \bar{x}_{i\_s}) \right] \right\} \tag{8-14}$$

式中，$D_{(i,j)}$ 代表 T_i 和 T_j 时刻之间的传感阵列的运动路径距离；$t_{(i,j)}$ 代表上述两个时刻之间的时间间隔；x_{i_s} 是第 i 单元在整体滑动阶段的离散输出序列；$\bar{x}_{i\_s}$ 是前者的期望；IFT 代表傅里叶逆变换，则 $x_{i\_s\_p}$ 显然是序列 x_{i_s} 去直流量后的主频率分量，而式 (8-14) 相当于对原始信号进行了带通滤波；$R_{(i,j)}(r)$ 是第 i 和第 j 单元主频率序列的互相关函数；N 代表序列长度；r 则为时移因子。

由式 (8-13) 可知，互相关函数 $R_{(i,j)}(r)$ 仅在主频率序列 $x_{j\_s\_p}(n)$ 做时移变换至与序列 $x_{i\_s\_p}(n)$ 重合时取到极大值。但在一般情况下，这样的时移长度在同一最小正周期范围内存在两个，如第 1 单元输出信号在 T_1 和 T_1' 时刻均在数值上与 T_2 时刻第 2 单元的输出信号保持一致。为保证取值的唯一性，需额外规定时移方向恒为正，即 $r > 0$。此外，式 (8-12) 中对互相关函数导数的要求，是为了防止边界效应作用下在 $r = 0$ 邻域范围内对 $t_{(i,j)}$ 的误判。在上述限定条件下，易证式 (8-12) 的输出结果与 T_i 和 T_j 时刻的差值保持一致。

倾斜角 θ 的计算原理如图 8.16(b) 所示，图中 A、B、C、O、M 点均为对应单元的几何中心。构造直角三角形 $\triangle CGH$ 与直角三角形 $\triangle CBA$ 全等，并要求点

B、C、G 处于同一直线上；而后连接点 G 和点 M，并过点 G 做线段 MO 的垂线，令垂足为 N；在规则纹理空间周期 P_g 不小于线段 CO 和 AC 差值的情况下，容易证明新构造 $\angle MGN$ 与倾斜角 θ 相等。设定 AC 和 CO 的长度分别为 $l_{(1,2)}$ 和 $l_{(2,3)}$，倾斜角 θ 和空间周期 P_g 显然可计算为

$$\theta = \arctan\left[\frac{v\left(t_{(2,3)} - t_{(1,2)}\right)}{l_{(2,3)} - l_{(1,2)}}\right] \tag{8-15}$$

$$P_g = \frac{v}{f_p}\cos\theta \tag{8-16}$$

　　综上所述，提出的面向规则纹理表面的信息提取方法，可按图 8.17 所示的流程进行应用，具体步骤如下。

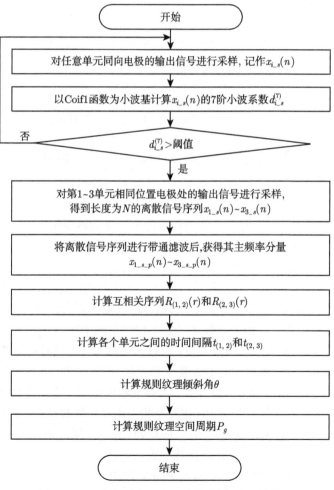

图 8.17　面向规则纹理表面的信息提取操作流程

(1) 首先，依照 8.2 节介绍的方法判断滑移是否已经发生；

(2) 若滑移未发生，则对电极输出信号进行重新采样，计算其小波系数并与预设阈值进行比较；

(3) 若滑移已发生，则对同列三单元相同位置电极处的输出信号 $x_{i\_s}(n)$ 进行采样；

(4) 按式 (8-14) 计算 $x_{i\_s}(n)$ 的主频率分量 $x_{i\_s\_p}(n)$；

(5) 利用互相关函数计算相邻单元之间的时间间隔 $t_{(1,2)}$ 和 $t_{(2,3)}$；

(6) 依照三角函数关系和主频率法，分别对倾斜角 θ 和空间周期 P_g 进行计算，并将结果输出。

2. 相位差算法的仿真验证

为验证所提出的面向规则纹理表面的信息提取方法的准确性，本节首先在 ABAQUS 软件环境下进行了仿真分析。8.2.2 节的分析结果表明，柔性触觉传感阵列各单元的受力情况基本保持一致且互不影响。为降低计算量，在建模过程中对传感阵列进行了如图 8.18(a) 所示的简化处理，即仅对同列的三个单元进行仿真分析。同样因为接触问题的易发散性，在球冠状凸起处设置网格宽度为 0.06 mm，共划分网格 27648 个；外周区域网格尺寸约为 0.14 mm，共划分网格 16036 个；其余部件网格数目分别为：导电橡胶 12230 个，RTV 硅胶 4686 个，PET 基底

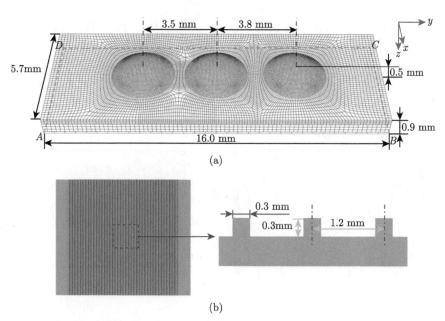

(a)

(b)

图 8.18 柔性触觉触感阵列简化有限元模型及其主要尺寸 (a) 和规则纹理表面示意 (b)

352 个。整个有限元模型均采用 "结构" 网格划分技术。传感阵列模型的剩余设定均与 8.2.2 节保持一致。与之相接触的纹理表面几何形貌如图 8.18(b) 所示，其规则纹理由高宽均为 0.3 mm 的长方体按 1.2 mm 的空间间隔周期排布而成，仿真时仅取其上表面进行解析刚性建模。

位移边界条件的设置与前文类似，作用对象为底部 $ABCD$ 平面，共可分为两步：

(1) 首先，令 $ABCD$ 平面按 0.1 mm/s 的速度沿 z 负方向平移，直至其与规则纹理上表面的距离压缩至 1.2 mm；

(2) 随后，$ABCD$ 平面将以 1.0 mm/s 的速度沿 x 正方向进行匀速直线运动。

整个仿真时长设置为 12.1 s，其中接触建立阶段 0.1 s，下压阶段 2.0 s，滑动阶段 10.0 s；仿真结果按 20 帧/s 的速率进行输出。

按传感阵列简化模型 AB 边界与纹理走向所成倾斜角 θ 的不同，模型共在 $0° \sim 60°$ 的范围内进行了 5 次仿真分析，其中 $\theta = 15°$、$30°$、$45°$、$60°$ 的结果如图 8.19 所示。为避免初始滑移阶段波形对主频率计算的影响，此处仅取 $4.1 \sim 12.1$ s 的法向力曲线进行分析。可以看到，随着倾斜角的不断增大，各波形的周期也在不断扩大，即论证了式 (8-10) 所描述误差的存在性。

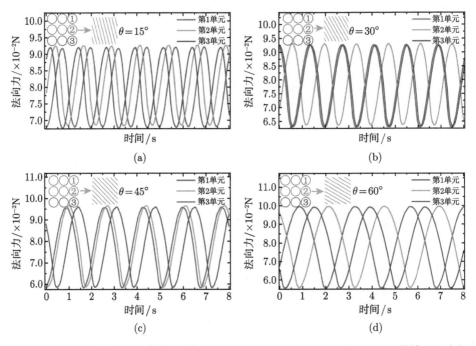

图 8.19　触觉传感阵列在倾斜角 θ 等于 (a) 15°, (b) 30°, (c) 45° 和 (d) 60° 的情况下在规则纹理表面滑动时使用有限元软件计算得到的各单元法向力变化曲线

将各法向力曲线按上文所述流程进行计算,所得到的倾斜角 θ' 与空间周期 P_g' 如表 8.7 所示。可以看到,在多数情况下,计算结果与真实值的吻合程度较高,误差可控制在 5% 以下;仅在倾斜角等于 15° 时,θ' 的相对误差超过了 20%。一方面是因为相位差算法所依赖的反正切函数在倾斜角小于 20° 的情况下,其斜率超过了 0.88 rad,任意微小的输入差异都将导致计算结果的剧烈偏差;另一方面,这则与有限元模型输出结果的时间分辨率相关:因输出频率仅为 20 Hz,由此提取得到的相位信息将还存在一定大小的量化误差。至于空间周期 P_g,因其计算结果还额外受到主频率 f_p 计算准确度的影响,故其误差变化情况呈现出与前者不同的趋势。但其最大相对误差在倾斜角等于 15° 时仅为 −9.2%,继而从仿真分析的角度来讲,本节所提的相位差算法可对规则纹理表面的信息进行有效提取。

表 8.7　依照仿真曲线计算得到的倾斜角 θ' 与空间周期 P_g'

倾斜角 θ	0°	15°	30°	45°	60°
倾斜角计算值 θ'	0.00°	11.51°	29.12°	44.10°	62.53°
相对误差	0.0%	23.3%	2.9%	2.0%	−4.2%
空间周期计算值 P_g'	1.14mm	1.31mm	1.16mm	1.14mm	1.23mm
相对误差	5.0%	-9.2%	3.3%	5.0%	−2.5%

3. 相位差算法的实验研究

为进一步验证所提出的面向规则纹理表面的信息提取方法,本节在 8.2.3 节搭建的综合实验平台上利用柔性触觉传感阵列,对由光敏树脂材料 3D 打印制造的规则纹理表面进行了倾斜角 θ 识别实验。规则纹理表面的基底尺寸为 60 mm × 50 mm × 3 mm,其上表面纹理几何形貌与图 8.18(b) 保持一致。为实现倾斜角的调节与固定,本节设计了如图 8.20 所示的倾斜角固定装置。该装置主要由内圈和外圈两部分组成,其内圈部分为一个正二十四边形,内接圆直径为 89 mm,中心镂空的矩形区域与纹理表面基底尺寸一致;其外圈部分为一个 100 mm × 100 mm 的正方形,该尺寸与三维力传感平台上表面保持一致,镂空部分几何形貌则与内圈部分保持一致。因正二十四边形的任意内角均等于 165°,固定装置在按图 8.20(b) 进行装配时,可令倾斜角 θ 在 0° ∼90° 范围内以 15° 为增量进行任意取值。

进行倾斜角识别实验时,将倾斜角固定装置套于三维力传感平台的上表面,柔性触觉传感阵列则由方形加载棒与三维运动平台相连。实验共可分为 3 步:

(1) 首先,三维运动平台将控制加载棒按 0.06 mm/s 的速度沿 z 正方向进行位移,直至传感平台显示柔性触觉传感阵列受力约 22 N,随后将此状态保持约 5 s;

(2) 然后,运动平台将按 0.25 mm 的速度令传感阵列沿 x 正方向进行平移运动约 40 s;

(3) 当 x 方向位移结束后,平台将按 0.06 mm/s 的速度对传感阵列进行卸载。

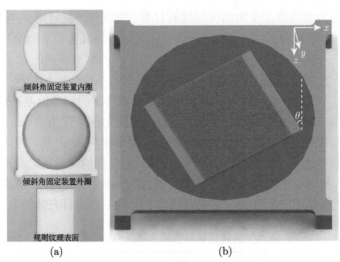

(a)   (b)

图 8.20 实验用规则纹理表面及其倾斜角固定装置实物照片 (a) 和倾斜角固定装置装配
示意图 (b)

设置电学信号采集模块采样频率为 100 Hz，实验共在倾斜角 θ 等于 0°、15°、30°、45° 和 60° 的情况下进行 5 次，其中后四者的输出信号如图 8.21 所示。依照

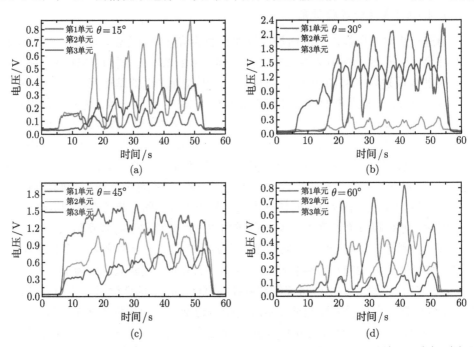

图 8.21 传感阵列在倾斜角 θ 等于 (a) 15°, (b) 30°, (c) 45° 和 (d) 60° 的情况下在规则纹理
表面滑动时采集得到的各单元输出电压曲线

相位差算法对实验数据进行处理, 计算得到的倾斜角 θ' 和空间周期 P_g' 如表 8.8 所示。

表 8.8 依照实验测得电压曲线计算得到的倾斜角 θ' 与空间周期 P_g'

倾斜角 θ	0°	15°	30°	45°	60°
倾斜角计算值 θ'	0.48°	13.59°	29.90°	45.47°	61.50°
相对误差	/	7.4%	0.3%	1.0%	−2.5%
空间周期计算值 P_g'	1.25mm	1.22mm	1.30mm	1.31mm	1.19mm
相对误差	−4.2%	−1.7%	−8.3%	−9.2%	0.8%

相较于仿真所得法向力曲线表现为近似正弦函数的形貌, 实验测得的电压信号则因外部噪声的影响而在光滑性上不及前者。但在式 (8-14) 的作用下, 相位差算法仅对信号的主频率成分进行考察, 故将上述曲线代入计算流程后, 其对倾斜角 θ 的识别精度基本保持同一水平, 甚至更甚仿真结果一筹, 这主要是因为实验设置的采样频率为有限元模型的 5 倍, 由此产生量化误差较之后者更小。由于反正切函数斜率的原因, 倾斜角计算值 θ' 同样在 15° 时表现最差; 而空间周期计算值 P_g' 的相对误差表明, 外界噪声仍会对主频率计算产生一定影响, 并且是相位差算法误差的主要来源。但总体说来, 空间周期的相对误差仍在 10% 以下, 则从实验的角度说明了算法的准确性与实用性。

8.3.2 基于神经网络算法的表面材质分类方法

8.3.1 小节对相位差算法进行了介绍, 论证了其在表面纹理识别应用的实用性。但在面对复杂度更高, 随机性更强的材质分类问题时, 非统计类识别方法很难再有用武之地。故而, 本节选择神经网络算法为数学工具, 对基于柔性触觉传感阵列反馈信息的表面材质分类问题展开了研究。

1. BP 神经网络的工作原理

学术界对人工神经网络的研究最早可追溯到 20 世纪 40 年代, 即 M-P 模型 [264] 的提出。彼时神经网络仅具有单级网结构, 尚不具备解决复杂问题的能力 [265]。至 20 世纪七八十年代, 误差反向传播算法 [266,267](简称 BP 算法) 的出现, 才使多层网络的训练成为可能, 并得到了极为广泛的应用。BP 网络具有较强的适用性, 但在收敛速度上不占优势 [268]。

1) BP 算法简介

一般而言, 多层前馈神经网络的结构如图 8.22 所示, 其最左侧框代表输入层, 中间诸多框代表隐藏层, 最右侧框代表输出层; 每一层均由若干神经元构成, 在图中由白圈表示, 并记第 k 层神经元个数为 en_k。每一层的输入向量记作 **IP**, 其输出向量记作 **OP**(为了表述上的统一, 本节将待处理的原始向量 x 视为

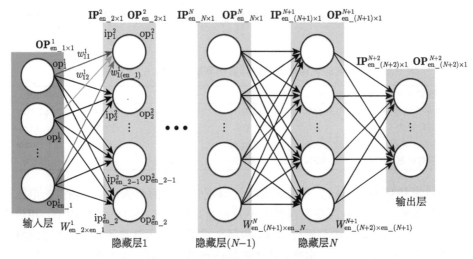

图 8.22　多层前馈神经网络的结构

$\mathbf{OP}^1_{en\_1\times1}$），则各层之间输入输出向量的关系可描述为

$$\mathbf{IP}^k_{en\_k\times1} = \boldsymbol{W}^k_{en\_k\times en\_(k-1)}\mathbf{OP}^{k-1}_{en\_(k-1)\times1} + \boldsymbol{B}^{k-1}_{en\_k\times1} \tag{8-17}$$

$$\mathrm{op}^k_i = f_a(\mathrm{ip}^k_i) = f_a\left(\sum_{j=1}^{en\_(k-1)} w^{k-1}_{ij}\mathrm{ip}^{k-1}_j + b^{k-1}_i\right) \tag{8-18}$$

式中，$\boldsymbol{W}^k_{en\_k\times en\_(k-1)}$ 为权重矩阵，其上标代表了所在层数，其下标分别代表矩阵的行数与列数；$\boldsymbol{B}^k_{en\_k\times1}$ 为偏置向量，出于表述的简洁性考虑，后文将省略矩阵的行列下标 $i\times j$；ip^k_i、op^k_i 和 b^k_i 分别代表第 k 层输入、输出和偏置向量的第 i 个元素，w^{k-1}_{ij} 则是 $k-1$ 层权重矩阵第 i 行第 j 列的元素；f_a 为激活函数，本节选用的是 Sigmoid 函数，其数学表达式为

$$\mathrm{Sigmoid}(x) = \left(1 + \mathrm{e}^{-x}\right)^{-1} \tag{8-19}$$

为方便描述，假设存在单一训练样本 $(\boldsymbol{x},\boldsymbol{y})$，则多层前馈神经网络的训练过程可粗略描述为：通过不断调整权重矩阵和偏置向量的元素数值，使网络输入量 $\mathbf{OP}^1$ 等于向量 $\boldsymbol{x}$ 时，其输出量 $\mathbf{OP}^{N+2}$ 尽量与向量 $\boldsymbol{y}$ 接近。不妨用欧几里得距离来描述 $\mathbf{OP}^{N+2}$ 与 $\boldsymbol{y}$ 的差异程度，其数学表示为

$$E(\boldsymbol{W}^1,\boldsymbol{W}^2,\cdots,\boldsymbol{W}^{N+1},\boldsymbol{B}^1,\boldsymbol{B}^2,\cdots,\boldsymbol{B}^{N+1}) = \frac{1}{2}\sum_{i=1}^{en\_(N+2)}\left(\mathrm{op}^{N+2}_i - y_i\right)^2 \tag{8-20}$$

式中，E 即为代价函数，其自变量显然是 $\boldsymbol{W}^k$ 和 $\boldsymbol{B}^k$ 中的全部元素，不妨将这些自变量视作 $\sum_{i=1}^{N+1}\{[(en\_i)+1]\cdot en\_(i+1)\}$ 维空间 V 下向量 $\mathbf{arg}$ 的分量。此时，

神经网络训练目的即转换为在空间 V 中找到唯一的 **arg**,使得代价函数 E 具有最小值。

BP 算法通过令向量 **arg** 在神经网络的每轮训练中都向着函数 E 的值下降最快的方向前进某一微小步长的方式,最终求解得到最小值点;对于向量中第 i 号分量 $\arg_i$,BP 算法的数学表达为

$$^{(r)}\arg_i = {}^{(r-1)}\arg_i - \eta \frac{\partial[^{(r-1)}E]}{\partial[^{(r-1)}\arg_i]} \tag{8-21}$$

式中,左上标中的 r 代表训练轮数;η 则被称为学习率。

根据链式求导法则,对于第 $N+1$ 层权重矩阵 $\boldsymbol{W}^{N+1}$ 来说,代价函数 E 对其中任意元素 w_{ij}^{N+1} 的偏导显然存在下述关系

$$\frac{\partial E}{\partial w_{ij}^{N+1}} = \frac{\partial E}{\partial \mathrm{ip}_i^{N+2}} \frac{\partial \mathrm{ip}_i^{N+2}}{\partial w_{ij}^{N+1}} = \frac{\partial E}{\partial \mathrm{ip}_i^{N+2}} \mathrm{op}_j^{N+1} \tag{8-22}$$

代入式 (8-18)~式 (8-20) 后,式 (8-22) 最右项的偏导可进一步化简为

$$\frac{\partial E}{\partial \mathrm{ip}_i^{N+2}} = \frac{\partial E}{\partial \mathrm{op}_i^{N+2}} \frac{\partial \mathrm{op}_i^{N+2}}{\partial \mathrm{ip}_i^{N+2}} = (\mathrm{op}_i^{N+2} - y_i)\mathrm{op}_i^{N+2}(1 - \mathrm{op}_i^{N+2}) \tag{8-23}$$

同理,对于第 N 层权重矩阵 $\boldsymbol{W}^{N}$ 来说,代价函数 E 对其中的任意元素 w_{ij}^{N} 的偏导也存在关系

$$\begin{aligned}
\frac{\partial E}{\partial w_{ij}^{N}} &= \frac{\partial \mathrm{ip}_i^{N+1}}{\partial w_{ij}^{N}} \sum_{m=1}^{en\_N+2} \frac{\partial E}{\partial \mathrm{ip}_m^{N+2}} \frac{\partial \mathrm{ip}_m^{N+2}}{\partial \mathrm{op}_j^{N+1}} \frac{\partial \mathrm{op}_j^{N+1}}{\partial \mathrm{ip}_i^{N+1}} \\
&= \mathrm{op}_j^{N}\mathrm{op}_i^{N+1}(1 - \mathrm{op}_i^{N+1}) \sum_{m=1}^{en\_N+2} \frac{\partial E}{\partial \mathrm{ip}_m^{N+2}} w_{mi}^{N+1}
\end{aligned} \tag{8-24}$$

容易发现,最右侧式中的偏导项已在更新第 $N+1$ 层权重矩阵时进行过计算,故直接代入即可。进一步可证明任意 k 层权重矩阵中 E 对元素 w_{ij}^{k} 的偏导等于

$$\frac{\partial E}{\partial w_{ij}^{k}} = \mathrm{op}_j^{k}\mathrm{op}_i^{k+1}(1 - \mathrm{op}_i^{k+1}) \sum_{m=1}^{en\_k+2} \frac{\partial E}{\partial \mathrm{ip}_m^{k+2}} w_{mi}^{k+1} \tag{8-25}$$

至此,单一样本下 BP 神经网络的权重矩阵训练方法已介绍完毕;运用类似的过程,还可推导得到偏置向量 $\boldsymbol{B}^{k}$ 内部元素的更新方法为

$$^{(r)}b_i^{k} = {}^{(r-1)}b_i^{k} - \eta\,{}^{(r-1)}\mathrm{op}_i^{k+1}(1 - {}^{(r-1)}\mathrm{op}_i^{k+1}) \sum_{m=1}^{en\_k+2} \frac{\partial[^{(r-1)}E]}{\partial[^{(r-1)}\mathrm{ip}_m^{k+2}]} (^{(r-1)}w_{mi}^{k+1}) \tag{8-26}$$

2) 多样本情况下 BP 网络的更新方法

上文对 BP 神经网络的讨论均是建立在单一样本情况下的, 但在实际应用时, 用于训练神经网络的样本集的样本容量往往是巨大的。现假设存在样本容量为 SN 的训练样本集 $\{((1)\boldsymbol{x},(1)\boldsymbol{y}),((2)\boldsymbol{x},(2)\boldsymbol{y}),\cdots,((SN)\boldsymbol{x},(SN)\boldsymbol{y})\}$, 同时构建长度为 MN 的样本序列集 **SEQ**, 令其内部任意元素 seq_i 满足概率

$$P\{\mathrm{seq}_i=1\}=P\{\mathrm{seq}_i=2\}=\cdots=P\{\mathrm{seq}_i=SN\}=SN^{-1}\ (\mathrm{seq}_i\neq\mathrm{seq}_j,i\neq j) \tag{8-27}$$

式中, P 即为 seq_i 等于某一数值的概率。

则代价函数 E 需修正为

$$E=\sum_{m=1}^{MN}{}_{(\mathrm{seq}_m)}E=\sum_{m=1}^{MN}\sum_{i=1}^{en\_N+2}\left({}_{(\mathrm{seq}_m)}\mathrm{op}_i^{N+2}-{}_{(\mathrm{seq}_m)}y_i\right)^2 \tag{8-28}$$

式中, 左下标中的 seq_m 代表样本序号。

因求和算子对加数项求导并无直接影响, 故前文所述的网络更新方法也只需按照式 (8-28) 的形式添加求和算子即可, 此处不再赘述。形同上式的网络更新方法被称为随机梯度下降法。一般情况下, MN 将被取作是一个远小于 SN 的常数, 而序列集 **SEQ** 在每轮训练时都会重新生成一次, 前者将大大加快多样本情况下网络的训练速度; 后者则使得每轮训练时 $\arg$ 在空间 V 下的变化方向将具有一定的随机性, 从而减小鞍点 [269] 与局部极小值点对训练的影响。

2. 物体表面材质分类的实验研究

1) 样本数据的获取

为进行基于触觉反馈信息的表面材质识别研究, 本节在 8.2.3 小节搭建的综合实验平台上对柔性触觉传感阵列在不同材质表面滑动时的输出信号进行了采集。被测表面与第 7 章的重构对象保持一致, 即塑料、竹制品、SLA 树脂打印件、铝件光滑面及粗糙面等。实验时将被测表面固定于三维力传感平台, 利用方形加载棒使传感阵列与运动平台相连。

单次实验流程共可分为三步:

(1) 令运动平台按 0.06 mm/s 沿 z 方向平移以使传感阵列与被测表面进行接触, 直至力学信号检测模块显示阵列受力约为 20 N, 随后将此状态保持约 1 s;

(2) 运动平台将控制传感阵列按 0.25 mm/s 的速度沿 x 方向进行匀速运动, 此过程将持续约 80 s, 为增加信号样本的多样性, 此阶段传感阵列与被测表面之间的接触力将被逐步减小至约 10 N;

(3) 当 x 方向位移结束后, 运动平台将保持静止状态约 1 s, 最后按 0.06 mm/s 的速度对传感阵列进行卸载。

对于同一被测表面而言，上述步骤共重复 60 次。此外，设置电学信号采集模块采样频率 f_s 为 200 Hz；测试得到的电压–时间关系曲线，如图 8.23(a)～(e) 所示。

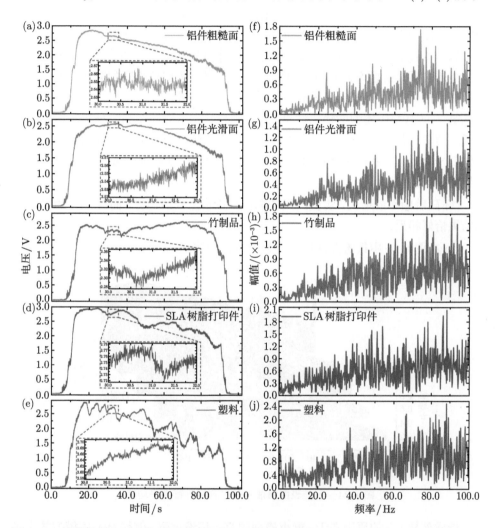

图 8.23　传感阵列在不同表面滑动时的电压–时间关系曲线 (a) ～ (e) 及其一阶向前差分序列段的幅频特性曲线 (f) ～ (j)

2) 样本数据的预处理与特征信息的提取

回顾 7.4.3 小节的讨论，物体表面形貌的非平稳随机性使得电压信号在时域内的统计信息会随空间位置的变化而发生改变；此外，Baishya 等 [178] 的研究亦表明，对原始信号的特征提取存在有效信息丢失的风险，故本节将在保留全部频域信息的前提下再对信号特征进行提取。

在构建特征向量时，本节首先对单次实验所得的滑动阶段反馈信号的中间 75 s 信息进行截取，则可获得长度为 15001 的离散电压序列 $[V_s]$；为与第 7 章保持一致，之后将构建 $[V_s]$ 的一阶向前差分序列 $[\Delta V_s]$，所用计算公式与式 (7-58) 类同；接着，将 $[\Delta V_s]$ 等分为 15 份，则单份差分序列段的长度为 1000，对应的采样时长为 5 s；最后通过傅里叶变换获取差分序列段的幅频特性曲线——因傅里叶变换结果的模长信息关于 $0.5f_s$ 严格对称，故本节仅提取结果序列的前 500 个元素作为基础特征向量 $[V_{FT\_A}]$，其结果如图 8.23(f)~(j) 所示。

第 7 章 WMB 模型的输出结果表明，理想状态下向前差分信号幅频序列的特征频簇边界可作为表面材质分类的特征。对实验获得的各类表面幅频序列取平均后做归一化处理，其结果如图 8.24 所示。对比于图 7.19，实验结果与理论分析的差异主要有两点：

(1) 随着频率的增大，实验结果的幅值呈逐步上升的趋势，而 WMB 模型的输出结果恰好相反；

(2) 在图 8.24 中很难发现边界明显的特征频簇。

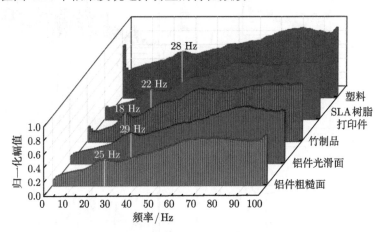

图 8.24　五类表面向前差分序列幅频特性平均值

造成差异 (1) 的原因在于，梁束模型的第一假设过强，使得 WMB 模型放大了传感阵列表面凸起层的滤波效应；造成差异 (2) 的原因在于，因 W-M 函数所描述的表面轮廓处于介观尺度，现阶段传感阵列灵敏度尚不具备对其进行准确检测的能力，且这种微小信号极易淹没于外界噪声之中。

但即便如此，图 8.24 仍表明：

(1) 不同表面的幅频特性序列在幅值上存在一定差异，且与表面粗糙度存在强相关性 (互相关系数约为 0.94)；

(2) 特性序列在变化趋势上互不相同，尤其是在 15 ~30 Hz 区间段，各序列均在不同的频率点出现了局部极大值。

上述现象说明，触觉反馈信号在频域的幅值和曲线形貌可作为被测表面材质的表征参量，前者显然可直接由 $[V_{FT\_A}]$ 进行表征；但式 (8-18) 表明，BP 算法对输入向量 $\mathbf{OP}^1$ 各分量的考察都是独立的，故需额外的参量对幅频序列的形貌特征进行表征。本节采取的方式为构建 "分段极大值点序列" $[V_{FT\_S}]$，其内部第 i 元素 $V_{FT\_S\_i}$ 的计算方法为

$$V_{FT\_S\_i} = 0.2 \arg\max V_{FT\_A}(n), \quad \{n \in (0.5(i-1)f_s/N_{FS}, 0.5i \cdot f_s/N_{FS}], i \in [1, N_{FS}]\}$$
(8-29)

式中，n 为序列序号；N_{FS} 则为序列 $[V_{FT\_A}]$ 的等分数目，可按经验取作 25。

综上所述，本节构建的特征向量 $[V_{FT\_SA}]$ 由分段极大值点序列 $[V_{FT\_S}]$ 和基础特征向量 $[V_{FT\_A}]$ 共同构成，内部元素数目为 525。

3) BP 神经网络的构建与训练结果分析

本节设置神经网络隐藏层层数 N 为 1，其输入/出层元素数目 en_1 和 en_3 显然等于特征向量 $[V_{FT\_SA}]$ 的长度 525 和被测表面类别数 5，而隐藏层元素数目 en_2 则可按经验公式 [270] 在下述范围内进行选取

$$\sqrt{en\_1 + en\_3} \leqslant en\_2 \leqslant \sqrt{en\_1 \cdot en\_3}$$
(8-30)

计算可知 en_2 的上下限分别是 51 和 23，本节最终选其为 30；此外，选择代价函数 E 为经 L2 正则化 (正则化因子 λ 为 5.0×10^{-5}) 的交叉熵代价函数 [271]，设置学习率 η 为 1.0×10^{-3}，设置样本序列集 $\mathbf{SEQ}$ 长度 MN 为 100；随机选取 4500 组特征向量中的 4000 组为训练集，剩余的 500 组则为测试集；并按概率密度函数服从期望为 0，标准差 0.04 的正态分布随机生成权重矩阵 $\mathbf{W}^k$ 和偏置向量 $\mathbf{B}^k$ 的初始值。此外，为验证 $[V_{FT\_S}]$ 对网络分类能力提升的有效性，本节额外以 $[V_{FT\_A}]$ 为特征向量对相同结构网络 (仅将 en_1 从 525 更改为 500，其余参数均保持一致) 进行了训练，以作为对照组。

将 500 组测试集代入已训练完毕的两个 BP 神经网络后，所得到的表面材质分类混淆矩阵如图 8.25 所示。以 $[V_{FT\_A}]$ 为特征向量的神经网络的总体分类准确率为 77.8%；对不同表面进行材质识别时，网络对塑料的辨别能力最强，准确率可达 90%；而对 SLA 树脂打印件的辨别能力最弱，仅为 61%。从混淆矩阵中可明显看到，分类错误主要发生在具有相近表面粗糙度的三类表面之间，即铝件粗糙面、竹制品和 SLA 树脂打印件。除此以外，有 12% 的铝件粗糙面样本被误分到了铝件光滑面类别中，则间接说明了表面接触刚度可能也是影响幅频特性序列幅值的因素之一 [272]。

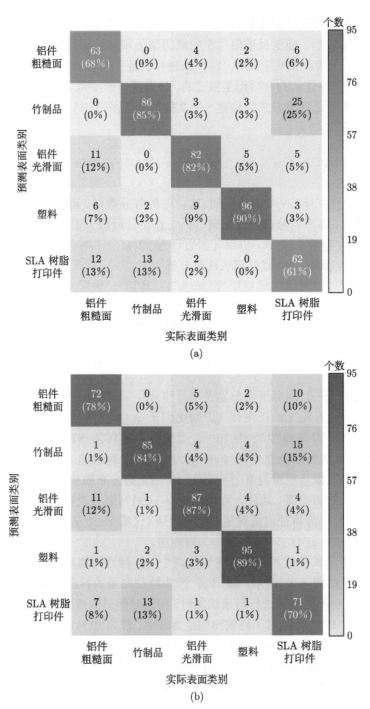

图 8.25   特征向量为 $[V_{\mathrm{FT\_}A}]$(a) 和 $[V_{\mathrm{FT\_}SA}]$(b) 时训练得到 BP 神经网络的混淆矩阵

而当 $[V_{FT\_S}]$ 被引入特征向量后，BP 神经网络的总体分类准确率随即上升至了 82.0%。除去竹制品与塑料的分类准确度略有下降外 (仅为 1%)，网络对其余三类表面的辨别能力均得到了明显的提升。以 SLA 树脂打印件为例，在引入分段极大值点序列后，网络将其误分到竹制品类的概率从 25% 降至了 15%，有效降低了由相似表面粗糙度带来的不利影响；但应当注意到，SLA 树脂打印件特征向量被误分到铝件粗糙面类的概率从 6% 上升至了 10%，即说明两者的序列 $[V_{FT\_S}]$ 较为相似。回顾表 7.2，该现象可能与两者表面的形貌参数最为接近有关。最后值得说明的是，上述分类准确率的改善均是在 $[V_{FT\_S}]$ 仅占特征向量总长度 5% 的情况下得以实现的，则进一步证明了信号幅频序列形貌是表征被测表面材质的有效特征之一。而 82.0% 的总体分类准确率则表明，所构建的单隐藏层 BP 神经网络已初步具备基于柔性触觉传感阵列反馈信号对被测物体表面按材质进行分类的能力。

8.4 本 章 小 结

本章首先提出了基于小波变换理论的滑移检测方法，并建立了柔性触觉传感阵列的有限元模型，从应力分布的角度对触觉传感阵列在初始滑移阶段的力学特性进行了进一步研究，同时搭建了触觉传感阵列的性能测试及滑移检测实验平台，针对触觉传感阵列的滑移检测应用开展了实验研究；随后根据不同类型表面信息的特点，分别提出了面向规则纹理表面信息提取的相位差算法和基于神经网络算法的表面材质分类方法，并进行了实验验证，具体工作总结如下。

(1) 依照柔性触觉传感阵列主体部分各部件的实际几何尺寸，建立了有限元仿真模型，并利用 Yeoh 模型对内部材料的超弹性属性进行了表征。所进行的滑移检测仿真表明，由摩擦力矩产生的应力分布变化是传感单元进行滑移检测的关键依据；而同心圆式的应力分布情况使得 "类扇形" 考察区域比目前传感器采用的 "类梯形" 区域在滑移检测的稳定性和灵敏度上更具优势。

(2) 搭建了面向柔性触觉传感阵列性能测试和表面识别算法验证的综合实验平台，对具备弧/梭形电极的传感单元进行了性能测试与滑移检测实验。前者从准静态测试的角度论证了仿真结果的准确性；后者则从统计数据出发，研究了基于小波变换理论的滑移检测方法合理的分解层数与小波基函数，进一步论证了弧形电极在滑移检测应用的优越性，并对实际应用时的检测区域和阈值的设定提供了指导意见。

(3) 基于传感阵列具备多点检测的特点和规则纹理表面的几何特征，提出了具备表面纹理倾斜角度识别能力的相位差算法，并通过有限元模型对其有效性进行了初步验证；随后在柔性触觉传感阵列综合实验平台上开展角度识别与空间周期信息提取实验，结果表明，相位差算法对角度识别的最大误差为 7.4%，对空间周期识别的最大误差为 -9.2%。

(4) 在柔性触觉传感阵列综合实验平台上采集了阵列在五类不同表面滑动时的触觉反馈信号，预处理得到长度为 1000 的分段信号一阶向前差分序列共计 4500 组；在此基础上提取差分序列的幅频特性序列 $[V_{\mathrm{FT}\_A}]$ 及其分段极大值点序列 $[V_{\mathrm{FT}\_S}]$ 作为特征向量；根据基于随机梯度下降策略的误差反向传播算法，构建了三层前馈神经网络。经特征向量训练后，所构建的 BP 网络对五类物体表面材质分类的总体准确率可达 82.0%。

参 考 文 献

[1] Hill P S M, Wessel A. Biotremology[J]. Current Biology, 2016, 26(5): 187-191.

[2] Abraira V E, Ginty D D. The sensory neurons of touch[J]. Neuron, 2013, 79(4): 618-639.

[3] Jenmalm P, Birznieks I, Goodwin A W, et al. Influence of object shape on responses of human tactile afferents under conditions characteristic of manipulation[J]. European Journal of Neuroscience, 2003, 18(1): 164-176.

[4] Tawil D S, Rye D, Velonaki M. Interpretation of the modality of touch on an artificial arm covered with an EIT-based sensitive skin[J]. International Journal of Robotics Research, 2013, 31(13): 1627-1641.

[5] Battaglia E, Bianchi M, Altobelli A, et al. ThimbleSense: a fingertip-wearable tactile sensor for grasp analysis[J]. IEEE Transactions on Haptics, 2016, 9(1): 121-133.

[6] Liang G H, Mei D Q, Wang Y C, et al. Design and simulation of bio-inspired flexible tactile sensor for prosthesis [C]. Lecture Notes in Computer Science 7508 LNAI (Part III), 2012: 32-41.

[7] Liang G H, Mei D Q, Wang Y C, et al. A micro-wires based tactile sensor for prosthesis[C]. Lecture Notes in Computer Science 8102 LNAI (Part I), 2013: 475-483.

[8] The Johns Hopkins University Applied Physics Laboratory. Modular Prosthetic Limb [EB/OL]. [2016-11-7]. http://www.jhuapl.edu/prosthetics/scientists/mpl.asp.

[9] Mone G. Robots with a human touch[J]. Communications of the ACM, 2015, 58(5): 18-19.

[10] De Maria G, Natale C, Pirozzi S. Force/tactile sensor for robotic applications[J]. Sensors and Actuators A: Physical, 2012, 175: 60-72.

[11] Saen M, Ito K, Osada K. Action-intention-based grasp control with fine finger-force adjustment using combined optical-mechanical tactile sensor[J]. IEEE Sensors Journal, 2014, 14(11): 4026-4033.

[12] Montano A, Suarez R. Unknown object manipulation based on tactile information[C]. IEEE/RSJ International Conference on Intelligent Robots and Systems, 2015: 5642-5647.

[13] Shirafuji S, Hosoda K. Detection and prevention of slip using sensors with different properties embedded in elastic artificial skin on the basis of previous experience[J]. Robotics and Autonomous Systems, 2014, 62(1): 46-52.

[14] Dang H, Allen P K. Stable grasping under pose uncertainty using tactile feedback[J]. Autonomous Robots, 2014, 36(4): 309-330.

[15] Su Z, Fishel J A, Yamamoto T, et al. Use of tactile feedback to control exploratory movements to characterize object compliance[J]. Frontiers in Neurorobotics, 2012: 1-9.

[16] Endo T, Kawasaki H, Mouri T, et al. Five-fingered haptic interface robot: HIRO III[J]. IEEE Transactions on Haptics, 2011, 4(1): 14-27.

[17] Schmitz A, Maggiali M, Randazzo M, et al. A prototype fingertip with high spatial resolution pressure sensing for the robot iCub[C]. IEEE-RAS International Conference on Humanoid Robots, 2008: 423-428.

[18] Koch H, Konig A, Weigl-Seitz A, et al. Multisensor contour following with vision, force, and acceleration sensors for an industrial robot[J]. IEEE Transactions on Instrumentation and Measurement, 2013, 62(2): 268-280.

[19] Muscolo G G, Cannata G. A novel tactile sensor for underwater applications: limits and perspectives[C]. Oceans, 2015: 1-7.

[20] Kampmann P, Kirchner F. Towards a fine-manipulation system with tactile feedback for deep-sea environments[J]. Robotics and Autonomous Systems, 2015, 67: 115-121.

[21] Fernandez R, Vazquez A S, Payo I, et al. A comparison of tactile sensors for in-hand object location[J]. Journal of Sensors, 2016: 1-12.

[22] Okatani T, Takahashi H, Noda K, et al. A tactile sensor for simultaneous measurement of applied forces and friction coefficient[C]. IEEE International Conference on Micro Electro Mechanical Systems, 2016: 862-865.

[23] Kawamura T, Inaguma N, Nejigane K, et al. Measurement of slip, force and deformation using hybrid tactile sensor system for robot hand gripping an object[J]. International Journal of Advanced Robotic Systems, 2013, 10(1): 257-271.

[24] Brookhuis R A, Lammerink T S J, Wiegerink R J, et al. 3D force sensor for biomechanical applications[J]. Sensors and Actuators A: Physical, 2012, 182(8): 28-33.

[25] Brookhuis R A, Sanders R G P, Ma K, et al. Miniature large range multi-axis force-torque sensor for biomechanical applications[J]. Journal of Micromechanics and Microengineering, 2015, 25(2): 025012.

[26] Rogers J A, Roozbeh G, Dae-Hyeong K. Stretchable bioelectronics for medical devices and systems[M]. Berlin: Springer, 2016.

[27] Puangmali P, Liu H, Seneviratne L D, et al. Miniature 3-axis distal force sensor for minimally invasive surgical palpation[J]. IEEE/ASME Transactions on Mechatronics, 2012, 17(4): 646-656.

[28] Konstantinova J, Jiang A, Althoefer K, et al. Implementation of tactile sensing for palpation in robot-assisted minimally invasive surgery: a review[J]. IEEE Sensors Journal, 2014, 14(8): 2490-2501.

[29] Roke C, Melhuish C, Pipe T, et al. Lump localisation through a deformation-based tactile feedback system using a biologically inspired finger sensor[J]. Robotics and Autonomous Systems, 2012, 60(11): 1442-1448.

[30] Nyberg M, Ramser K, Lindahl O A. Optical fibre probe NIR Raman measurements in ambient light and in combination with a tactile resonance sensor for possible cancer detection[J]. Analyst, 2013, 138(14): 4029-4034.

[31] Chung Y F, Hu C S, Yeh C C, et al. How to standardize the pulse-taking method of traditional Chinese medicine pulse diagnosis[J]. Computers in Biology and Medicine, 2013, 43(4): 342-349.

[32] Sakai E, Shiraishi A, Yamaguchi M, et al. Blepharo-tensiometer: new eyelid pressure measurement system using tactile pressure sensor[J]. Eye and Contact Lens, 2012, 38(5): 326-330.

[33] Zhang Y, Yi J, Liu T. Embedded flexible force sensor for in-situ tire-road interaction measurements[J]. IEEE Sensors Journal, 2013, 13(5): 1756-1765.

[34] Gwilliam J C, Bianchi M, Su L K, et al. Characterization and psychophysical studies of an air-jet lump display[J]. IEEE Transactions on Haptics, 2013, 6: 156-166.

[35] Hammond F L, Kramer R K, Wan Q, et al. Soft tactile sensor arrays for force feedback in micromanipulation[J]. IEEE Sensors Journal, 2014, 14(5): 1443-1452.

[36] Connolly C. Prosthetic hands from touch bionics[J]. Industrial Robot, 2008, 35(35): 290-293.

[37] AR10 Humanoid Robotic Hand[EB/OL]. [2019-1-6]. https://www.active-robots.com/ar10-humanoid-robotic-hand.html.

[38] 高崎义肢 [EB/OL]. [2019-1-6]. http://www.rbgqyz.com/chanpinc.asp?id=172.

[39] Bebionic Hand V3[EB/OL]. [2019-1-6]. http://bebionic.com.

[40] Shadow Robot Company. Shadow Hand[EB/OL]. [2016-11-7]. http://www.shadowrobot.com/.

[41] Weir R, Mitchell M, Clark S, et al. The intrinsic hand—a 22 degree-of-freedom artificial hand-wrist replacement[C]. Proceedings of Myoelectric Controls/Powered Prosthetics Symposium, 2008: 233-237.

[42] DEKA. LUKA Arm[EB/OL]. [2016-11-7]. http://www.dekaresearch.com/deka_arm.shtml.

[43] Cipriani C, Controzzi M, Carrozza M C. Objectives, criteria and methods for the design of the SmartHand transradial prosthesis[J]. Robotica, 2010, 28(6): 919-927.

[44] Massa B, Roccella S, Carrozza M C, et al. Design and development of an underactuated prosthetic hand[C]. IEEE International Conference on Robotics and Automation, 2002, 4: 3374-3379.

[45] Matrone G C, Cipriani C, Secco E L, et al. Principal components analysis based control of a multi-dof underactuated prosthetic hand[J]. Journal of Neuroengineering and Rehabilitation, 2010, 7(1): 1-13.

[46] Li S, Sheng X, Liu H, et al. Design of a myoelectric prosthetic hand implementing postural synergy mechanically[J]. Industrial Robot, 2014, 41(5): 447-455.

[47] Xiong C H, Chen W R, Sun B Y, et al. Design and implementation of an anthropomorphic hand for replicating human grasping functions[J]. IEEE Transactions on Robotics, 2016, 32(3): 652-671.

[48] 张庭. 仿人型假手指尖三维力触觉传感器及动态抓取研究 [D]. 哈尔滨：哈尔滨工业大学, 2014.

[49] Romano J M, Hsiao K, Niemeyer G, et al. Human-inspired robotic grasp control with tactile sensing[J]. IEEE Transactions on Robotics, 2011, 27(6): 1067-1079.

[50] Koiva R, Zenker M, Schurmann C, et al. A highly sensitive 3D-shaped tactile sensor[C]. IEEE/ASME International Conference on Advanced Intelligent Mechatronics, 2013: 1084-1089.

[51] Meier M, Walck G, Haschke R, et al. Distinguishing sliding from slipping during object pushing[C]. IEEE/RSJ International Conference on Intelligent Robots and Systems, 2016: 5579-5584.

[52] Ajoudani A, Hocaoglu E, Altobelli A, et al. Reflex control of the Pisa/IIT SoftHand during object slippage[C]. IEEE International Conference on Robotics and Automation, 2016: 1972-1979.

[53] Kobayashi F, Minoura S, Nakamoto H, et al. Pick-up motion based on vision and tactile information in hand/arm robot[C]. International Conference on Computing Measurement Control & Sensor Network, 2017: 110-113.

[54] Tomo T P, Regoli M, Schmitz A, et al. A new silicone structure for uSkin—a soft, distributed, digital 3-axis skin sensor and its integration on the humanoid robot icub[J]. IEEE Robotics & Automation Letters, 2018, 3(3): 2584-2591.

[55] Ma C W, Chang C M, Lin T H, et al. Highly sensitive tactile sensing array realized using a novel fabrication process with membrane filters[J]. Journal of Microelectromechanical Systems, 2015, 24(6): 2062-2070.

[56] Pan L, Chortos A, Yu G, et al. An ultra-sensitive resistive pressure sensor based on hollow-sphere microstructure induced elasticity in conducting polymer film[J]. Nature Communications, 2014, 5: 3002.

[57] Gong S, Schwalb W, Wang Y, et al. A wearable and highly sensitive pressure sensor with ultrathin gold nanowires[J]. Nature Communications, 2014, 5: 3132.

[58] Gao Q, Meguro H, Okamoto S, et al. Flexible tactile sensor using the reversible deformation of poly(3-hexylthiophene) nanofiber assemblies[J]. Langmuir, 2012, 28(51): 17593-17596.

[59] Tee B C K, Wang C, Allen R, et al. An electrically and mechanically self-healing composite with pressure- and flexion-sensitive properties for electronic skin applications[J]. Nature Nanotechnology, 2012, 7(12): 825-832.

[60] Takei K, Yu Z, Zheng M, et al. Highly sensitive electronic whiskers based on patterned carbon nanotube and silver nanoparticle composite films[J]. Proceedings of the National

Academy of Sciences, 2014, 111(5): 1703-1707.

[61] 黄英. 基于压力敏感导电橡胶的柔性多维阵列触觉传感器研究 [D]. 合肥: 合肥工业大学, 2008.

[62] Kim K, Kang R L, Kim W H, et al. Polymer-based flexible tactile sensor up to 32×32 arrays integrated with interconnection terminals[J]. Sensors and Actuators A: Physical, 2009, 156(2): 284-291.

[63] Park M, Park Y J, Chen X, et al. MoS_2-based tactile sensor for electronic skin applications[J]. Advanced Materials, 2016, 28(13): 2556-2562.

[64] Yousef H, Boukallel M, Althoefer K. Tactile sensing for dexterous in-hand manipulation in robotics—a review[J]. Sensors and Actuators A: Physical, 2011, 167(2): 171-187.

[65] Gao Y J, Ota H, Schaler E W, et al. Wearable microfluidic diaphragm pressure sensor for health and tactile touch monitoring[J]. Advanced Materials, 2017, 29(39): 1-8.

[66] Han H, Nakagawa Y, Takai Y, et al. Microstructure fabrication on a β-phase PVDF film by wet and dry etching technology[J]. Journal of Micromechanics and Microengineering, 2012, 22(8): 85030.

[67] Ahn Y, Song S, Yun K S. Woven flexible textile structure for wearable power-generating tactile sensor array[J]. Smart Materials and Structures, 2015, 24(7): 075002.

[68] 赵冬斌, 张文增, 都东, 等. 机器人用 PVDF 触觉传感器的国外研究现状 [J]. 压电与声光, 2001, 23(6): 428-432.

[69] Hosoda K, Tada Y, Asada M. Anthropomorphic robotic soft fingertip with randomly distributed receptors[J]. Robotics and Autonomous Systems, 2006, 54(2): 104-109.

[70] Li W, Weldon J A, Huang Y, et al. Design and simulation of piezoelectric-charge-gated thin-film transistor for tactile sensing[J]. IEEE Electron Device Letters, 2016, 37(3): 325-328.

[71] Yu P, Liu W, Gu C, et al. Flexible piezoelectric tactile sensor array for dynamic three-axis force measurement[J]. Sensors, 2016, 16(6): 819.

[72] El-Molla S, Albrecht A, Cagatay E. Integration of a thin film PDMS-based capacitive sensor for tactile sensing in an electronic skin[J]. Journal of Sensors, 2016: 1-7.

[73] Lei K F, Lee K F, Lee M Y. Development of a flexible PDMS capacitive pressure sensor for plantar pressure measurement[J]. Microelectronic Engineering, 2012, 99(11): 1-5.

[74] Pritchard E, Mahfouz M, Evans B, et al. Flexible capacitive sensors for high resolution pressure measurement[C]. Sensors, 2008: 1484-1487.

[75] Zhang H Z, Tang Q Y, Chan Y C. Development of a versatile capacitive tactile sensor based on transparent flexible materials integrating an excellent sensitivity and a high resolution[J]. AIP Advances, 2012, 2(2): 1365-1381.

[76] Shinoda H. Wireless tactile sensing element using stress-sensitive resonator[J]. IEEE/ASME Transactions on Mechatronics, 2000, 5(3): 258-265.

[77] Dobrzynska J A, Gijs M A M. Capacitive flexible force sensor[J]. Procedia Engineering, 2010, 5(2): 404-407.

[78] Takamatsu S, Kobayashi T, Shibayama N, et al. Fabric pressure sensor array fabricated with die-coating and weaving techniques[J]. Sensors and Actuators A: Physical, 2012, 184: 57-63.

[79] He M, Liu R, Li Y, et al. Tactile probing system based on micro-fabricated capacitive sensor[J]. Sensors and Actuators A: Physical, 2013, 194: 128-134.

[80] Viry L, Levi A, Totaro M, et al. Flexible three-axial force sensor for soft and highly sensitive artificial touch[J]. Advanced Materials, 2014, 26(17): 2659-2664.

[81] Kim U, Kim Y B, Seok D Y, et al. Development of surgical forceps integrated with a multi-axial force sensor for minimally invasive robotic surgery[C]. IEEE/RSJ International Conference on Intelligent Robots and Systems, 2016: 3684-3689.

[82] Shikida M, Asano K. A flexible transparent touch panel based on ionic liquid channel[J]. IEEE Sensors Journal, 2013, 13(9): 3490-3495.

[83] Kenry, Yeo J C, Yu J, et al. Highly flexible graphene oxide nanosuspension liquid-based microfluidic tactile sensor[J]. Small, 2016, 12: 1593-1604.

[84] Yeo J C, Yu J, Koh Z M, et al. Wearable tactile sensor based on flexible microfluidics[J]. Lab. on a Chip, 2016, 16(17): 3244-3250.

[85] Park Y L, Chen B R, Wood R J. Design and fabrication of soft artificial skin using embedded microchannels and liquid conductors[J]. IEEE Sensors Journal, 2012, 12(8): 2711-2718.

[86] Roy D, Wettels N, Loeb G E. Elastomeric skin selection for a fluid-filled artificial fingertip[J]. Journal of Applied Polymer Science, 2013, 127: 4624-4633.

[87] Chossat J B, Shin H S, Park Y L, et al. Soft tactile skin using an embedded ionic liquid and tomographic imaging[J]. Journal of Mechanisms and Robotics, 2015, 7(2): 021008-9.

[88] Ahmad Ridzuan N A, Masuda S, Miki N. Flexible capacitive sensor encapsulating liquids as dielectric with a largely deformable polymer membrane[J]. Micro and Nano Letters, 2012, 7(12): 1193-1196.

[89] Missinne J, Bosman E, Hoe B V, et al. Two axis optoelectronic tactile shear stress sensor[J]. Sensors and Actuators A: Physical, 2012, 186(4): 63-68.

[90] Zhang Z F, Tao X M, Zhang H P, et al. Soft fiber optic sensors for precision measurement of shear stress and pressure[J]. IEEE Sensors Journal, 2013, 13: 1478-1482.

[91] Ataollahi A, Fallah A S, Seneviratne L D, et al. Novel force sensing approach employing prismatic-tip optical fiber inside an orthoplanar spring structure[J]. IEEE/ASME Transactions on Mechatronics, 2014, 19: 121-130.

[92] Kampmann P, Kirchner F. Integration of fiber-optic sensor arrays into a multi-modal tactile sensor processing system for robotic end-effectors[J]. Sensors, 2014, 14(4): 6854-

6876.

[93] Yamazaki H, Nishiyama M, Watanabe K, et al. Tactile sensing for object identification based on hetero-core fiber optics[J]. Sensors and Actuators A: Physical, 2016, 247: 98-104.

[94] Kennedy K M, Es'haghian S, Chin L, et al. Optical palpation: optical coherence tomography-based tactile imaging using a compliant sensor[J]. Optics Letters, 2014, 39(10): 3014-3017.

[95] Cirillo A, Cirillo P, De Maria G, et al. An artificial skin based on optoelectronic technology[J]. Sensors and Actuators A: Physical, 2014, 212(6): 110-122.

[96] Takeshita T, Harisaki K, Ando H, et al. Development and evaluation of a two-axial shearing force sensor consisting of an optical sensor chip and elastic gum frame[J]. Precision Engineering, 2016, 45: 136-142.

[97] Mcalpine M C, Ahmad H, Wang D, et al. Highly ordered nanowire arrays on plastic substrates for ultrasensitive flexible chemical sensors[J]. Nature Material, 2007, 6(5): 379-384.

[98] Kaltenbrunner M, Sekitani T, Reeder J, et al. An ultra-lightweight design for imperceptible plastic electronics[J]. Nature, 2013, 499(7459): 458-463.

[99] Wu W, Wen X, Wang Z L. Taxel-addressable matrix of vertical-nanowire piezotronic transistors for active and adaptive tactile imaging[J]. Science, 2013, 340(6135): 952-957.

[100] Wang X, Zhang H, Dong L, et al. Self-powered high-resolution and pressure-sensitive triboelectric sensor matrix for real-time tactile mapping[J]. Advanced Materials, 2016, 28(15): 2896-2903.

[101] Forrest S R. The path to ubiquitous and low-cost organic electronic appliances on plastic[J]. Nature, 2004, 428(6986): 911-918.

[102] Someya T, Sekitani T, Iba S, et al. A large-area, flexible pressure sensor matrix with organic field-effect transistors for artificial skin applications[J]. Proceedings of the National Academy of Sciences of the United States of America, 2004, 101(27): 9966-9970.

[103] Someya T, Kato Y, Sekitani T, et al. Conformable, flexible, large-area networks of pressure and thermal sensors with organic transistor active matrixes[J]. Proceedings of the National Academy of Sciences of the United States of America, 2005, 102(35): 12321-12325.

[104] Sekitani T, Zschieschang U, Klauk H, et al. Flexible organic transistors and circuits with extreme bending stability[J]. Nature Material, 2010, 9(12): 1015-1022.

[105] Spanu A, Pinna L, Viola F, et al. A high-sensitivity tactile sensor based on piezoelectric polymer PVDF coupled to an ultra-low voltage organic transistor[J]. Organic Electronics, 2016, 36: 57-60.

[106] Takei K, Takahashi T, Ho J C, et al. Nanowire active-matrix circuitry for low-voltage macroscale artificial skin[J]. Nature Material, 2010, 9(10): 821-826.

[107] Takashima K, Horie S, Takenaka M, et al. Fundamental study on medical tactile sensor composed of organic ferroelectrics[C]. The Fifth International Conference on Emerging Trends in Engineering and Technology (ICETET), 2012: 132-136.

[108] Kim K, Jiang X. Tissue characterization using an acoustic wave tactile sensor array[C]. SPIE Smart Structures and Materials & Nondestructive Evaluation and Health Monitoring, 2013: 86953B-7.

[109] Wu H, Chen J, Su Y, et al. New tactile sensor for position detection based on distributed planar electric field[J]. Sensors and Actuators A: Physical, 2016, 242: 146-161.

[110] Liu Y, Han H, Liu T, et al. A novel tactile sensor with electromagnetic induction and its application on stick-slip interaction detection[J]. Sensors, 2016, 16(4): 430.

[111] Zhao H C, O' Beirn K, Li S, et al. Optoelectronically innervated soft prosthetic hand via stretchable optical waveguides[J]. Science Robotics, 2016, 1(1): 1-10.

[112] Ly H H, Tanaka Y, Fukuda T, et al. Grasper having tactile sensing function using acoustic reflection for laparoscopic surgery[J]. International Journal of Computer Assisted Radiology and Surgery, 2017, 12(8): 1333-1343.

[113] Ho D H, Sun Q, Kim S Y, et al. Stretchable and multimodal all graphene electronic skin[J]. International Journal of Computer Assisted Radiology and Surgery, Advanced Materials, 2016, 28(13): 2601-2608.

[114] Ho V A, Dao D V, Sugiyama S, et al. Analysis of sliding of a soft fingertip embedded with a novel micro force/moment sensor: simulation, experiment, and application[C]. IEEE International Conference on Robotics & Automation, 2009: 889-894.

[115] Chuang C H, Liou Y R, Chen C W. Detection system of incident slippage and friction coefficient based on a flexible tactile sensor with structural electrodes[J]. Sensors and Actuators A: Physical, 2012, 188(8): 48-55.

[116] Wang W, Zhao Y, Qin Y. A novel integrated multifunction micro-sensor for three-dimensional micro-force measurements[J]. Sensors, 2012, 12(4): 4051-4064.

[117] Youssefian S, Rahbar N, Torres-Jara E. Contact behavior of soft spherical tactile sensors[J]. IEEE Sensors Journal, 2014, 14(5): 1435-1442.

[118] 陈卫东, 董艳茹, 朱奇光, 等. 基于 PVDF 的三维机器人触觉传感器有限元分析 [J]. 传感技术学报, 2010, 23(3): 336-340.

[119] Lee J H, Won C H. The tactile sensation imaging system for embedded lesion characterization[J]. IEEE Journal of Biomedical and Health Informatics, 2013, 17(2): 452-458.

[120] Cabibihan J J, Chauhan S S, Suresh S. Effects of the artificial skin's thickness on the subsurface pressure profiles of flat, curved, and Braille surfaces[J]. IEEE Sensors Journal, 2014, 14(7): 2118-2128.

[121] Zhou D, Sun Y, Bai J, et al. Modeling and experimental investigation of the maximum stresses due to bending in a tubular-shaped artificial skin sensor[J]. IEEE Sensors Journal, 2015, 16(6): 1549-1556.

[122] Shen J J, Kalantari M, Kovecses J, et al. Viscoelastic modeling of the contact interaction between a tactile sensor and an atrial tissue[J]. IEEE Transactions on Biomedical Engineering, 2012, 59(6): 1727-1738.

[123] Lei L, Deng L, Fan G, et al. A 3D micro tactile sensor for dimensional metrology of micro structure with nanometer precision[J]. Measurement, 2014, 48(2): 155-161.

[124] Fouly A, Nasr M N A,Fath EI Bab A M R, et al. Design and modeling of micro tactile sensor with three contact tips for self-compensation of contact error in soft tissue elasticity measurement[J]. IEEJ Transactions on Electrical and Electronic Engineering, 2015, 10(s1): 144-150.

[125] Moisio S, León B, Korkealaakso P, et al. Model of tactile sensors using soft contacts and its application in robot grasping simulation[J]. Robotics and Autonomous Systems, 2013, 61(1): 1-12.

[126] Kalantari M, Dargahi J, KöVecses J, et al. A new approach for modeling piezoresistive force sensors based on semiconductive polymer composites[J]. IEEE/ASME Transactions on Mechatronics, 2012, 17(3): 1-10.

[127] Hu H, Han Y, Song A, et al. A finger-shaped tactile sensor for fabric surfaces evaluation by 2-dimensional active sliding touch[J]. Sensors, 2014, 14(3): 4899-4913.

[128] Fearing R S, Hollerbach J M. Basic solid mechanics for tactile sensing[C]. IEEE International Conference on Robotics and Automation, 1984: 266-275.

[129] 张劲, 王宇, 王秀喜, 等. 半无限大层状均匀各向同性介质的基本解 [J]. 中国科学技术大学学报, 2001, 31(2): 174-178.

[130] Fearing R S. Tactile sensing mechanisms[J]. International Journal of Robotics Research, 1990, 9: 3-23.

[131] Liew K M, Xiang Y, Kitipornchai S. Research on thick plate vibration: a literature survey[J]. Journal of Sound and Vibration, 1995, 180(1): 163-176.

[132] Plagianakos T S, Saravanos D A. Higher-order layerwise laminate theory for the prediction of interlaminar shear stresses in thick composite and sandwich composite plates[J]. Composite Structures, 2009, 87(1): 23-35.

[133] Liew K M, Teo T M. Three-dimensional vibration analysis of rectangular plates based on differential quadrature method[J]. Journal of Sound and Vibration, 1999, 220(4): 577-599.

[134] Alibeigloo A, Madoliat R. Static analysis of cross-ply laminated plates with integrated surface piezoelectric layers using differential quadrature[J]. Composite Structures, 2009, 88(3): 342-353.

[135] Shu C, Richards B E. Application of generalized differential quadrature to solve two-dimensional incompressible Navier-Stokes equations[J]. International Journal for Numerical Methods in Fluids, 1992, 15(7): 791-798.

[136] Lü C F, Chen W Q, Shao J W. Semi-analytical three-dimensional elasticity solutions

for generally laminated composite plates[J]. European Journal of Mechanics - A/Solids, 2008, 27(5): 899-917.

[137] Chen W Q, Lv C F, Bian Z G. Free vibration analysis of generally laminated beams via state-space-based differential quadrature[J]. Composite Structures, 2004, 63(3-4): 417-425.

[138] 吕朝锋. 基于状态空间架构的微分求积法及其应用 [D]. 杭州: 浙江大学, 2006.

[139] Villadsen J V, Stewart W E. Solution of boundary-value problems by orthogonal collocation[J]. Chemical Engineering Science, 1967, 22(11): 1483-1501.

[140] Adomaitis R A, Lin Y H. A technique for accurate collocation residual calculations[J]. Chemical Engineering Journal, 1998, 71(2): 127-134.

[141] Liew K M, Yang B. Three-dimensional elasticity solutions for free vibrations of circular plates: a polynomials-Ritz analysis[J]. Computer Methods in Applied Mechanics and Engineering, 1999, 175(1-2): 189-201.

[142] Vasarhelyi G, Fodor B, Roska T. Tactile sensing-processing: interface-cover geometry and the inverse-elastic problem[J]. Sensors and Actuators A: Physical, 2007, 140(1): 8-18.

[143] Meng G, Ko W H. Modeling of circular diaphragm and spreadsheet solution programming for touch mode capacitive sensors[J]. Sensors and Actuators A: physical, 1999, 75(1): 45-52.

[144] Wang Q, Ko W H. Modeling of touch mode capacitive sensors and diaphragms[J]. Sensors and Actuators A: Physical, 1999, 75(3): 230-241.

[145] Ying M, Bonifas A P, Lu N, et al. Silicon nanomembranes for fingertip electronics[J]. Nanotechnology, 2012, 23(34): 132-138.

[146] Kimura F, Yamamoto A. Effect of delays in softness display using contact area control: rendering of surface viscoelasticity[J]. Advanced Robotics, 2013, 27(7): 553-566.

[147] Kalayeh K M, Charalambides P G. Large deformation mechanics of a soft elastomeric layer under compressive loading for a MEMS tactile sensor application[J]. International Journal of Non-Linear Mechanics, 2015, 76: 120-134.

[148] Chathuranga D S, Wang Z, Nanayakkara T, et al. Magnetic and mechanical modelling of a soft three-axis force sensor[J]. IEEE Sensors Journal, 2016, 16(13): 5298-5307.

[149] Yamaguchi A, Atkeson C G. Recent progress in tactile sensing and sensors for robotic manipulation: can we turn tactile sensing into vision?[J]. Advanced Robotics, 2019, 39(14): 661-673.

[150] Delgado A, Jara C A, Torres F. Adaptive tactile control for in-hand manipulation tasks of deformable objects[J]. International Journal of Advanced Manufacturing Technology, 2017, 91(9-12): 4127-4140.

[151] Wang Y C, Chen J N, Mei D Q. Flexible tactile sensor array for slippage and grooved surface recognition in sliding movement[J]. Micromachines, 2019, 10(9): 1-16.

[152] Taylor C L, Schwarz R J. The anatomy and mechanics of the human hand[J]. Artificial Limbs, 1955, 2(2): 22-30.

[153] Jr N. The prehensile movements of the human hand[J]. Journal of Bone and Joint Surgery-British Volume, 1956, 38-B(4): 902-913.

[154] Cutkosky M R. On grasp choice, grasp models, and the design of hands for manufacturing tasks[J]. IEEE Transactions on Robotics and Automation, 1989,5(3):269-279.

[155] Feix T R P, Schmiedmayer H B, Romero X, et al. A comprehensive grasp taxonomy[C]. In Robotics, Science and Systems: Workshop on Understanding the Human Hand for Advancing Robotic Manipulation, 2009.

[156] Gonzalez F, Gosselin F, Bachta W. A framework for the classification of dexterous haptic interfaces based on the identification of the most frequently used hand contact areas[C]. World Haptics Conference, 2013: 461-466.

[157] Feix T, Bullock I M, Dollar A M. Analysis of human grasping behavior: object characteristics and grasp type[J]. IEEE Transactions on Haptics, 2014, 7(3): 311-323.

[158] Cho K J, Rosmarin J, Asada H H. SBC hand: a lightweight robotic hand with an SMA actuator array implementing C-segmentation[C]. IEEE International Conference on Robotics and Automation, 2007: 921-926.

[159] Li M, Hang K, Kragic D, et al. Dexterous grasping under shape uncertainty[J]. Robotics & Autonomous Systems, 2016, 75(PB): 352-364.

[160] Spiers A J, Liarokapis M V, Calli B, et al. Single-grasp object classification and feature extraction with simple robot hands and tactile sensors[J]. IEEE Trans Haptics, 2016, 9(2): 207-20.

[161] Chebotar Y, Hausman K, Kroemer O, et al. Regrasping using tactile perception and supervised policy learning[J], AAAI Spring, 2017,89-97.

[162] Damian D D, Martinez H, Dermitzakis K, et al. Artificial ridged skin for slippage speed detection in prosthetic hand applications[C]. IEEE International Conference on Intelligent Robots and Systems, 2010, 25: 904-909.

[163] Erp J B F, Veen H A H C. Touch down: the effect of artificial touch cues on orientation in microgravity[J]. Neuroscience Letters, 2006, 404(1-2): 78-82.

[164] Popov V L. Contact Mechanics and Friction: Physical Principles and Applications[M]. Berlin: Springer, 2010.

[165] Canepa G, Petrigliano R, Campanella M, et al. Detection of incipient object slippage by skin-like sensing and neural network processing[J]. IEEE Transactions on Systems, Man, and Cybernetics, Part B: Cybernetics, 1998, 28(3): 348-356.

[166] Melchiorri C. Slip detection and control using tactile and force sensors[J]. IEEE/ASME Transactions on Mechatronics, 2000, 5(3): 235-243.

[167] Song X, Liu H, Althoefer K, et al. Efficient break-away friction ratio and slip prediction based on haptic surface exploration[J]. IEEE Transactions on Robotics, 2014, 30(1):

203-219.

[168] Teshigawara S, Tadakuma K, Ming A, et al. High sensitivity initial slip sensor for dexterous grasp[C]. IEEE International Conference on Robotics and Automation, 2010: 4867-4872.

[169] Teshigawara S, Tsutsumi T, Shimizu S, et al. Highly sensitive sensor for detection of initial slip and its application in a multi-fingered robot hand[C]. IEEE International Conference on Robotics and Automation, 2011: 1097-1102.

[170] Romeo R A, Oddo C M, Carrozza M C, et al. Slippage detection with piezoresistive tactile sensors [J]. Sensors, 2017, 17(8): 1-15.

[171] Deng H, Zhong G, Li X, et al. Slippage and deformation preventive control of bionic prosthetic hands[J]. IEEE/ASME Transactions on Mechatronics, 2017, 22(2): 888-897.

[172] Ho V A, Nagatani T, Noda A, et al. What can be inferred from a tactile arrayed sensor in autonomous in-hand manipulation?[C]. IEEE International Conference on Automation Science and Engineering, 2012: 461-468.

[173] Cheng Y, Su C, Jia Y, et al. Data correlation approach for slippage detection in robotic manipulations using tactile sensor array[C]. IEEE/RSJ International Conference on Intelligent Robots and Systems, 2015: 2717-2722.

[174] Fishel J A, Loeb G E. Bayesian exploration for intelligent identification of textures[J]. Frontiers in Neurorobotics, 2012, 6(4):1-20.

[175] Liu H P, Guo D, Sun F C. Object recognition using tactile measurements: kernel sparse coding methods[J]. IEEE Transactions on Instrumentation and Measurement, 2016, 65(3): 656-665.

[176] Ho V A, Makikawa M, Hirai S. Flexible fabric sensor toward a humanoid robot's skin: fabrication, characterization, and perceptions[J]. IEEE Sensors Journal, 2012, 13(10): 4065-4080.

[177] Qin L H, Yi Z K, Zhang Y L. Unsupervised surface roughness discrimination based on bio-inspired artificial fingertip[J]. Sensors and Actuators A: Physical, 2018, 269:483-490.

[178] Baishya S S, Bäuml B. Robust material classification with a tactile skin using deep learning[C]. IEEE International Conference on Intelligent Robots and Systems, 2016:8-15.

[179] Kim J, Nga N T, Soo K W. Highly sensitive tactile sensors integrated with organic transistors[J]. Applied Physics Letters, 2012, 5(9): 103308-5.

[180] Vásárhelyi G, Ádám M, Vázsonyi E, et al. Effects of the elastic cover on tactile sensor arrays[J]. Sensors and Actuators A: Physical, 2006, 132(1): 245-251.

[181] Otero T F, Cortes M T. Artificial muscles with tactile sensitivity[J]. Advanced Materials, 2003, 15(4): 279-282.

[182] Shimojo M, Namiki A, Ishikawa M, et al. A tactile sensor sheet using pressure conductive rubber with electrical-wires stitched method[J]. Sensors Journal, IEEE, 2004, 4(5): 589-

596.

[183] Nambiar S, Yeow J T. Conductive polymer-based sensors for biomedical applications[J]. Biosensors and Bioelectronics, 2011, 26(5): 1825-1832.

[184] Mannsfeld S C B, Tee B C K, Stoltenberg R M, et al. Highly sensitive flexible pressure sensors with microstructured rubber dielectric layers[J]. Nature Materials, 2010, 9(10): 859-864.

[185] Kim H K, Lee S, Yun K S. Capacitive tactile sensor array for touch screen application[J]. Sensors and Actuators A: Physical, 2011, 165(1): 2-7.

[186] Engel J, Chen J, Liu C. Development of polyimide flexible tactile sensor skin[J]. Journal of Micromechanics and Microengineering, 2003, 13(3): 359.

[187] Lee H K, Chang S I, Yoon E. A flexible polymer tactile sensor: fabrication and modular expandability for large area deployment[J]. Journal of Microelectromechanical Systems, 2006, 15(6): 1681-1686.

[188] Kim K, Lee K R, Kim Y K, et al. 3-axes flexible tactile sensor fabricated by Si micro-machining and packaging technology[C]. 19th IEEE International Conference on Micro Electro Mechanical Systems, 2006: 678-681.

[189] Cheng M Y, Tsao C M, Lai Y Z, et al. The development of a highly twistable tactile sensing array with stretchable helical electrodes[J]. Sensors and Actuators A: Physical, 2011, 166(2): 226-233.

[190] Liang G H, Wang Y C, Mei D Q, et al. A modified analytical model to study the sensing performance of a flexible capacitive tactile sensor array [J]. Journal of Micromechanics and Microengineering, 2015, 25: 035017.

[191] Sokolnikoff I S. Mathematical Theory of Elasticity[M]. New York: McGraw-Hill, 1956.

[192] Liang G H, Mei D Q, Wang Y C, et al. Modeling and analysis of a flexible capacitive tactile sensor array for normal force measurement [J]. IEEE Sensors Journal, 2014, 14 (11): 4095-4103.

[193] Lee H K, Chung J, Chang S I, et al. Real-time measurement of the three-axis contact force distribution using a flexible capacitive polymer tactile sensor[J]. Journal of Micromechanics and Microengineering, 2011, 21(3): 035010.

[194] Kim S, Koo J C, Choi H R, et al. Development of a dual-axis hybrid-type tactile sensor using PET film[J]. Proceedings of SPIE - The International Society for Optical Engineering, 2013, 8687(36): 86872N-6.

[195] Peng Y, Shkel Y, Hall T. A tactile sensor for ultrasound imaging systems[J]. IEEE Sensors Journal, 2015, 16(4): 1044-1053.

[196] Dobrzynska J A, Gijs M a M. Flexible polyimide-based force sensor[J]. Sensors and Actuators A: Physical, 2012, 173(1): 127-135.

[197] Wang Y C, Chen T Y, Chen R, et al. Mutual capacitive flexible tactile sensor for 3-D image control[J]. Journal of Microelectromechanical Systems, 2013, 22(3): 804-814.

[198] Liang G H, Wang Y C, Mei D Q, et al. Flexible capacitive tactile sensor array with truncated pyramids as dielectric layer for three-axis force measurement [J]. IEEE Journal of Microelectromechanical Systems, 2015, 24(5): 1510-1519.

[199] Liang G H, Wang Y C, Mei D Q, et al. An analytical model for studying the structural effects and optimization of a capacitive tactile sensor array [J]. Journal of Micromechanics and Microengineering, 2016, 26: 045007.

[200] Christine C. Prosthetic hands from touch bionics[J]. Industrial Robot, 2008, 35: 290-293.

[201] RSLSTEEPER. Bebionic Hand V3[EB/OL]. [2016-11-7]. http://bebionic.com.

[202] Wang Y C, Liang G H, Mei D Q, et al. Flexible tactile sensor array mounted on the curved surface: analytical modeling and experimental validation [J]. IEEE Journal of Microelectromechanical Systems, 2017, 26(5): 1002-1011.

[203] Snyder M A. Chebyshev Methods in Numerical Approximation[M]. Englewood Cliffs: Prentice-Hall, 1966.

[204] 王喆垚. 微系统设计与制造 [M]. 北京: 清华大学出版社, 2015.

[205] 张亚非. 半导体集成电路制造技术 [M]. 北京: 高等教育出版社, 2006.

[206] Dutta S, Imran M, Kumar P, et al. Comparison of etch characteristics of KOH, TMAH and EDP for bulk micromachining of silicon (110)[J]. Microsystem Technologies, 2011, 17(10-11): 1621-1628.

[207] Bean K E. Anisotropic etching of silicon[J]. IEEE Transactions on Electron Devices, 1978, 25(10): 1185-1193.

[208] Dyer L, Grant G, Tipton C, et al. A comparison of silicon wafer etching by KOH and acid solutions[J]. Journal of The Electrochemical Society, 1989, 136(10): 3016-3018.

[209] Sundaram K B, Vijayakumar A, Subramanian G. Smooth etching of silicon using TMAH and isopropyl alcohol for MEMS applications[J]. Microelectronic Engineering, 2005, 77(3): 230-241.

[210] Seidel H, Csepregi L, Heuberger A, et al. Anisotropic etching of crystalline silicon in alkaline solutions I. Orientation dependence and behavior of passivation layers[J]. Journal of the Electrochemical Society, 1990, 137(17): 3612-3626.

[211] Eddings M A, Johnson M A, Gale B K. Determining the optimal PDMS-PDMS bonding technique for microfluidic devices[J]. Journal of Micromechanics and Microengineering, 2008, 18(6): 067001-4.

[212] Guo X, Huang Y, Cai X, et al. Capacitive wearable tactile sensor based on smart textile substrate with carbon black/silicone rubber composite dielectric[J]. Measurement Science and Technology, 2016, 27(4): 045105-8.

[213] Wang Y C, Wu X, Mei D Q. Flexible tactile sensor array for distributed tactile sensing and slip detection in robotic hand grasping[J]. Sensor and Actuators A: Physical, 2019, 297: 1-13.

[214] Wang Y C, Xi K L, Mei D Q. Slip detection in prosthetic hand grasping by using the discrete wavelet transform analysis// Proc. of the IEEE International Conference on Advanced Intelligent Mechatronics(AIM), 2016: 1485-1490.

[215] Holweg E G M, Hoeve H, Jongkind W, et al. Slip detection by tactile sensors: algorithms and experimental results[C]. IEEE International Conference on Robotics & Automation, 1996.

[216] 梅海霞. 基于压敏硅橡胶的柔性压力传感器及其阵列的研究 [D]. 长春: 吉林大学, 2016.

[217] 朱树平. 基于滑觉检测的农业机器人果蔬抓取研究 [D]. 南京: 南京农业大学, 2012.

[218] Maeno T, Kobayashi, Yamazaki N. Relationship between the structure of human finger tissue and the location of tactile receptors[J]. JSME International Journal, Series C: Dynamics, Control, Robotics, Design, and Manufacturing, 1998, 41(1): 94-100.

[219] Ho V A, Hirai S. A novel model for assessing sliding mechanics and tactile sensation of human-like fingertips during slip action[J]. Robotics and Autonomous Systems, 2015, 63: 253-267.

[220] Ho V A, Dao D V, Sugiyama S, et al. Development and analysis of a sliding tactile soft fingertip embedded with a microforce/moment sensor[J]. IEEE Transactions on Robotics, 2011, 27(3): 411-424.

[221] 尚振东, 李云峰, 邓效忠, 等. 基于微振动检测的滑觉传感器 [J]. 振动与冲击, 2007, 26(12): 135-137, 145-146.

[222] 周俊, 朱树平. 农业机器人果蔬抓取中滑觉检测研究[J]. 农业机械学报, 2013, 44(2): 171-176.

[223] Ho V A, Hirai S. Mechanics of Localized Slippage in Tactile Sensing - and Application to Soft Sensing Systems[M]. Berlin: Springe, 2014.

[224] Ho V A, Hirai S. Two-dimensional dynamic modeling of a sliding motion of a soft fingertip focusing on stick-to-slip transition[C]. IEEE International Conference on Robotics and Automation, 2010: 4315-4321.

[225] Ho V A, Hirai S. Three-dimensional modeling and simulation of the sliding motion of a soft fingertip with friction, focusing on stick-slip transition[C]. IEEE International Conference on Robotics and Automation, 2011: 5233-5239.

[226] 徐芝纶. 弹性力学 [M]. 北京: 高等教育出版社, 2016.

[227] Timoshenko S. Strength of Materials[M]. Pennsylvania: Lancaster Press, 1940.

[228] Dogru S, Aksoy B, Bayraktar H, et al. Poisson's ratio of PDMS thin films[J]. Polymer Testing, 2018, 69:375-384.

[229] 瓦伦丁 L. 波波夫. 接触力学与摩擦学的原理及其应用 [M]. 李强, 雒建斌, 译. 北京: 清华大学出版社, 2011.

[230] 葛世荣, 朱华. 摩擦学的分形 [M]. 北京: 机械工业出版社. 2005.

[231] 曹金凤, 石亦平. ABAQUS 有限元分析常见问题解答 [M]. 北京: 机械工业出版社. 2009.

[232] 石亦平, 周玉蓉. ABAQUS 有限元分析实例详解 [M]. 北京: 机械工业出版社. 2006.

[233] Sayles R S, Thomas T R. Surface topography as a nonstationary random process[J]. Nature, 1978, 271(2): 431-434.

[234] Majumdar A, Tien C L. Fractal characterization and simulation of rough surface[J]. Wear, 1990, 136(2): 313-327.

[235] Mandelbrot B B, Passoja D E, Paullay A J. Fractal character of fracture surface of metals[J]. Nature, 1984, 308(19): 721-722.

[236] Berry M V, Lewis Z V. On the weierstrass-mandelbrot fractal function[J]. Proceedings of the Royal Society A: Mathematical, Physical and Engineering Sciences, 1980, 370(1743): 459-484.

[237] Majumdar A, Bhushan B. Role of fractal geometry in roughness characterization and contact mechanics of surfaces[J]. Journal of Tribology, 1990, 112(2): 205-216.

[238] Hong H, Lin H, Mei R, et al. Membrane fouling in a membrane bioreactor: a novel method for membrane surface morphology construction and its application in interaction energy assessment[J]. Journal of Membrane Science, 2016, 516: 135-143.

[239] Chen J, Lin H, Shen L, et al. Realization of quantifying interfacial interactions between a randomly rough membrane surface and a foulant particle[J]. Bioresource Technology, 2017, 226: 220-228.

[240] Papanikolaou M, Salonitis K. Fractal roughness effects on nanoscale grinding[J]. Applied Surface Science, 2019, 467-468: 309-319.

[241] Mandelbrot B B. The Fractal Geometry of Nature[M]. New York: W. H. Freeman and Company, 1982.

[242] Wu J J. Characterization of fractal surfaces[J]. Wear, 2000, 239: 36-47.

[243] 吴利群. 分形、小波理论在粗糙轮廓建模与设计中的应用研究 [D]. 杭州: 浙江大学. 2001.

[244] 朱建新, 李有法. 数值计算方法 [M]. 北京: 高等教育出版社, 2012.

[245] Yan W, Komvopoulos K. Contact analysis of elastic-plastic fractal surfaces[J]. Journal of Applied Physics, 1998, 84(7): 3617-3624.

[246] Shimojo M. mechanical filtering effect of elastic cover for tactile sensor[J]. IEEE Transctions on Robotics and Automation, 1997, 13(1): 128-132.

[247] 温淑花. 结合面接触特性理论建模及仿真 [M]. 北京: 国防工业出版社, 2012.

[248] Howe R D, Cutkosky M R. Sensing skin acceleration for slip and texture perception[C]. IEEE International Conference on Robotics and Automation, 1989: 145-150.

[249] Tremblay M R, Packard W J, Cutkosky M R. Utilizing sensed incipient slip signals for grasp force control[C]. Japan-USA Symposium on Flexible Automation, 1992: 1237-1243.

[250] Fernandez R, Payo I, Vazquez A S, et al. Micro-vibration-based slip detection in tactile force sensors[J]. Sensors, 2014, 14(1): 709-730.

[251] Daubechies I. Where do wavelets comes from? — A personal point of view[J]. Proceedings of the IEEE, 1996, 84(4): 510-513.

[252] Burrus C S, Gopinath R, Guo H. Wavelets and Wavelet Transforms[EB/OL]. [2019-12-11]. http://cnx.org/content/col11454/1.5/.

[253] Huang N E, Shen Z, Long S R, et al. The empirical mode decomposition and the hilbert spectrum for nonlinear and non-stationary time series analysis[J]. Proceedings of the Royal Society of London A, 1998, 454(1971): 903-998.

[254] Wu Z, Huang N E, Chen X. The multi-dimensional ensemble empirical mode decomposition method[J]. Advances in Adaptive Data Analysis, 2009, 1(3): 339-372.

[255] 胡小玲. 炭黑填充橡胶黏弹性力学行为的宏细观研究 [D]. 湘潭: 湘潭大学, 2013.

[256] Yeoh O H. Some forms of the strain energy function for rubber[J]. Rubber Chemistry and Technology, 1993, 66(5): 754-771.

[257] 王丽丽. 超弹性材料参数的测定及在微管吸吮模型中的应用 [D]. 太原: 太原理工大学, 2013.

[258] 梁观浩. 分布式柔性触觉传感阵列的设计与力学建模研究 [D]. 杭州: 浙江大学, 2016.

[259] 武欣. 用于智能机器人物体抓取中触滑觉信息检测的柔性触觉传感阵列研究 [D]. 杭州: 浙江大学, 2019.

[260] 吴泽华, 陈治中, 黄正东. 大学物理 (中册)[M]. 杭州: 浙江大学出版社, 2001.

[261] 杨福生. 小波变换的工程分析与应用 [M]. 北京: 科学出版社, 1999.

[262] 俞平. 智能假肢指尖动态触觉传感阵列设计及纹理识别方法研究 [D]. 杭州: 浙江大学, 2017.

[263] Oddo C M, Controzzi M, Beccai L, et al. Roughness encoding for discrimination of surfaces in artificial active-touch[J]. IEEE Transactions on Robotics, 2011, 27(3): 522-533.

[264] McCulloch W S, Pitts W. A logical calculus of the ideas immanent in nervous activity[J]. The Bulletin of Mathematical Biophysics, 1943, 5(4): 115-133.

[265] Minsky M, Papert S. Perceptrons[M]. Cambridge: MIT Press, 1969.

[266] Werbos P J. Beyond Regression: New Tools for Prediction and Analysis in the Behavior Science[D]. Cambridge: Harvard University, 1974.

[267] Rumelhart D E, Hinton G E, Williams R J. In Parallel Distributed Processing: Explorations in the Microstructure of Cognition[M]. Cambridge: MIT Press, 1986.

[268] 蒋宗礼. 人工神经网络导论 [M]. 北京: 高等教育出版社, 2001.

[269] Daouphin Y N, Pascanu R, Gulcehre C, et al. Identifying and attacking the saddle point problem in high-dimensional non-convex optimization[J]. Advances in Neural Information Processing Systems, 2014, 4(January): 2933-2941.

[270] 韩力群. 人工神经网络教程 [M]. 北京: 北京邮电大学出版社, 2006.

[271] Nielsen M. Neural Networks and Deep Learning[EB/OL]. [2020-1-1]. http:// neuralnetworksanddeeplearning.com/.

[272] Wang Y C, Chen J N, Mei D Q. Recognition of surface texture with wearable tactile sensor array: a pilot study [J]. Sensors and Actuators a: Physical, 2020, 307: 111972-13.

索　引